高等职业教育机电类专业新形态教材

机械制造工艺

主　编　李楷模　黄小东
副主编　刘瑞已　刘艳萍
参　编　谢　政　申晓龙

机械工业出版社

本书突破了传统知识本位的学科理念，以能力本位和现代职业教育理念为指导，按照职业岗位工作任务对应课程建设的职业教育理念，应用现代制造新技术、新材料、新工艺，注重典型零件机械加工职业岗位工作能力的培养，归纳、总结典型零件机械加工职业岗位所需要的职业素养、专业知识和专业技能，按照教育规律编写。本书以项目式形式编写，主要内容包括轴类零件加工工艺与常用装备、套筒类零件加工工艺与常用装备、圆盘类零件加工工艺与常用装备、叉架类零件加工工艺与常用装备、箱体类零件加工工艺与常用装备。

本书精选工程机械中典型轴套类、圆盘类、叉架类和箱体类零件为载体，采用现代数控加工方法，改变了传统的普通机械加工工艺，注重工艺的细节，体现了新工艺，所有的项目载体均以工艺设计为重点，注重切削参数的选择，加工装备的选用，加工顺序的拟订，定位基准的确定，每个项目中均安排了技能实训。

本书的编写符合高等职业教育的发展方向和培养目标，可作为高等职业院校机械类专业的教材，也可供机械工程技术人员参考。

本书配套有教学视频，扫描书中的二维码即可观看，还配套有电子课件等教学资源。使用本书作为教材的教师可登录机械工业出版社教育服务网（http://www.cmpedu.com）注册后免费下载，咨询电话：010-88379375。

图书在版编目（CIP）数据

机械制造工艺/李楷模，黄小东主编. —北京：机械工业出版社，2023.1（2024.2重印）
高等职业教育机电类专业新形态教材
ISBN 978-7-111-71436-1

Ⅰ. ①机… Ⅱ. ①李… ②黄… Ⅲ. ①机械制造工艺-高等职业教育-教材 Ⅳ. ①TH16

中国版本图书馆 CIP 数据核字（2022）第 150035 号

机械工业出版社（北京市百万庄大街22号　邮政编码100037）
策划编辑：王英杰　　　　责任编辑：王英杰
责任校对：陈　越　贾立萍　封面设计：张　静
责任印制：李　昂
北京中科印刷有限公司印刷
2024年2月第1版第3次印刷
184mm×260mm·16.25印张·396千字
标准书号：ISBN 978-7-111-71436-1
定价：49.80元

电话服务　　　　　　　　　网络服务
客服电话：010-88361066　　机　工　官　网：www.cmpbook.com
　　　　　010-88379833　　机　工　官　博：weibo.com/cmp1952
　　　　　010-68326294　　金　书　网：www.golden-book.com
封底无防伪标均为盗版　　　机工教育服务网：www.cmpedu.com

前　言

本书是湖南省教育厅亚行贷款项目——职业院校能力本位课程体系开发终结性成果。本书是以能力本位职业教育理念为指导，按照职业岗位工作任务对应课程建设的原则，结合湖南省工程机械制造行业经济发展的需要，根据工程机械制造行业企业典型零部件机械制造工艺分析与设计岗位能力要求编写的。本书精选工程机械制造企业的典型零件为项目载体，以工作过程为导向，依据学生的能力进阶规律，在真实的工作情景中实施教学，融"教、学、做"为一体，培养学生对机械零件图的分析能力、工序尺寸及尺寸链的分析计算能力、机械加工工艺的编制能力、零件机械加工质量的分析能力、分析问题和解决问题的能力等，旨在培养学生良好的职业规范与操守、良好的团队合作意识和产品质量意识。

本书主要包括轴类零件加工工艺与常用装备、套筒类零件加工工艺与常用装备、圆盘类零件加工工艺与常用装备、叉架类零件加工工艺与常用装备、箱体类零件加工工艺与常用装备，并配有省级精品在线课程，便于读者进行自主学习。本书主要体现了以下特色：

1. 以机械零部件机械加工工艺设计为出发点，归纳、总结所需要的专业知识、岗位技能与职业素养，遵循教育规律编写教材，既注重职业能力培养，又注重必备的知识内容学习。

2. 以工程机械制造企业生产的真实产品为项目载体，以大批量、单件小批量生产的模式，培养学生对典型零件机械加工工艺的分析能力，学会有效控制生产成本，提高生产效率，提升产品质量。

3. 本书的所有项目载体的机械加工全都采用数控加工方法，体现了制造工艺数字化，使编制工艺文件更加简单而有效率。

4. 本书以典型零件的机械加工为载体，注重工艺细节，重在培养学生精细化的工艺理念。

5. 为贯彻党的二十大精神，推进教育数字化，本书除了配有二维码可供学生随时随地扫描学习外，编者团队还在超星平台建设了在线课程（https://mooc1-1.chaoxing.com/my-course/teachercourse？moocId＝93034028&clazzid＝67717622&edit＝true&v＝0&cpi＝23987408&pageHeader＝0）。

本书由李楷模、黄小东任主编。本书编写人员及具体编写分工为：谢政、刘瑞已负责编写项目一，黄小东负责编写项目二，李楷模负责编写项目三，申晓龙负责编写项目四，刘艳萍负责编写项目五。本书由李楷模负责统稿，湖南工业职业技术学院李强教授担任主审。

由于编者水平和经验有限，书中难免有错误和疏漏之处，恳请广大读者批评指正。

编　者

二维码索引

名　称	页码	图形	名　称	页码	图形
1. 外圆表面加工方法	6		9. 细长轴的加工	67	
2. 数控车床简介	11		拓展知识——加工余量的确定	68	
3. 外圆车刀	15		拓展知识——尺寸链	68	
4. 机械加工工艺过程	25		10. 钻孔、扩孔、铰孔加工	93	
5. 机械加工工艺规程	27		11. 镗削加工	94	
6. 毛坯类型与特点	31		12. 圆盘类零件概述	131	
7. 六点定位	41		13. 叉架类零件概述	177	
8. 定位误差	49		14. 箱体零件概述	213	

目 录

前言
二维码索引
项目一　轴类零件加工工艺与常用
　　　　装备 ……………………………… 1
　单元一　轴类零件概述 …………………… 2
　单元二　外圆表面加工方法 ……………… 5
　单元三　轴类零件加工常用机械装备 …… 11
　单元四　生产过程与工艺规程 …………… 25
　单元五　毛坯的类型与特点 ……………… 31
　单元六　基准与定位 ……………………… 38
　单元七　定位误差分析 …………………… 49
　单元八　典型轴类零件加工工艺分析 …… 52
　技能训练 …………………………………… 68
　习题 ………………………………………… 79
项目二　套筒类零件加工工艺与常用
　　　　装备 ……………………………… 80
　单元一　套筒类零件概述 ………………… 80
　单元二　内孔表面加工方法与装备 ……… 82
　单元三　典型套筒类零件加工工艺分析 … 110
　技能训练 …………………………………… 119
　习题 ………………………………………… 130
项目三　圆盘类零件加工工艺与常用
　　　　装备 ……………………………… 131
　单元一　圆盘类零件概述 ………………… 131
　单元二　典型圆盘类零件的加工工艺
　　　　　分析 ……………………………… 134
　单元三　齿轮零件概述 …………………… 143
　单元四　圆柱齿轮加工方法 ……………… 150
　单元五　典型齿轮零件加工工艺分析 …… 158
　技能训练 …………………………………… 164
　习题 ………………………………………… 176
项目四　叉架类零件加工工艺与常用
　　　　装备 ……………………………… 177
　单元一　叉架类零件概述 ………………… 177
　单元二　叉架类零件主要表面的加工 …… 179
　单元三　叉架类零件工装 ………………… 183
　单元四　典型叉架类零件加工工艺分析 … 186
　技能训练 …………………………………… 200
　习题 ………………………………………… 212
项目五　箱体类零件加工工艺与常用
　　　　装备 ……………………………… 213
　单元一　箱体类零件概述 ………………… 213
　单元二　箱体类零件孔系常用加工方法与
　　　　　装备 ……………………………… 217
　单元三　箱体类零件的装夹方法 ………… 224
　单元四　典型箱体类零件加工工艺分析 … 226
　技能训练 …………………………………… 238
　习题 ………………………………………… 250
参考文献 ……………………………………… 251

项目一

轴类零件加工工艺与常用装备

【项目导读】

　　轴类零件是最常用的机械零件之一。在机械生产中，轴类零件一般要经过多台机床设备、多个工人的加工操作、多道工序才能完成。轴类零件主要用来支承齿轮、带轮等传动零件，以传递转矩或运动。轴类零件是旋转体零件，其长度大于直径，一般由同轴的外圆柱面、圆锥面、内孔和螺纹以及相应的端面所组成。轴类零件一般由轴颈支承，轴颈与轴承配合，是轴类零件上技术要求最高的部分；其次是轴头部分，其与传动件连接，具有较高的尺寸精度、表面质量和几何公差要求。

　　本项目重点介绍轴类零件的作用、类型、毛坯、热处理方法、定位方法、装夹方法、加工方法等。轴类零件的生产要根据生产规模、轴的承载情况、精度要求等条件来决定，既要降低生产成本又要满足精度要求。本项目就如何加工轴类零件展开分析，具体包含下列重点内容。

1）轴类零件概述；
2）外圆表面加工方法；
3）轴类零件加工常用机械装备；
4）生产过程与工艺规程；
5）毛坯的类型与特点；
6）基准与定位；
7）定位误差分析；
8）典型轴类零件加工工艺分析；
9）技能训练。

　　学生通过对本项目内容的学习，可以了解轴类零件加工工艺的分析方法；掌握轴类零件外圆加工方法、工艺特点与所对应的工艺装备；通过对典型阶梯轴的加工分析，掌握轴类零件图样的分析方法，确定主要加工表面的加工方案与加工装备，确定定位方法和热处理方法，拟订加工顺序，计算工序尺寸，编写工艺文件，进行工艺分析；通过技能训练，进一步提升学生对轴类零件工艺分析的能力与加工操作的能力。

单元一　轴类零件概述

一、轴类零件的作用

轴类零件的作用：连接传动零件（齿轮、带轮、链轮、凸轮）；承受载荷；传递扭矩。

二、轴类零件的结构特点

轴类零件长度（L）大于直径（d），一般情况下 $L/d \geqslant 4$，主要结构为内外圆柱面、圆锥面、螺纹、键槽、沟槽等，具有一定的回转精度。一般的阶梯轴（图1-1）具有以下结构：

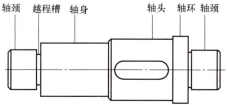

图1-1　阶梯轴基本结构

（1）轴头　阶梯轴上和传动零件配合的部分，尺寸精度较高，标准公差等级在IT7以上，一般具有几何公差要求。

（2）轴颈　阶梯轴上和轴承相配合的部分，是阶梯轴尺寸精度和表面质量要求最高处。

（3）轴身　阶梯轴上只起连接作用的部分，一般有加工精度要求。

（4）轴环　阶梯轴上直径最大的部分，一般没有加工精度要求。

（5）越程槽　在磨削轴类零件外圆表面时，为方便退出砂轮或砂带而沿圆周方向开的槽。

除此之外，阶梯轴还有螺纹退刀槽、轴肩等。

三、轴类零件的分类

1）根据轴类零件的形状可以将其分为光轴、空心轴、半轴、阶梯轴、异形轴（花键轴、十字轴、偏心轴、曲轴、凸轮轴）等，如图1-2所示。

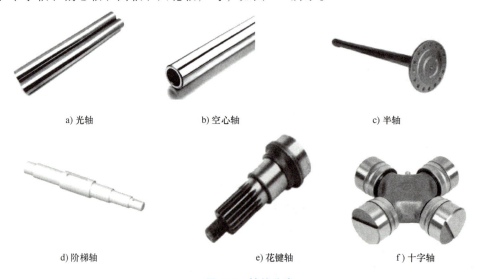

a) 光轴　　　b) 空心轴　　　c) 半轴

d) 阶梯轴　　　e) 花键轴　　　f) 十字轴

图1-2　轴的分类

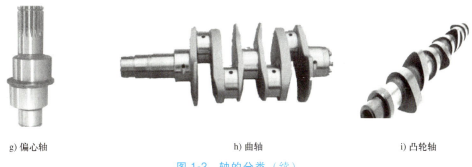

g) 偏心轴　　　　　　　h) 曲轴　　　　　　　i) 凸轮轴

图 1-2　轴的分类（续）

2）根据轴的长度 L 与直径 d 之比，又可将其分为刚性轴（$L/d \leq 12$）和挠性轴（$L/d > 12$）两种。

3）按所受载荷可将轴分为传动轴、心轴和转轴三种，如图 1-3 所示。传动轴一般只传递扭矩，心轴一般只承受弯矩。

a) 传动轴　　　　　　　b) 心轴　　　　　　　c) 转轴

图 1-3　轴按所受载荷分类

4）根据轴的形状可将其分为直轴、曲轴和挠性轴。直轴的轴线是一条直线，如图 1-3b、c 所示的心轴和转轴，其轴线都是直线，属于直轴。曲轴是发动机的重要部件，如图 1-4 所示。挠性轴（图 1-5）是用于在两个物体之间不固定地传递旋转运动的装置，由钢丝绳或线圈组成。挠性轴有柔软性但也具有一定的抗扭强度。挠性轴可以没有任何覆盖物，可弯曲但不旋转。它可以传输相当大的功率；也可以只传递运动，传输的功率非常小。

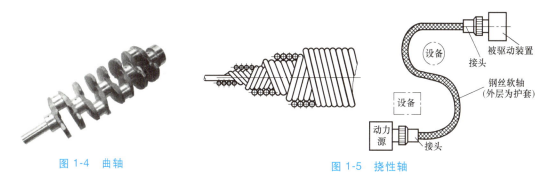

图 1-4　曲轴　　　　　　　图 1-5　挠性轴

四、轴的毛坯、材料及热处理要求

轴类零件的毛坯最常用的是圆棒料、铸件和锻件，如图 1-6 所示。铸件毛坯材料一般采用铸钢或球墨铸铁。

  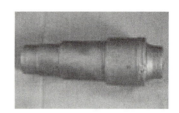

a) 圆棒料　　　　　　　　b) 铸件　　　　　　　　c) 锻件

图 1-6　轴类零件的毛坯

轴类零件所用材料一般根据所受载荷的大小选用。一般精度的轴常选用 45 钢,采用正火、调质、淬火等热处理方法;中等精度、转速较高的轴,选用 40Cr 等合金结构钢,经调质处理;高精度轴选用 GCr15 或 65Mn 等材料,经调质或表面淬火处理;高速重载轴,用 20CrMnTi 或 38CrMoAl,经调质和表面渗氮。

轴颈表面处于滑动摩擦中,要求其具有较高的耐磨性,可使用较好的轴瓦材料;采用滚动轴承时,轴颈表面要求可较低些。制造轴类零件一般采用圆棒料,某些大型、结构复杂的轴类零件采用铸件(如曲轴),重要、高速轴需采用锻件;单件小批量生产采用自由锻,大批量生产宜采用模锻。

五、轴类零件的技术要求

(一) 尺寸精度

起支承作用的轴颈,为了确定轴的位置,通常对其尺寸精度要求较高(公差等级为 IT7~IT5)。装配传动件的轴颈,尺寸精度一般要求较低(公差等级为 IT9~IT6)。

(二) 几何形状精度

轴类零件的几何形状精度主要是指轴颈、外锥面、莫氏锥孔的圆度、圆柱度等,一般应将其公差限制在尺寸公差范围内。对精度要求较高的内外圆表面,应在图样上标注其允许极限偏差。

(三) 相互位置精度

轴类零件的位置精度要求主要是由轴在机械中的位置和功用决定的。通常应保证装配传动件的轴颈对支承轴颈的同轴度要求,否则会影响传动件(齿轮等)的传动精度,并产生噪声。普通精度的轴,其配合轴段支承轴颈的径向圆跳动公差一般为 0.03~0.01mm,高精度轴(如主轴)通常为 0.005~0.001mm。

(四) 表面粗糙度

一般与传动件相配合的轴径表面粗糙度 Ra 为 2.5~0.63μm,与轴承相配合的支承轴径的表面粗糙度 Ra 为 0.63~0.16μm。

轴颈和轴头表面一般是轴类零件的重要表面,其尺寸精度、形状精度(圆度、圆柱度等)、位置精度(同轴度、与端面的垂直度等)及表面质量要求均较高,如图 1-7 所示。这些是在制订轴类零件机械加工工艺规程时应着重考虑的因素。

六、轴类零件的定位基准

轴类零件的定位基准一般情况下都是其轴线,用轴线定位符合基准重合和基准统一原

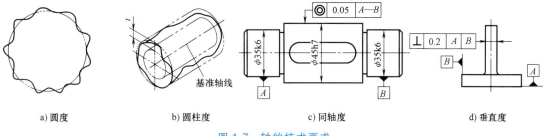

图 1-7 轴的技术要求

则,为了能以轴线定位,一般都在定位前加工中心孔。

(一) 中心孔

中心孔是机械加工过程中一般在工件几何中心所打的孔,是用于工件的装夹、检验、装配定位的工艺基准。

(二) 中心孔的作用

大多数轴类零件都带有中心孔,其主要作用有两点:一是加工时作为工件的定位基准;二是承受工件的自重和切削力。

(三) 中心孔的结构特点

中心孔是轴类零件在顶尖上安装的定位基面。中心孔的锥孔与顶尖上的锥面相配合;里端的小圆孔是为保证锥孔与顶尖锥面相配合,并可存储少量润滑油。

(四) 中心孔的类型

中心孔通常分为:A、B、C、R 四种类型(图 1-8),其中:

1) A 型中心孔:精度要求一般;用于不需要重复使用中心孔且精度一般的小型工件。
2) B 型中心孔:用于精度要求高,需要多次使用中心孔的工件。
3) C 型中心孔:带内螺纹,用于需要轴线固定其他工件的工件。
4) R 型中心孔:中心孔呈弧形,适用于轻型和高精度的轴;主要用于轧辊等重要工件上。

中心孔的大小与轴端最小直径、工件最大重量、工艺要求有关。

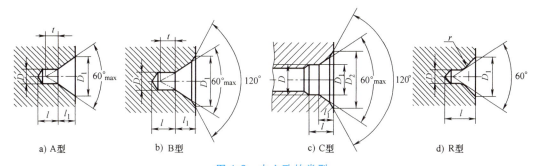

图 1-8 中心孔的类型

单元二 外圆表面加工方法

轴类零件需要加工的表面主要包括外圆柱面、螺纹、退刀槽、越程槽、锥面、键槽等,根据生产批量,零件的尺寸精度、表面粗糙度以及几何公差要求,加工方法和所用装备不一样。

一、外圆表面的车削加工

根据毛坯的制造精度和最终的加工要求,外圆车削一般可分为粗车(图1-9a)、半精车(图1-9b)、精车和精细车。

1. 外圆表面加工方法

a) 粗车

b) 半精车

图1-9 车削加工分类

精车和精细车相比于粗车和半精车主要在车削刀具、主轴转速、进给速度、背吃刀量等方面有所不同。粗车的目的是切去毛坯硬皮和大部分余量,加工后工件尺寸公差等级为IT13~IT11,表面粗糙度 Ra 为 50~12.5μm。半精车的尺寸公差等级可达 IT10~IT8,表面粗糙度 Ra 为 6.3~3.2μm,其可作为中等精度表面的终加工,也可作为磨削或精加工的预加工。精车后的尺寸公差等级可达 IT8~IT7,表面粗糙度 Ra 为 1.6~0.8μm。精细车后的尺寸公差等级可达 IT7~IT6,表面粗糙度 Ra 为 0.4~0.025μm,其尤其适合于有色金属加工,因为有色金属一般不宜采用磨削,所以常用精细车代替磨削。

二、外圆表面的磨削加工

磨削是外圆表面精加工的主要方法之一,它既可加工淬硬后的表面,又可加工未经淬火的表面。

(一) 磨削方法

根据磨削时工件定位方式的不同,外圆磨削可分为中心磨削和无心磨削两大类(图1-10)。

1. 中心磨削

中心磨削即普通的外圆磨削,被磨削的工件由中心孔定位,在外圆磨床或万能外圆磨床上进行加工。磨削后的工件尺寸公差等级可达 IT8~IT6,表面粗糙度 Ra 为 0.8~0.1μm。

2. 无心磨削

无心磨削是一种高生产率的精加工方法,以被磨削的外圆本身作为定位基准。目前无心磨削的方法主要有贯穿法和切入法。图1-11所示为外圆贯穿磨法的原理。工件处于磨轮和导轮之间,下面用支承板支承。磨轮轴线水平放置,导轮轴线倾斜一个不大的 λ 角。这样导轮的圆周速度 $v_导$ 可以分解为带动工件旋转的 $v_工$ 和使工件轴向进给的分量 $v_纵$。

图1-12所示为切入磨削法的原理。导轮3带动工件2旋转并压向磨轮1。加工时,工

a) 中心磨削　　　　　　　　b) 无心磨削

图 1-10　外圆磨削的分类

件、导轮及支承板一起向磨轮做横向进给。磨削结束后，导轮后退，取下工件。导轮的轴线与磨轮的轴线平行或相交成很小的角度（0.5°~1°），此角度的大小能使工件与挡铁 4（限制工件轴向位置）很好地贴住即可。

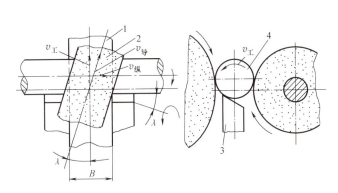 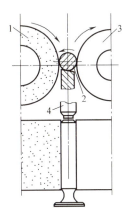

图 1-11　外圆贯穿磨法原理　　　　　　　　图 1-12　切入磨削法原理

1—砂轮　2—导轮　3—支承板　4—工件　　　1—磨轮　2—工件　3—导轮　4—挡铁

无心磨削时，工件尺寸公差等级可达 IT7~IT6，表面粗糙度 Ra 为 0.8~0.2μm。

（二）外圆磨削质量分析

外圆磨削过程中常见的缺陷及解决措施如下：

（1）直波纹（多棱形或多角形）　直波纹是在工件表面沿母线方向存在的一条条等距的直线痕迹，其深度小于 0.5μm，如图 1-13 所示。

直波纹产生的原因，主要是砂轮与工件沿径向产生周期性振动。防止直波纹产生的主要办法是：仔细平衡好砂轮，调整好砂轮主轴轴承间隙，平衡好电动机或在电动机底座下垫硬橡胶以隔振。此外，提高工件顶尖系统刚度（例如：提高顶尖与头、尾架锥孔的接触刚度，提高顶尖与中心孔的接触刚度等），及时修整砂轮以防止砂轮钝化和堵塞，都有利于消除振动，防止直波纹的产生。

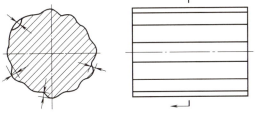

图 1-13　外圆上的直波纹

（2）螺旋纹　螺旋纹指在工件表面出现一条很浅的螺旋痕迹，其螺距常等于每转进给量。螺旋纹产生的原因有：砂轮架刚度差，在磨削推力作用下主轴偏转，造成砂轮母线与工件母线不平行（图1-14）；砂轮修整后母线不直，有凸出点或呈凹形（图1-15）；机床头、尾架刚度差，在磨削推力作用下，纵向进给磨削工件左端时，头架顶尖产生弹性压移，使砂轮右缘与工件接触多（图1-16a）；磨削右端时，尾架顶尖产生弹性压移，使砂轮左缘与工件接触多（图1-16b），因而工件两端产生螺旋纹，但不到达端面。工作台运动时，有爬行现象也会产生螺旋纹。工作台导轨润滑油过多，使进给运动产生摆动，也会产生螺旋纹。

防止螺旋纹产生的办法有：精细修整砂轮，保证其母线平直；调节切削用量，减少磨削推力；打开放气阀，排除液压系统中的空气或检修机床以消除工作台的爬行现象；给工作台导轨供油要适量。

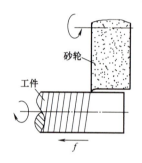

图1-14　砂轮母线与工件母线不平行产生螺旋纹

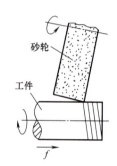

图1-15　砂轮修整不良产生螺旋纹

（3）表面划伤（划痕和拉毛）　常见的工件表面拉毛缺陷如图1-17所示。其产生的原因有：砂轮磨粒自砺性过强；切削液不清洁；砂轮罩上磨屑落在砂轮与工件之间，将工件拉毛。消除拉毛的措施有：砂轮选择韧性高的材料；适当提高砂轮硬度；砂轮修正后用切削液、毛刷清洗；清理砂轮罩上的磨屑；用纸质过滤器或涡旋分离器对切削液进行过滤。

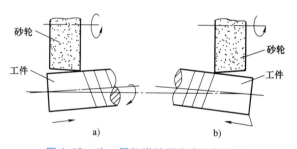

图1-16　头、尾架弹性压移产生螺旋纹

（4）表面烧伤　表面烧伤可分为螺旋形烧伤和点状烧伤，表面呈黑褐色，如图1-18所示。表面烧伤产生的原因有：砂轮硬度偏高；横向或纵向进给量过大；砂轮变钝；散热不良等。清除的措施有：严格控制进给量；降低砂轮硬度（一般选用中软级砂轮）；及时修正砂轮；适当提高工件转速；充分冷却。

三、外圆表面的精密加工

（一）高精度磨削

使轴的表面粗糙度 Ra 在 $0.16\mu m$ 以下的磨削工艺称为高精度磨削，如图1-19所示。它包括精密磨削（Ra 为 $0.16\sim0.06\mu m$）、超精密磨削（Ra 为 $0.04\sim0.02\mu m$）和镜面磨削（$Ra<0.01\mu m$）。

项目一　轴类零件加工工艺与常用装备

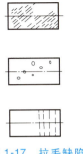

图 1-17　拉毛缺陷

图 1-18　表面烧伤

高精度磨削的实质在于砂轮磨粒的作用。经过精细修整后的砂轮的磨粒形成了许多能同时参加磨削的微刃。如图 1-20a、b 所示，这些微刃等高程度好，使参加磨削的切削刃数大大增加，能从工件上切下微细的切屑，形成表面粗糙度值较小的表面。随着磨削过程的继续，锐利的微刃逐渐钝化，如图 1-20c 所示。钝化的磨粒又可起抛光作用，使表面粗糙度值进一步降低。

图 1-19　高精度磨削表面

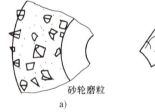
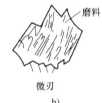

图 1-20　磨粒微刃及磨削中微刃变化

（二）超精加工

超精加工是用细粒度磨具油石对工件施加很小的压力，油石做往复振动和沿工件轴向慢速运动，以实现微量磨削的一种光整加工方法。

图 1-21 所示为超精加工原理图。加工过程中有三种运动，分别为工件低速回转运动、

图 1-21　超精加工原理图

1—工件低速回转运动　2—磨头轴向进给运动　3—磨头高速往复运动

磨头轴向进给运动、磨头高速往复运动。如果暂不考虑磨头轴向进给运动，磨粒在工件表面上走过的轨迹是正弦曲线。

经超精加工后的工件表面粗糙度 Ra 为 0.08~0.01μm。由于超精加工的加工余量较小（小于 0.01mm），因此只能去除工件表面的凸峰，对加工精度的提高不显著。

（三）研磨

研磨机（图 1-22）用研具和研磨剂从工件表面上研去一层极薄的表层的精密加工方法，称为研磨。

研磨用的研具采用比工件软的材料（如铸铁、氧化锆、金刚砂、铜、巴氏合金及硬木等）制成，如图 1-23 所示。研磨时，部分磨粒悬浮在工件和研具之间，部分磨粒嵌入研具表面，利用

图 1-22　80LPU 振动研磨机

工件与研具的相对运动，磨粒能切掉一层很薄的金属，主要切除上道工序留下来的凸峰。一般研磨的余量为 0.01~0.02mm。研磨除可获得高的尺寸精度和小的表面粗糙度值外，也可提高工件表面的形状精度，但不能提高相互的位置精度。

a) 氧化锆研磨料

b) 金刚砂研磨料

图 1-23　研磨料

当要求两个工件良好配合时，利用工件的相互研磨（对研）是一种有效的方法，如内燃机中的气阀与阀座、喷油泵和喷油器中的偶件等。

（四）滚压加工

滚压加工是用滚压工具对金属材质的工件施加压力，使其产生塑性变形，从而降低工件表面粗糙度值，强化表面性能的加工方法。它是一种无切屑加工。图 1-24 所示为滚压加工示意图。滚压加工有以下特点：

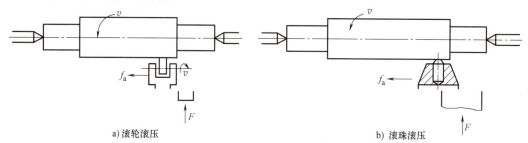

a) 滚轮滚压　　　　　　　　　　　　　b) 滚珠滚压

图 1-24　滚压加工示意图

1）滚压前的工件表面粗糙度 Ra 应不大于 5μm，且表面要求清洁，直径余量为 0.02~0.03mm。

2）滚压后的形状精度和位置精度主要取决于前道工序。

3）采用滚压的工件材料一般是塑性材料，并且材料组织要均匀。铸铁件一般不适合滚压加工。

4）滚压加工生产效率高。

单元三　轴类零件加工常用机械装备

一、数控车床

（一）数控车床的分类

1. 按数控系统的功能分类

（1）经济型数控车床　经济型数控车床（图1-25）采用步进电动机驱动的开环伺服系统，其控制部分采用单板机或单片机实现。此类车床结构简单，价格低廉，但无刀尖圆弧半径自动补偿和恒线速度切削等功能。

（2）全功能型数控车床　全功能型数控车床（图1-26）就是通常所说的"数控车床"，又称标准型数控车床。其采用闭环或半闭环控制的伺服系统，可以进行多个坐标轴的控制，具有高刚度、高精度和高效率等特点。

2. 数控车床简介

图1-25　经济型数控车床

图1-26　全功能型数控车床

（3）车削中心　车削中心（图1-27）是以全功能型数控车床为主体，并配置刀库、换刀装置、分度装置、铣削动力头和机械手等，实现多工序的复合加工的机床。在工件一次装夹后，它可完成回转类零件的车、铣、钻、铰、攻螺纹等多个加工工序。其功能全面，但价格较高。

2. 按主轴的配置形式分类

数控车床按主轴的配置形式可分为卧式数控车床（图1-27）和立式数控车床（图1-28）。

3. 按数控系统控制的轴数分类

数控车床按数控系统控制的轴数可分为两轴控制的数控车床（图1-28）和四轴控制的数控车床（图1-29）。

四轴控制的数控车床有的有两个独立的回转刀架，有的有一个数控车床回转刀架和一个数控铣床刀架，形成车、铣复合加工中心，都能实现四轴控制。

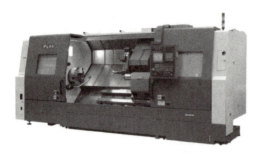

图 1-27 车削中心

图 1-28 立式数控车床

图 1-29 四轴控制的数控车床

（二）数控车床的组成、特点与发展趋势

1. 数控车床的组成

（1）主轴箱 主轴箱（图 1-30）固定在床身的最左边。主轴箱中的主轴通过卡盘等夹具装夹工件。主轴箱的功能是支承主轴，使主轴带动工件按照规定的转速旋转，以实现机床的主运动。

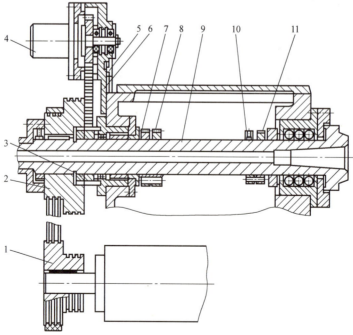

图 1-30 数控车床主轴箱结构图

1、2—带轮 3、7、11—螺母 4—脉冲发生器 5—螺钉 6—支架
8、10—锁紧螺母 9—主轴

(2) 刀架 刀架（图 1-31）安装在机床的刀架滑板上，加工时可实现自动换刀。刀架的作用是装夹车刀、孔加工刀具及螺纹加工刀具，并在加工时能准确、迅速地选择刀具。

a) 四方刀架

b) 旋转刀架

图 1-31 转塔刀架

(3) 刀架滑板 刀架滑板（图 1-32）由纵向（Z 轴）滑板和横向（X 轴）滑板组成。纵向滑板安装在床身导轨上，沿床身实现纵向运动；横向滑板安装在纵向滑板上，沿纵向滑板上的导轨实现横向运动。刀架滑板的作用是使安装在其上的刀具在加工中能够沿纵向和横向做进给运动。

(4) 尾座 尾座（图 1-33）安装在床身导轨上，可沿导轨纵向移动进行位置调整。尾座的作用是安装顶尖以支承工件，在加工中起辅助支承作用，也可安装麻花钻，在车床上执行钻孔工序。

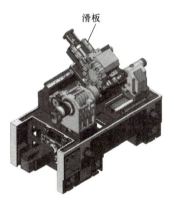
图 1-32 刀架滑板

图 1-33 尾座

(5) 床身 床身（图 1-34）固定在机床底座上，是机床的基本支承件，在床身上安装着车床的各主要部件。床身的作用是支承各主要部件并使它们在工作时保持准确的相对位置。

(6) 底座 底座是车床的基础，用于支承机床的各部件、连结电气柜、支承防护罩和安装排屑装置。

(7) 防护罩 防护罩（图 1-35）安装在机床底座上，用于加工时保护操作者的安全和环境的清洁。

(8) 机床液压传动系统 机床液压传动系统可以实现机床上的一些辅助运动，主要是实现机床主轴的变速、尾座套筒的移动及工件自动夹紧机构的动作。

图 1-34　数控车床床身

图 1-35　数控车床防护罩

（9）机床润滑系统　机床润滑系统对机床运动部件间进行润滑和冷却。

（10）机床切削液系统　机床切削液系统为机床加工提供充足的切削液，满足切削加工的要求。

2. 数控车床的特点

（1）高精度　数控车床控制系统的性能不断提高，机械结构不断完善，加工的精度也日益提高。

（2）高效率　随着新刀具材料的应用和机床结构的完善，数控车床的加工效率、主轴转速、传动功率不断提高。这使得新型数控车床的空转时间大为缩短，其加工效率比普通车床高2～5倍。加工零件形状越复杂，越能体现数控车床高效率的特点。

（3）高柔性　数控车床具有高柔性，可适应70%以上的多品种、小批量零件的自动加工。

（4）高可靠性　随着数控系统性能的提高，数控车床的无故障时间迅速延长。

（5）工艺能力强　数控车床既能用于粗加工又能用于精加工，可以在一次装夹中完成全部或大部分工序。

（6）模块化设计　数控车床的制造多采用模块化原则设计。

3. 数控车床发展趋势

随着数控系统、机床结构和刀具材料技术的进步，数控车床将向高速化发展，进一步提高主轴转速、刀架快速移动以及转位、换刀速度；工艺和工序将更加复合化和集中化；数控车床向多主轴、多刀架加工方向发展；为实现长时间无人化全自动操作，数控车床向全自动化方向发展；机床的加工精度向更高方向发展；同时，数控车床也向简易型发展。

（三）数控车床床身的布局形式

按照床身导轨面与水平面的相对位置，床身的布局形式有平床身-平滑板、后斜床身-斜滑板、平床身-斜滑板和直立床身-直立滑板四种形式，如图1-36所示。考虑到排屑性和抗振性，导轨宜采用倾斜式。平床身工艺性好，易加工制造。由于其刀架水平放置，有益于提高刀架的运动精度，但床身下部空间小，排屑困难，且刀架横滑板较长，加大了机床的宽度尺寸，影响外观。平床身-斜滑板结构，再配置上倾斜的导轨防护罩，这样既保持了平床身工艺性好的优点，床身宽度也不会太大，为理想的数控车床床身布局形式。这种布局形式具有以下特点：

1）容易实现机电一体化。

2）车床外形整齐、美观且占地面积小。
3）容易设置封闭式防护装置。
4）容易排屑和安装自动排屑器。
5）从工件上切下的炽热切屑不致于堆积在导轨上影响导轨精度。
6）宜人性好，便于操作。
7）便于安装机械手，实现单机自动化。

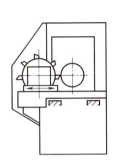 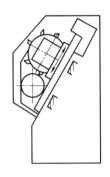 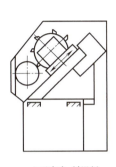 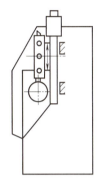

a）平床身-平滑板　　b）斜床身-斜滑板　　c）平床身-斜滑板　　d）直立床身-直立滑板

图 1-36　数控车床床身的布局形式

斜床身按导轨相对于地面倾斜的角度不同，可分为 30°、45°、60°、75° 和 90°，其中 90° 的滑板结构称为立床身。倾斜角度小，排屑不便；倾斜角度大，导轨的导向性及受力情况就差。导轨倾斜角度的大小还直接影响机床高度和宽度的比例。综合考虑以上因素，中小规格的数控车床，其床身的倾斜角度以 60° 为宜，大型数控车床以 75° 为宜。

二、外圆表面加工常用刀具和工具

（一）车刀

车刀是指在车床上使用的刀具，是切削刀具中应用最广泛的一类刀具。车刀的类型多、适用范围广。

3. 外圆车刀

1）按用途不同，车刀可分为外圆车刀、内孔车刀、端面车刀、螺纹车刀及切断刀等。图 1-37 所示为常用车刀的类型。

外圆车刀可分为直头和弯头两种，直头车刀用于加工外圆柱面，弯头车刀主要用于加工外圆锥表面，并且还可用于车外圆、端面和倒角，通用性较好。

内孔车刀用于车削内孔，由于其刀杆伸出长度和刀杆截面尺寸均受孔的尺寸的限制，故其工作条件较外圆车刀差，特别是当刀杆伸出较长而横截面较小时，其刚度低，易振动，只能承受较小的切削力。

端面车刀用于车削端面，其工作时采用横向进给方式。

切断刀用于切槽与切断，切断时刀头长度应大于工件的半径，切槽时刀的宽度应与槽宽相适应。

2）车刀按结构形式可分为整体式、焊接式、机夹式和可转位式四种形式，如图 1-38 所示。

车刀结构类型及其对应的特点与用途见表 1-1。

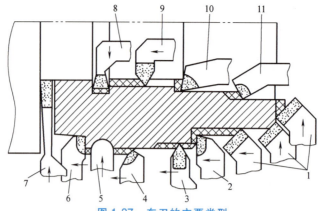

图 1-37 车刀的主要类型

1—45°外圆车刀　2—90°外圆车刀　3—外螺纹车刀　4—70°外圆车刀　5—成形车刀
6—90°左切外圆车刀　7—切断刀　8—内槽车刀　9—内螺纹车刀　10—95°内孔车刀
11— 75°内孔车刀

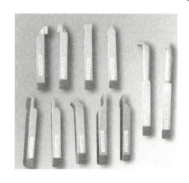

a) 整体式

b) 焊接式

c) 机夹式

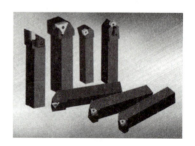

d) 可转位式

图 1-38 车刀结构类型

表 1-1 车刀结构类型及其对应的特点与用途

车刀结构类型	特点	用途
整体式	用高速钢整体制造,刃口可磨得较锋利	小型车床或加工有色金属
焊接式	焊接硬质合金或高速钢刀片,结构紧凑,使用灵活	各类车刀
机夹式	避免了焊接产生的应力、裂纹等缺陷,刀杆可重复使用,刀片的重磨次数增加,利用率较高,使用灵活方便	外圆、端面、镗孔、切断、螺纹车削等

（续）

车刀结构类型	特点	用途
可转位式	刀片可快换转位,生产率高	大中型车床加工外圆、端面、镗孔,特别适用于自动线、数控机床

(二) 磨具

凡在加工中起磨削、研磨、抛光作用的工具,统称为磨具。根据所用磨料的不同,磨具可分为普通磨具和超硬磨具两大类。

1. 普通磨具

普通磨具是指用普通磨料制成的磨具,如用刚玉类磨料、碳化硅类磨料和碳化硼磨料制成的磨具。普通磨具按照磨料的结合形式分为固结磨具、涂附磨具和研磨膏。根据不同的使用方式,固结磨具可制成砂轮、油石、磨头、抛磨块等,如图 1-39 所示。涂附磨具可制成纱布、砂纸、砂带等,如图 1-40 所示。

a) 砂轮

b) 油石

c) 磨头

d) 抛磨块

图 1-39 固结磨具

a) 纱布

b) 砂纸

c) 砂带

图 1-40 涂附磨具

(1) 砂轮的特性及其选择　砂轮是用各种类型的结合剂把磨料粘合起来,经压坯、干燥、焙烧及车整而成的,具有很多气孔,用磨粒进行切削的磨削工具。砂轮由磨料、结合剂及气孔组成。它的特性主要由磨料、粒度、结合剂、硬度和组织五个因素决定。

1) 磨料。普通砂轮所用的磨料主要有刚玉类和碳化硅类。刚玉类磨料的主要成分是 Al_2O_3 和 TiO_2,适合磨削碳钢、合金钢、铸铁、淬火钢、高速钢。碳化硅类磨料的主要成分是 SiC,适合磨削碳钢、铸铁、黄铜、非金属材料以及硬质合金等。还有氮化硼和人造金刚石等高硬磨料,它们适合磨削硬质合金、高速钢和宝石。

2) 粒度。粒度是指砂轮中磨粒尺寸的大小。磨粒粒度的选择原则是:精磨时,应选用磨粒粒度号较大或颗粒直径较小的砂轮,以减小已加工表面粗糙度值;粗磨时,应选用磨粒粒度号较小或颗粒较粗的砂轮,以提高生产效率。

砂轮转速较高或砂轮与工件接触面积较大时，选用颗粒较粗的砂轮，以减少同时参加切削的磨粒数，以免发热过多而引起工件表面烧伤。

磨削软而韧的金属时，用颗粒较粗的砂轮，以免砂轮过早堵塞；磨削硬而脆的金属时，选用颗粒较细的砂轮，以提高同时参加磨削的磨粒数，提高生产效率。

3）结合剂。砂轮的结合剂将磨粒粘合起来，使砂轮具有气孔和一定的强度、硬度、抗腐蚀、抗潮湿等性能。常用砂轮结合剂的名称、代号、性能和适用范围见表1-2。

表 1-2　常用砂轮结合剂的名称、代号、性能及适用范围

结合剂名称	代号	性能	适用范围
陶瓷	V	耐热、耐蚀、气孔率大、易保持轮廓形状、弹性差	最常用,适用于各类磨削加工
树脂	B	强度较V高,弹性好、耐热性差	适用于高速磨削、切断、开槽等
橡胶	R	强度较B高,更富有弹性,气孔率小、耐热性差	适用于切断、开槽
青铜	J	强度最高、自锐性差	适用于金刚石砂轮

4）硬度。砂轮的硬度是指磨粒在外力作用下从其表面脱落的难易程度。硬度也反映磨粒与结合剂的粘固程度。砂轮硬表示磨粒难以脱落，砂轮软则与之相反。可见，砂轮的硬度主要由结合剂的粘接强度决定，而与磨粒的硬度无关。一般说来，砂轮组织疏松时，砂轮硬度低些；树脂结合剂的砂轮硬度比陶瓷结合剂的砂轮低些。砂轮硬度的选用原则如下：

① 工件材料越硬，应选用越软的砂轮，这是因为硬材料易使磨粒磨损，需用较软的砂轮以使磨钝的磨粒及时脱落；工件材料越软，砂轮的硬度应越硬，以使磨粒脱落得慢些，发挥其磨削作用。但在磨削有色金属、橡胶、树脂等软材料时，要用较软的砂轮，以便使堵塞处的磨粒较易脱落，露出锋锐的新磨粒。

② 磨削接触面积较大时，磨粒较易磨损，应选用较软的砂轮。薄壁零件及导热性差的零件，应选用较软的砂轮。半精磨与粗磨相比，需用较软的砂轮；精磨和成形磨削时，为了较长时间保持砂轮轮廓，需用较硬的砂轮。

5）组织。砂轮的组织是指磨粒、结合剂和气孔三者体积的比例关系，用来表示砂轮结构的紧密和疏松程度。砂轮的组织用组织号的大小来表示，把磨粒在磨具中占有的体积百分数（即磨粒率）称为组织号。砂轮的组织号为0~14，组织号越大，磨粒率越小，组织越疏松。

（2）砂轮的形状、尺寸与标记　为了适应在不同类型的磨床上磨削各种形状工件的需要，砂轮有许多形状和尺寸。常见的砂轮形状、型号及用途见表1-3。

表 1-3　常见的砂轮形状、型号及用途

砂轮名称	型号	断面形状	主要用途
平形砂轮	1		外圆磨、内圆磨、平面磨、无心磨、工具磨
平形切割砂轮	41		切断及切槽
粘结或夹紧用筒形砂轮	2		端磨平面

(续)

砂轮名称	型号	断面形状	主要用途
碗形砂轮	11		刃磨刀具、磨导轨
碟形一号砂轮	12a		磨铣刀、铰刀、拉刀,磨齿轮
双斜边砂轮	4		磨齿轮及螺纹
杯形砂轮	6		磨平面、内圆,刃磨刀具

砂轮的标记印在砂轮的端面上。其顺序是：磨具名称、产品标准代号、基本形状代号、基本形状代号、尺寸、磨料牌号、磨料种类、磨料粒度、硬度等级、组织号、结合剂种类、最高工作速度。例如：平形砂轮 GB/T 2484 1 M-300×50×75-A/F 80 L 5 V-35m/s 表示磨具名称为平形砂轮，产品标准代号为 GB/T 2484、圆周型面代号为 M、型面尺寸为 300mm×50mm×75mm、磨料种类为 A（棕刚玉）、磨料粒度为 F80、硬度等级为 L、组织号为 5，结合剂种类为 V（陶瓷）、最高工作线速度为 35m/s。

2. 超硬磨具

超硬磨具是指用金刚石、立方氮化硼等以显著高硬度为特征的磨料制成的磨具，可分为金刚石磨具、立方氮化硼磨具和电镀超硬磨具，如图 1-41 所示。超硬磨具一般由基体、过渡层和磨料层三部分组成。磨料层厚度为 1.5~5mm，主要由结合剂和超硬磨粒组成，起磨削作用。过渡层由结合剂组成，其作用是使磨料层与基体牢固地结合在一起，以保证磨料层的使用。基体起支承磨料层的作用，并通过它将砂轮紧固在磨床主轴上。基体一般用铝、钢、铜或胶木等制造。

a) 金刚石磨具　　　　b) 立方氮化硼磨具　　　　c) 电镀超硬磨具

图 1-41　超硬磨具

1）金刚石磨具主要用于磨削超高硬度的脆性材料，如硬质合金、宝石、光学玻璃和陶瓷等，不宜用于加工钢铁等金属材料。

2）立方氮化硼磨具的化学稳定性好，适合加工一些难磨的金属材料，尤其是磨削工具钢、模具钢、不锈钢、耐热合金钢等时具有独特的优点。

3)电镀超硬磨具的结合剂强度高,磨料层薄,表面锋利,磨削效率高,不需修整,经济性好,主要用于形状复杂的成形磨具、小磨头、套料刀、切割锯片、电镀铰刀的磨削以及高速磨削方式中。

超硬磨具的粒度、结合剂等的特性与普通磨具相似,浓度是超硬磨具所具有的特殊特性。浓度是指超硬磨具磨料层内 $1cm^3$ 体积内所含的磨料的重量。它对磨具的磨削效率和加工成本有着重大的影响。浓度过高,很多磨粒易过早脱落,导致磨料的浪费;浓度过低,磨削效率不高,不能满足加工要求。

三、轴类零件加工的装夹方法与工装

轴类零件根据其本身的结构特点,对应的装夹方法不一,常见的主要有以下几种:

(一)自定心卡盘装夹

(1)自定心卡盘的结构 自定心卡盘由卡盘体(带有平面螺纹)、卡爪、大锥齿轮、小锥齿轮组成,如图1-42所示。三个卡爪导向部分的下面有螺纹与大锥齿轮背面的平面螺纹相旋合,当用扳手通过四方孔转动小锥齿轮时,大锥齿轮转动,通过背面的平面螺纹同时带动三个卡爪向中心靠近或退出,用以夹紧不同直径的工件。三个卡爪可换成三个反爪,用来安装直径较大的工件,如图1-43所示。

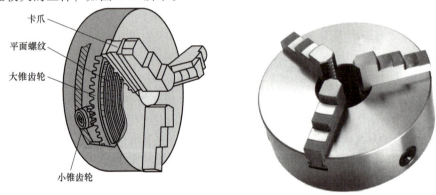

图1-42 自定心卡盘结构图与实物图

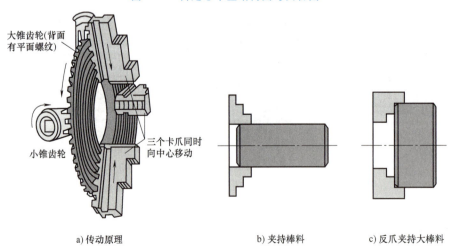

a)传动原理　　　　　b)夹持棒料　　　　　c)反爪夹持大棒料

图1-43 自定心卡盘传动原理与装夹方法

（2）自定心卡盘的装夹特点　自定心卡盘可自动定心，使用方便，适于装夹圆钢、六角钢及外圆经粗加工过的零件。若装夹铸、锻件毛坯，则容易丧失卡盘精度。

用自定心卡盘夹持工件，车出的表面与夹持表面的同轴度公差为 0.05mm。用方头扳手通过自定心卡盘的三个不同方孔旋紧卡爪时，其定心误差各不相同。精加工时，可通过一个定心误差最小的方孔来旋紧卡爪，其加工出的表面与夹持表面的同轴度误差可在 0.025mm 之内。成批生产时，为提高自定心卡盘的定心精度，可采用软爪（用黄铜或软钢焊在卡爪上），按工件直径车出夹持部分，其定心误差可达 0.01~0.02mm。

卡盘按驱动卡爪所用动力不同，分为手动卡盘和动力卡盘两种，图 1-44 所示为手动卡盘，图 1-45 所示为动力卡盘。

图 1-44　手动卡盘

a) 液动卡盘

b) 气动卡盘

图 1-45　动力卡盘

（3）自定心卡盘装夹的缺点　自定心卡盘使用久了，随着卡盘的磨损，三爪会呈现喇叭口状，三爪也会慢慢偏离车床主轴中心，使所加工零件的几何误差增大。修复三爪和自定心卡盘的方法如下：

要修复三爪，必须先解决卡盘的磨损问题。自定心卡盘内的拨盘内圆与中心轴的间隙是造成三爪定心误差大的主要原因之一。如果要进行修复，最有效的方法是对与卡盘拨盘转动配合的外圆进行加工并镶上套，使卡盘拨盘与卡爪有良好的配合间隙，大约在 0.02mm。

（二）单动卡盘装夹

单动卡盘如图 1-46 所示。其有四个独立动作的卡爪，各卡爪的背面有半瓣内螺纹与螺杆相旋合，螺杆端部有一方孔，当用卡盘扳手转动某一螺杆时，相应的卡爪即可移动。若将卡爪调头安装，即是反爪。在四个独立的卡爪中，可根据需要任意选用正爪或反爪。它适用于装夹外形规则或不规则的工件。其夹紧力比自定心卡盘大，常用于装夹大而重的工件。

图 1-46　单动卡盘

（1）单动卡盘的结构　单动卡盘由一个盘体、四个螺杆和四个卡爪组成。工作时用四个螺杆分别带动四个卡爪，因此常见的单动卡盘没有自动定心的作用。四个卡爪的位置可任意调整，夹紧力较大，适于装夹毛坯、形状不规则或较大的工件。

（2）单动卡盘装夹的特点　单动卡盘不能自动定心，夹持工件需找正（使工件回转中心线与主轴中心线同轴)。初找正时,卡爪不宜夹得太紧,一般需用顶尖或辅助工具顶牢工件,并在床面上放上木板,谨防工件掉下来。

(3) 找正方法

1) 用划线盘找正,如图1-47所示。将工件夹在卡盘上(不能过紧),用划针对准工件外圆,留适当间隙,转动卡盘使工件旋转,观察划针在工件圆周上的间隙,调整最大间隙和最小间隙对应的卡爪,使其间隙达到均匀一致,夹紧工件。该方法一般的找正精度为0.15~0.5mm。

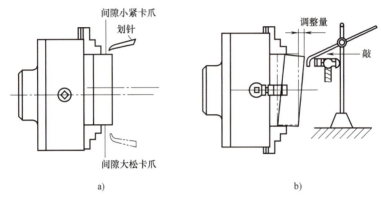

图1-47 划线盘找正

2) 打表找正。将工件夹在卡盘上,旋转工件,如图1-48所示,观察工件跳动情况,找出最高点,调整卡爪,直至工件找正为止。操作步骤为装夹工件→旋转卡盘→观察工件跳动→找出最高点→调整卡爪→夹紧工件。

(4) 找正的注意事项

1) 找正工件前应在导轨面上垫防护木板,以防工件跌落砸坏导轨。

2) 由于单动卡盘夹紧力较大,装夹已加工过的工件时,卡爪和工件间应加铜垫片,以免损伤工件表面。

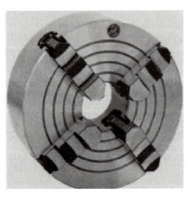 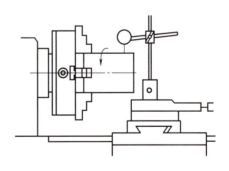

图1-48 打表找正

为使工件回转中心线与主轴中心线同轴,工件在单动卡盘上装夹必须仔细找正。对外形不规则的工件,为保证外形完整,应找正外表面非加工部位,对加工部位只要有一定的加工余量即可。当工件各部位加工余量不均匀时,应着重找正余量少的部位,以提高毛坯的利用率。为方便找正,可在卡爪与工件间加垫铜片。用划线盘按划线找正或按毛坯内外圆找正,其精度为 0.2~0.5mm;用百分表在精加工表面上找正,其精度为 0.01~0.02mm。

(三) 一夹一顶装夹

(1) 概念 一端用自定心卡盘或单动卡盘夹住,另一端用尾座顶尖顶在中心孔上的装夹方式称为一夹一顶装夹,属于过定位装夹,如图 1-49 所示。

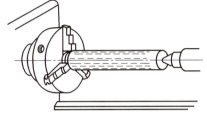

图 1-49 一夹一顶装夹

(2) 特点 一夹一顶装夹方式刚性较好,能承受较大的切削力,一般在粗车时使用,为减少定心误差,工件的夹持端应事先车出夹头,尽量使其与另一端中心孔同轴。

(3) 注意事项 采用一夹一顶方式装夹工件时,为了避免过定位引起的定位误差,工件夹位不宜过长。一般来说,对重量较轻的轴,夹位为 6~8mm;对于笨重的工件,夹位为 10~20mm。为了防止工件的轴向窜动,通常把工件车出一个小台阶作为轴向限位支承或在主轴锥孔内安装一个轴向限位支承,如图 1-50 所示。

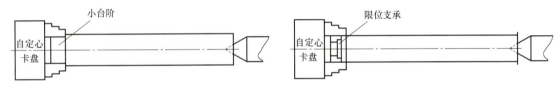

a) 车夹持口限位支承   b) 在车床主轴上安装限位支承

图 1-50 轴向限位支承或主轴安装限位支承

(四) 双顶尖装夹

采用双顶尖装夹方式(图 1-51a)装夹工件时,要撤掉卡盘,安装拨盘和鸡心夹头,必须事先加工好中心孔。双顶尖装夹刚性较差,不能承受较大的切削力,因此一般用于精加工。

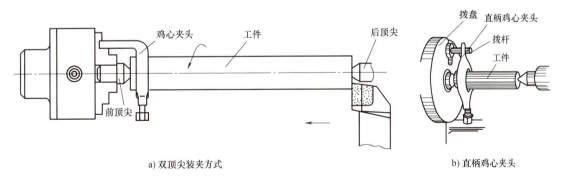

a) 双顶尖装夹方式   b) 直柄鸡心夹头

图 1-51 双顶尖装夹

(1) 概念 工件通过前、后两个中心孔,用两个顶尖定位,前顶尖装在主轴上,后顶尖装在尾座上,依靠鸡心夹头传递转矩的装夹方法。

(2) 特点 安装精度高,能保证较高的同轴度;夹紧力不大,不能承受较大的切削力,一般用于精加工阶段。

(3) 注意事项

1) 前、后顶尖的连线应该与车床主轴中心线同轴,否则会产生不应有的锥度误差。

2) 尾座套筒在不与车刀干涉的前提下,应尽量伸出短些,以增加刚性和减小振动。

3) 中心孔的形状应正确,表面质量应较好。

4) 两顶尖与中心孔的配合应该松紧适当。

(五) 一夹一托装夹

在车削加工时,当加工工件长径比 (L/d) 大于 25 时,工件受切削力、重力和离心力的作用,会产生弯曲和振动,影响加工精度。同时,工件受热伸长产生弯曲变形,严重时会使工件在顶尖间卡住,此情况下需要使用中心架或者跟刀架,如图 1-52 所示。中心架是径向支承旋转工件的辅助装置,加工时与工件无相对轴向移动。跟刀架是径向支承旋转工件的辅助装置,加工时与刀具一起沿工件轴向移动。

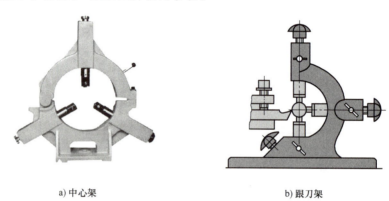

a) 中心架   b) 跟刀架

图 1-52 中心架与跟刀架

对于直径较大的轴或细长轴的加工,在车内外圆(图 1-53a)、镗内孔、车端面(图 1-53b)、车内外螺纹或修中心孔时,采用一夹一托装夹方式,以提高工件刚性。装中心架的部位,须先车出表面粗糙度 $Ra \leq 3.2 \mu m$ 的架子口,以保持较高的同轴度。

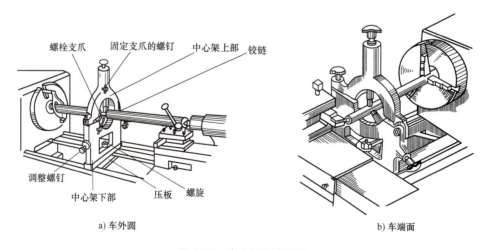

a) 车外圆   b) 车端面

图 1-53 中心架装夹工件

对不适宜调头车削的细长轴，不能用中心架支承，而要用跟刀架支承进行车削，以增加工件的刚性，如图1-54所示。跟刀架固定在床鞍上，一般有两个支承爪，可以跟随车刀移动，抵消径向切削力，提高车削细长轴的形状精度和减小表面粗糙度值。因为车刀给工件的切削抗力使工件贴在跟刀架的两个支承爪上，但由于工件本身的重力向下，以及偶然的弯曲，车削时会瞬时离开并接触支承爪以产生振动。所以，比较理想的跟刀架需要用三爪跟刀架。此时，由三爪和车刀抵住工件，使之上下左右都不能移动，固车削时稳定，不易产生振动。

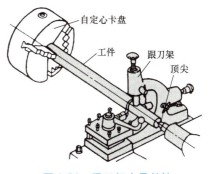

图1-54 跟刀架支承长轴

（六）心轴装夹

圆柱心轴是以外圆柱面定心、端面压紧来装夹工件的，如图1-55a所示。心轴与工件孔一般采用H7/h6、H7/g6的间隙配合，所以工件能很方便地套在心轴上。但由于配合间隙较大，一般只能保证同轴度公差在0.02mm左右。

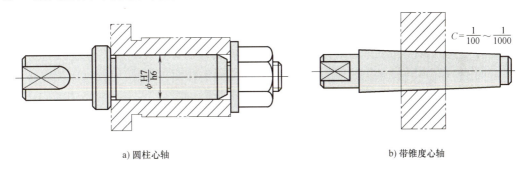

a) 圆柱心轴　　　　　　　　　b) 带锥度心轴

图1-55 心轴装夹

为了消除间隙，提高定位精度，心轴可以做成锥体，但锥体的锥度很小，否则工件在心轴上会产生歪斜。常用的锥度为$C=1/100 \sim 1/1000$。定位时，工件楔紧在心轴上，楔紧后孔会产生弹性变形（图1-55b），从而使工件不致歪斜。

单元四　生产过程与工艺规程

4. 机械加工工艺过程

一、生产过程与工艺过程

（一）生产过程

生产过程是指从原材料开始直到制成产品的劳动过程总和。它由直接生产过程和辅助生产过程组成。

直接生产过程是直接使被加工对象的尺寸、形状或相互位置、表面质量或状态以及力学和物理性能等产生一定变化的主要劳动过程，包括毛坯制造、零件机械加工、热处理以及表面处理、产品装配和调试、检验和试车、油漆等。辅助生产过程包括生产技术准备、工艺装备（模具、夹具、量具、工具等）制造、包装、储存和运输等辅助劳动过程。原材料和成品是一个相对的概念。一个工厂的原材料可能是另一个工厂的产品。例如：轧钢厂的产品是各种规格和型号的钢材，而对一般机械制造厂而言，钢材却是原材料。

（二）工艺过程

工艺过程是生产过程中的主要部分，是直接生产过程。例如：原材料经浇注、锻造、冲压或焊接而成为铸件、锻件、冲压件或焊接件的生产过程，分别称为铸造、锻造、冲压或焊接工艺过程。

通过各种热处理方法改变零件材料性能的生产过程，称为热处理工艺过程。而将合格产品零件以及外购件、标准件等装配成组件、部件和整台机器的生产过程，称为装配工艺过程。

二、工艺过程的组成

（一）工序

一个（或一组）工人在一台机床（或一个工作地点），对一个（或同时几个）工件所连续完成的那一部分工艺过程，称为工序。例如：一个工人在一台车床上完成车外圆、端面、退刀槽、螺纹、切断；一组工人刮研一台机床的导轨等。工序是组成工艺过程的基本单元，也是生产计划和成本核算的基本单元。工序的多少直接影响零件的制造成本与精度。

（二）安装

工件在加工前，在机床或夹具中相对刀具应占有正确的位置（定位）并予以固定（夹紧），这个过程称为装夹。在一个工序中需要对工件进行多次装夹加工时，每次装夹时所完成的那部分工序，称为安装。

（三）工位

为减少工件在工序中的安装次数，常采用回转（或移动）工作台或夹具，使工件在一次安装中，相对刀具或机床先后占有不同位置，以进行连续加工，每一个位置所完成的那部分工序，称为一个工位。

如图 1-56 所示，在三轴钻床上利用回转工作台，在一次安装中可连续完成每个工件的装卸、钻孔、扩孔和铰孔工作，共有四个工位。

由上述可见，如果一个工序中只有一个安装，并且该安装中只有一个工位，则工序内容就是安装内容，同时也是工位内容。采用多工位加工，可提高生产效率，保证被加工表面之间的相互位置精度。

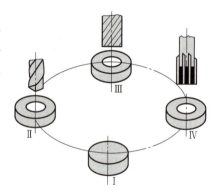

图 1-56 多工位加工
Ⅰ—装卸工件　Ⅱ—钻孔　Ⅲ—扩孔
Ⅳ—铰孔

（四）工步

工步是工序的组成单位，是指在被加工表面、切削刀具、切削速度和进给量均保持不变的情况下所完成的那部分加工内容。

有时，为了提高生产效率，还经常对几个待加工表面用几把刀具或复合刀具同时进行加工，也可看作为一个工步，称为复合工步。图 1-57a 所示为立轴转塔车床复合工步，是用两把铣刀同时加工两端台阶面，用两把车刀和一个钻头同时加工不同表面；图 1-57b 所示为在钻床上用复合钻头钻孔和扩孔。

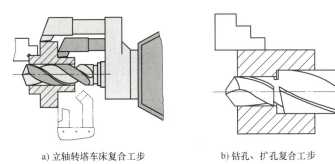

a) 立轴转塔车床复合工步　　b) 钻孔、扩孔复合工步

图 1-57　复合工步示意

（五）走刀

刀具在加工表面上切削一次所完成的内容称为走刀。走刀是构成工艺过程的最小单元。

如图 1-58 所示，将圆钢（棒料）加工成阶梯轴时，第二工步为车右端外圆，由于余量较大，分为两次走刀。此外，像车蜗杆、磨外圆等往往需要多次走刀。

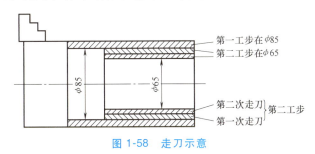

图 1-58　走刀示意

工序、安装、工位、工步和走刀之间的关系如图 1-59 所示。

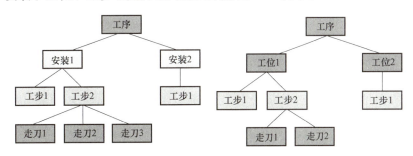

图 1-59　工序、安装、工位、工步和走刀之间的关系

综上分析可知，工艺过程的组成是很复杂的。工艺过程由许多工序组成，一个工序可能有几个安装，一个安装可能有几个工位，一个工位可能有几个工步等。

三、工艺规程

（一）机械加工工艺规程

按一定的格式，用文件的方式规定零件的制造工艺过程和操作方法等的工艺文件，称为机械加工工艺规程。其包含以下三个文件。

（1）机械加工工艺过程卡　以工序为单位，对工艺过程做简要说明的文

5. 机械加工
工艺规程

件称为机械加工工艺过程卡。其主要用于生产管理和调度,基本格式见表1-4。

表1-4 机械加工工艺过程卡

序号	工序名	工步号	工步内容	机械装备			工序简图
				机床	夹具	刀具	
1	备料						
2	粗车	1					
		2					
		3					
		4					
		5					
3	热处理						
…	…	…					

（2）机械加工工艺卡 以工序为单元,详细说明零件在某一工艺阶段中的工序号、工序名称、工序内容、工艺参数、操作要求以及采用的设备和工艺装备等的文件称为机械加工工艺卡。其广泛用于中批生产,基本格式见表1-5。

（3）机械加工工序卡 以工步为单位,对每道工序进行详细说明的工艺文件称为机械加工工序卡。其内容包括工件的定位基准及安装方法、加工的工序尺寸及公差、切削用量、工时定额、使用的夹具、刀具和量具等,主要用于指导工人进行操作。机械加工工序卡的格式见表1-6。

（二）工艺规程的作用

1）工艺规程是指导车间生产的主要技术文件。
2）工艺规程是生产组织及管理工作的主要依据。
3）工艺规程是新建、扩建、改建厂房的主要依据。

（三）机械加工工艺规程的设计原则和步骤

（1）机械加工工艺规程的设计原则 对机械加工工艺规程设计的基本要求可以归结为加工质量、经济性和生产效率三个方面,这三者有时是相互矛盾的,因而如何使三者有机地统一是评价机械加工工艺规程设计的重要指标。设计机械加工工艺规程一般应遵循以下原则。

1）必须能稳定而可靠地保证零件达到图样的技术要求。在设计机械加工工艺规程时,如果发现图样的某一技术要求规定得不恰当,应向有关部门提出建议,不得擅自修改图样或不按图样要求执行。

2）充分利用企业现有生产资源,在规定的生产纲领和生产批量前提下,力争生产效率和生产成本是最经济合理的。

3）尽量减轻工人劳动强度,保障生产安全,创造良好、文明的劳动条件。

（2）机械加工工艺规程设计的原始资料和步骤

1）设计机械加工工艺规程的原始资料。制订零件的机械加工工艺规程时,通常应掌握产品零件图和装配图、产品生产纲领、产品验收质量标准、现场生产条件（包括毛坯制造能力或协作关系,现有设备和工艺装备的规格、功能和精度,专用设备和工艺装备的制造能

项目一　轴类零件加工工艺与常用装备

表1-5　机械加工工艺卡

工厂	机械加工工艺卡		产品型号		零件图号			共　页
			产品名称		零件名称			第　页
材料牌号		毛胚种类		毛胚外形尺寸		毛胚件数		备注
		同时加工零件数		切削用量		设备名称及编号	工艺装备名称及编号	每台件数
				背吃刀量 /mm	切削速度 /(m/min)	主轴转速 /(r/min)	进给量 /mm/r	
工序	装夹	工步	工序内容					夹具　刀具　量具 |技术等级| 工时定额
										单件　准终
		⋮	⋮							
								编制(日期)	审核(日期)	
标记	处数	更改文件号	签字	日期	标记	处数	更改文件号	签字	日期	

表 1-6 机械加工工序卡

机械加工工序卡	产品型号		零件图号			共 页	第 页
	产品名称		零件名称			材料牌号	
车间		工序号		工序名称		每台件数	
毛坯种类		毛坯外形尺寸		每毛坯可制件数		同时加工件数	
设备名称		设备型号		设备编号		切削液	
夹具编号		夹具名称				工序工时（分）	
工位器具编号		工位器具名称				准终	单件

工步号	工步内容	工艺装备			主轴转速 /(r/min)	切削速度 /(m/min)	进给量 /(mm/r)	切削深度 /mm	进给次数	工步工时	
		机床	刀具	夹具						机动	辅助

				设计日期	校对日期	审核日期	标准化	会签（日期）
标记	处数	更改文件号	签字	日期	标记	处数	更改文件号	签字	日期

力以及工人技术水平等)、有关手册、标准及工艺资料等原始资料。

有了上述原始资料,并由生产纲领确定生产类型和生产组织形式后,便可着手进行机械加工工艺规程的设计。

2)设计机械加工工艺规程的步骤。设计机械加工工艺规程大致分为以下几个步骤:

① 零件的工艺分析。认真分析零件工作图及其所在部件装配图,了解零件结构和功用,分析零件结构工艺性及各项技术要求,找出制订加工工艺的技术关键和主要难点。

② 确定毛坯类型。毛坯类型和制造方法不同,对零件质量、加工方法、材料利用率以及机械加工工作量等均有很大影响。确定毛坯类型的主要依据是零件在产品中的作用、生产纲领以及零件本身结构。

③ 拟订零件机械加工工艺路线。其主要工作内容为选择定位基准;确定各表面加工方法;划分加工阶段和工序;安排加工顺序以及热处理、检验及辅助工序等。

拟订零件的加工工艺路线是制订机械加工工艺规程的核心环节,一般需提出几种可能的方案进行比较、论证,最后选出一种适合本企业生产条件、确保加工质量、高效和低成本的最佳方案。

④ 选择满足各工序要求的加工设备。选择加工设备时,应使加工设备规格与工件尺寸相适应;设备精度与工件精度要求相适应;工件形状与机床功能种类相适应;设备生产效率必须满足生产类型的要求。

⑤ 确定刀具、夹具和必需的辅助工具,对需要设计或改装的工艺装备提出具体的设计任务书。

⑥ 确定各工序加工余量,计算工序尺寸及极限偏差。

⑦ 确定关键工序的技术要求及检验方法。

⑧ 确定切削用量。目前,单件小批生产时,切削用量多由操作者自行确定,机械加工工艺过程卡一般不做明确规定。在中批特别是大批大量生产时,为了切削用量选择的合理性以及生产节奏的均衡性,则必须给定切削用量,并不得随意变动。

⑨ 确定时间定额。

⑩ 填写所需工艺文件。

单元五　毛坯的类型与特点

在拟订零件加工工艺路线前,还需要确定毛坯。由于毛坯的类型、制造方法及其精度均会影响零件的机械加工工艺、生产效率和经济性,因此正确选择毛坯还需从毛坯制造和机械加工两方面综合考虑,兼顾热加工与冷加工的工艺要求,以便选择最佳毛坯。

6. 毛坯类型与特点

毛坯的种类有铸件、锻件、压制件、冲压件、焊接件、型材和板材等。下面将介绍常见的铸件、锻件、型材、焊接件和冲压件毛坯的特点及适用范围。

一、铸件毛坯

铸件适用于形状复杂的零件毛坯,其适用范围广,成本低。但铸件的力学性能、质量和生产条件差。生产铸件毛坯的方法有以下几种:

(一) 砂型铸造

砂型铸造为在砂型中生产铸件的铸造方法。钢、铁和大多数有色合金铸件都可用砂型铸造方法获得。由于砂型铸造所用的造型材料价廉易得，铸型制造简便，对铸件的单件生产、成批生产和大量生产均能适应，因此长期以来一直是铸造生产中的基本工艺。图1-60所示为砂型铸造毛坯。

图1-60 砂型铸造毛坯

砂型铸造较之其他铸造方法成本低、生产工艺简单、生产周期短。所以，像汽车的发动机气缸体、气缸盖、曲轴等铸件都是用黏土湿型砂工艺生产的。当湿型不能满足要求时，再考虑使用粘土干型、干砂型或其他砂型。黏土湿型砂铸造的铸件重量可从几千克到几十千克，而黏土干型生产的铸件可重达几十吨。因砂型铸造具有以上的优势，所以其在铸造业中的应用越来越广泛。未来，其将会在铸造业中扮演着越来越重要的角色。

(二) 金属型铸造

金属型铸造又称硬模铸造，它是将液体金属浇入金属铸型，以获得铸件的一种铸造方法。铸型是用金属制成的，可以反复使用多次（几百次到几千次）。金属型铸造目前所能生产的铸件，在重量和形状方面还有一定的限制，如使用黑色金属只能生产形状简单的铸件，铸件的重量不可太大，壁厚也有限制，较小的铸件壁厚无法铸出。图1-61所示为金属型铸造毛坯。

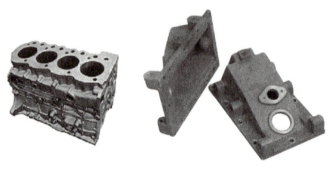

图1-61 金属型铸造毛坯

金属型铸造的优缺点如下：

（1）优点

1）金属型的热导率和热容量大，冷却速度快，铸件组织致密，力学性能比砂型铸件高15%左右。

2）能获得较高的尺寸精度和较低的表面粗糙度值的铸件，并且质量稳定性好。

3）因不用和很少用砂芯，能够改善生产环境，减少粉尘和有害气体的产生，降低劳动强度。

（2）缺点

1）金属型本身无透气性，必须采用一定的措施导出型腔中的空气和砂芯所产生的气体。

2）金属型无退让性，铸件凝固时容易产生裂纹。

3）金属型制造周期较长，成本较高。因此，只有在大量成批生产时，才能显示出好的经济效益。

（三）离心铸造

离心铸造是将液态金属注入高速旋转的铸型内，使金属液做离心运动充满铸型和形成铸件的技术和方法。离心运动使液态金属在径向能很好地充满铸型并形成铸件的自由表面，不用型芯就能获得圆柱形的内孔，有助于液态金属中气体和夹杂物的排除，影响金属的结晶过程，从而改善铸件的力学性能和物理性能。

离心铸造的毛坯晶粒细、金属组织致密、零件的力学性能好、外圆精度及表面质量高，但内孔精度差，适用于铸造批量较大的黑色金属和有色金属的旋转体铸件。图 1-62 所示为离心铸造的铸件和设备。

a）离心铸造的铜套　　　　　　b）离心铸造用离心机

图 1-62　离心铸造的铸件和设备

离心铸造的优缺点如下：

（1）优点

1）几乎不存在浇注系统和冒口系统的金属消耗，提高了工艺出品率。

2）生产中空铸件时可不用型芯，故在生产长管形铸件时可大幅度地改善金属充型能力，降低铸件壁厚对长度或直径的比值，简化套筒和管类铸件的生产过程。

3）铸件致密度高，气孔、夹渣等缺陷少，力学性能好。

4）便于制造筒、套类复合金属铸件，如钢背铜套、双金属轧辊等；成形铸件时，可借离心运动提高金属的充型能力，故可生产薄壁铸件。

（2）缺点

1）用于生产异形铸件时有一定的局限性。

2）铸件内孔直径不准确，内孔表面比较粗糙，质量较差，加工余量大。

3）铸件易产生比重偏析，因此不适合于易产生比重偏析的合金铸件（如铅青铜），尤其不适合铸造杂质密度大于金属液的合金。

（四）压力铸造

压力铸造是指将熔融或半熔融的金属以高速压射入金属铸型内，并在压力下结晶的铸造方法，简称压铸。常用压射压力为30~70MPa，充填速度为0.5~50m/s，充填时间为0.01~0.2s。图1-63所示为压力铸造铸件。

图1-63 压力铸造铸件

压力铸造优缺点如下：
（1）优点
1）生产效率高，易于实现机械化和自动化，可以生产形状复杂的薄壁铸件。压铸锌合金最小壁厚仅为0.3mm，压铸铝合金最小壁厚约为0.5mm，最小铸出孔径为0.7mm。
2）铸件尺寸精度高，表面粗糙度值小。压铸件尺寸公差等级可达IT6~IT3，表面粗糙度Ra一般为0.8~3.2μm。
3）压铸件中可嵌铸零件，既节省贵重材料和机加工工时，也替代了部件的装配过程，可以省去装配工序，简化制造工艺。
（2）缺点
1）压铸时液态金属充填速度高，型腔内气体难以完全排除，铸件易出现气孔、裂纹及氧化夹杂物等缺陷，压铸件通常不能进行热处理。
2）压铸型的结构复杂、制造周期长、成本较高，不适合小批量铸件生产。
3）压铸机造价高、投资大，受到压铸机锁型力及装模尺寸的限制，不适宜生产大型压铸件。
4）合金种类受限制，锌、镁、铜等有色合金可用于压铸。

二、锻件毛坯

锻件是采用压力加工的方法，通过改变金属材料纤维组织的分布而形成的，其力学性能好，生产效率也较高，适用于对力学性能要求较高的中、大型单件，或大批量生产的重要中、小零件。生产锻件毛坯的方法有以下几种：

（一）自由锻

自由锻是利用冲击力或压力使高温的固态金属在上下砧面间各个方向自由变形，不受任何限制而获得所需形状及尺寸和一定力学性能的锻件的一种加工方法。

自由锻所用工具和设备简单，通用性好，成本低，锻件的形状简单，尺寸精度低，加工余量大。图1-64所示为自由锻件。

（二）模锻

模锻是指在专用模锻设备上利用模具使毛坯成形而获得锻件的锻造方法。模锻生产的锻件尺寸精确，加工余量较小，结构也比较复杂，生产效率高。图1-65所示为模锻件。

模锻生产效率高,劳动强度低,尺寸精确,加工余量小,并可锻制形状复杂的锻件,适用于批量生产。但模具成本高,需有专用的模锻设备,不适合于单件或小批量生产。

模锻特点如下:

1)由于有模腔引导金属的流动,锻件的形状可以比较复杂。

图 1-64 自由锻件

2)锻件内部的锻造流线按锻件轮廓分布,从而提高了零件的力学性能。

图 1-65 模锻件

3)操作简单,易于实现机械化,生产效率高。

(三) 精密模锻

精密模锻是指在模锻设备上锻造出形状复杂、精度高的锻件的模锻工艺。如精密模锻锥齿轮,其齿形部分可直接锻出而不必再经过切削加工。模锻件尺寸公差等级可达 IT15 ~ IT12,表面粗糙度 Ra 为 3.2 ~ 1.6μm。图 1-66 所示为精密模锻件。

精密模锻是提高锻件精度和表面质量的一种先进工艺。它能够锻造形状复杂、尺寸精度高的零件,如锥齿轮、叶片等。

精密模锻的特点如下:

1)需要精确计算原始坯料的尺寸,严格按坯料质量下料,否则会增大锻件尺寸公差,降低精度。

图 1-66 精密模锻件

2)需要精细清理坯料表面,除净坯料表面的氧化皮、脱碳层及其他缺陷等。

3)为了提高锻件的尺寸精度和降低表面粗糙度值,应采用无氧化和少氧化加热,尽量减少坯料表面形成的氧化皮。

4)为了最大限度地减少氧化,提高锻件的质量,精密模锻的加热温度较低,对于碳素钢,锻造温度为 900~950℃,称为温模锻。

5)精密模锻的锻件精度在很大程度上取决于锻模的加工精度。因此,精密模锻模腔的精度必须很高,一般要比锻件精度高两级,且锻模一定要有导柱导套结构,保证合模准确。为排除模腔中的气体,减少金属流动阻力,使金属更好地充满模腔,在凹模上应开有排气小孔。

6)模锻时要很好地润滑和冷却锻模。

7）精密模锻一般都在刚度大、精度高的模锻设备上进行，如曲柄压力机、摩擦压力机和高速锤等。

三、型材

型材（图1-67）主要通过热轧或冷拉而成。其中，热轧的型材精度低，价格较冷拉的型材便宜，适用于一般零件的毛坯；冷拉的型材尺寸小、精度高、易实现自动送料，但价格贵，多用于批量较大，且在自动化机床上进行加工的情形。

按截面形状不同，型材可分为圆钢、方钢、六角钢、扁钢、角钢、柏钢以及其他特殊截面型材。

  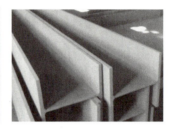

图1-67　型材

四、焊接件毛坯

焊接件是根据零件的结构特点，采用焊接方式将两个或两个以上焊件焊接在一起的加工方法。焊接件应用较多，有些复杂的工程机械零部件也采用焊接件。图1-68所示为焊接件。其制作方便、工艺简单，但需要经过热处理才能进行机械加

图1-68　焊接件

工，适用于在单件小批量生产中制造大型毛坯。其优点是制造简便、加工周期短、毛坯重量轻；缺点是抗振性差，机械加工前需先经时效处理以消除内应力。

五、冲压件毛坯

冲压是靠压力机和模具对板材、带材、管材和型材等施加外力，使之产生塑性变形或分离，从而获得所需形状和尺寸的冲压件的成形加工方法。图1-69所示为冲压件。

冲压件特点如下：

1）冲压件是在材料消耗不大的前提下，经冲压制造出来的，其重量轻、刚度好，并且板料经过塑性变形后，金属内部的组织结构得到改善，使冲压件强度有所提高。

2）冲压件具有较高的尺寸精度，同模件尺寸均匀一致，有较好的互换性，不需要进行机

图1-69　冲压件

械加工即可满足一般的装配和使用要求。

3）冲压件在冲压过程中，由于材料的表面不受破坏，故有较好的表面质量，外观光滑美观，这为表面喷漆、电镀、磷化及其他表面处理提供了方便条件。

各类毛坯的特点及适用范围见表 1-7。

表 1-7 各类毛坯的特点及适用范围

毛坯种类	制造精度（IT）	加工余量	原材料	工件尺寸	工件形状	力学性能	适用生产类型
型材		大	各种材料	小型	简单	较好	各种类型
焊接件		一般	钢材	大、中型	较复杂	有内应力	单件
砂型铸造件	13 级以下	大	铸铁,铸钢,铜合金	各种尺寸	复杂	差	单件小批
自由锻造件	13 级以下	大	钢材为主	各种尺寸	较简单	好	单件小批
普通模锻件	15～11	一般	钢,锻铝,铜等	中、小型	一般	好	中、大批量
钢模铸造件	12～10	较小	铸铝为主	中、小型	较复杂	较好	中、大批量
精密锻造件	11～8	较小	钢材,锻铝等	小型	较复杂	较好	大批量
压力铸造件	11～8	小	铸铁,铸钢,铜合金	中、小型	复杂	较好	中、大批量
冲压件	10～8	小	钢	各种尺寸	复杂	好	大批量

六、选择毛坯时应考虑的因素

（一）零件的材料及其力学性能

当零件的材料选定后，毛坯的类型也就大致确定了。例如：材料为铸铁的零件，自然应选择铸造毛坯；材料是钢材，且力学性能要求高时，可选锻造毛坯；当力学性能要求较低时，可选型材或铸钢。

（二）零件的形状和尺寸

形状复杂的毛坯，常采用铸造方法制造。薄壁件一般不能用砂型铸造，尺寸大的铸件宜用砂型铸造。一般用途的阶梯轴，各段直径相差不大、力学性能要求不高时，可选棒料做毛坯；各段直径相差较大时，为了节省材料，应选择锻件。

（三）零件的生产纲领

大批生产应采用精度和生产效率都比较高的毛坯制造方法。这时，毛坯制造增加的费用可由材料消耗的减少和机械加工费用的减少来补偿。单件小批生产则应采用精度和生产效率较低的毛坯制造方法，如木模手工造型等。

（四）现有生产条件

选择毛坯类型时，应结合本企业的具体生产条件，如现场毛坯制造的实际水平和能力、外协加工的可能性等。

（五）考虑利用新技术、新工艺和新材料的可能性

尽量采用精密铸造、精密锻造、冷挤压、粉末冶金和工程塑料等新工艺、新技术和新材料，以节约材料和能源，减少机械加工余量，提高经济效益。

单元六 基准与定位

一、基准

基准是用来确定生产对象上几何要素间的几何关系所依据的那些点、线、面。根据功用不同,基准可分为设计基准和工艺基准两大类。

(一) 设计基准

设计基准是指设计图样上采用的基准。图 1-70a 所示的钻套轴线是各外圆表面及内孔的设计基准;端面 A 是端面 B 和端面 C 的设计基准;内孔表面 D 的轴线是 $\phi40h6$ 外圆表面的径向圆跳动和端面 B 的轴向圆跳动的设计基准。同样,图 1-70b 中 F 面是 C 面和 E 面的设计基准,也是两孔垂直度和 C 面平行度的设计基准;A 面是 B 面平行度的设计基准。

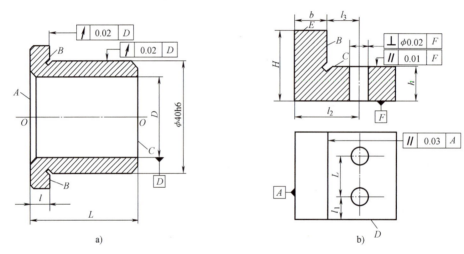

图 1-70 设计基准

作为设计基准的点、线、面在工件上有时不一定具体存在,如表面的几何中心、对称线、对称面等,而常常由某些具体表面来体现,这些具体表面称为基面。

(二) 工艺基准

所谓工艺基准是在机械加工过程中用来确定加工表面加工后尺寸、形状、位置的基准。工艺基准按不同的用途可分为工序基准、定位基准、测量基准和装配基准。

1. 工序基准

在工序图上用来确定本工序的加工表面加工后的尺寸、形状、位置的基准,称为工序基准。如图 1-71a 所示,A 为加工面,母线至 A 面的距离 h 为工序尺寸,位置要求为 A 面对 B 面的平行度(没有标出则包括在 h 的尺寸公差内)。所以母线为本工序的工序基准。有时确定一个表面需要数个工序基准。如图 1-71b 所示,ϕe 孔为加工表面,要求其中心线与 A 面垂直,并与 B 面及 C 面保持距离 l_1、l_2,因此表面 A、B 和 C 都为本工序的工序基准。

2. 定位基准

在加工中用作定位的基准称为定位基准。例如:将图 1-70a 所示零件的内孔套在心轴上

加工 $\phi40h6$ 外圆时，内孔中心线即为定位基准。加工一个表面时，往往需要同时使用数个定位基准。如图1-71b所示的零件，加工 ϕe 孔时，为保证对 A 面的垂直度，要用 A 面作为定位基准；为保证 l_1 的距离尺寸，用 B、C 面作为定位基准。

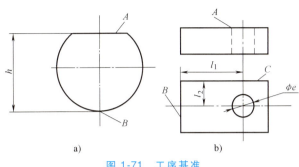

图1-71 工序基准

作为定位基准的点、线、面在工件上也不一定存在，但必须由相应的实际表面来体现。这些实际存在的表面称为定位基面。

3. 测量基准

测量时采用的基准称为测量基准。如图1-70a所示，以内孔套在心轴上去检验 $\phi40h6$ 外圆的径向圆跳动和端面 B 的轴向圆跳动，内孔中心线为测量基准。

4. 装配基准

装配时用来确定零件或部件在产品中相对位置时所用的基准称为装配基准。

二、定位的概念与装夹方法

（一）定位的概念

机床、夹具、刀具和工件组成了一个工艺系统。工件加工面的相互位置精度是由工艺系统间的正确位置关系来保证的。因此加工前，应首先确定工件在工艺系统中的正确位置，即是工件的定位。

工件是由许多点、线、面组成的一个复杂的空间几何体。当考虑工件是否在工艺系统中占据一正确位置时，不必将工件上的所有点、线、面都列入考虑范围。在实际加工中，进行工件定位时，只要考虑作为设计基准的点、线、面是否在工艺系统中占有正确的位置。因此，工件定位的本质是使加工面的设计基准在工艺系统中占据一个正确位置。

工件定位时，由于工艺系统在静态下的误差，会使工件加工面的设计基准在工艺系统中的位置发生变化，影响工件加工面与其设计基准的相互位置精度，但只要这个变动值在允许的误差范围以内，即可认定工件在工艺系统中已占据了一个正确的位置，即工件已正确定位。

（二）装夹的方法

工件的位置取决于工件的装夹（定位和夹紧）方式及其精度要求。工件的装夹方式有以下几种：

1. 直接装夹

直接装夹是利用机床上的装夹面来对工件直接定位的，工件的定位基准面只要靠紧机床的装夹面并密切贴合，不需找正即可完成定位。然后，夹紧工件，使其在整个加工过程中不脱离这一位置，就能得到工件相对刀具及成形运动的正确位置。如图1-72a所示，要求工件的加工面 A 与工件的底面 B 平行，装夹时将工件的定位基准面 B 靠紧并吸牢在磁力工作台上即可；图1-72b所示工件为一夹具底座，要求加工面 A 与底面 B 垂直并与底部已装好的导向键的侧面平行，装夹时除将底面靠紧在工作台面上之外，还需使导向键侧面与工作台上的

T形槽侧面靠紧；图1-72c所示工件，只要求孔 A 与工件定位基准面 B 垂直，装夹时将工件的定位基准面紧靠在钻床工作台面上即可。

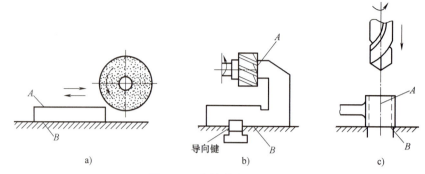

图 1-72　直接装夹的方法

2. 找正装夹

由操作人员在机床上利用百分表、千分表、划线盘等工具进行工件的定位（找正），然后夹紧工件，称为找正装夹。图1-73a所示为在内圆磨床上用单动卡盘装夹套筒磨内孔，先用百分表找正工件外圆再夹紧，以保证磨削后套筒的内孔与外圆柱面的同轴度。图1-73b所示为在车床上加工一个与外圆表面具有偏心距 e 的内孔，采用单动卡盘和百分表调整工件的位置，使其外圆轴线与主轴回转轴线恰好相距一个偏心距 e，然后再夹紧工件即可。

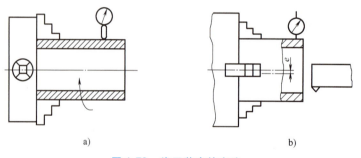

图 1-73　找正装夹的方法

找正装夹方法由于其装夹效率较低，大多用于单件、小批生产中。当加工精度要求非常高，用夹具也很难保证定位精度时，找正装夹是唯一的可行方案，但取决于操作人员的技术水平。对于形状复杂，尺寸、质量均较大的铸锻件毛坯，若其精度较低，不能按其表面找正，则可预先在毛坯上将待加工面的轮廓线划出，然后再按所划的线找正其位置，称为划线找正装夹。事先在工件上划出位置线、找正线和加工线，找正线和加工线通常相距5mm，装夹时按找正线进行找正，即为定位，然后再进行夹紧。图1-74所示为划线找正装夹，在工件缓慢旋转过程中，划针头与工件的找正线不重合，说明工件未安装好，需调整卡爪位置，直至划针头与找正线重合。划线找正装夹所需设备比较简单，适应性强，但精度和生产效率均

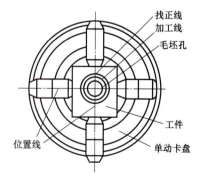

图 1-74　划线找正装夹

较低，通常划线精度为 0.1mm 左右，多适用于单件、小批量生产中的辅助铸件或铸件精度要求较低的粗加工工序。

3. 夹具装夹

夹具是根据工件某一工序的具体加工要求设计的，其上备有专用的定位元件和夹紧装置，被加工工件可以迅速而准确地装夹在夹具中。采用夹具装夹，是在机床上先安装好夹具，使夹具上的安装面与机床上的装夹面靠紧并固定，然后在夹具中装夹工件，使工件的定位基准面与夹具上定位元件的定位面靠紧并固定。由于夹具上定位元件的定位面相对夹具的安装面有一定的位置精度要求，故利用夹具装夹就能保证工件相对刀具及成形运动的正确位置关系。

三、六点定位原理

工件在空间直角坐标系中有六个自由度（独立的运动）。如图 1-75 所示，以长方体工件为例，它在空间直角坐标系中可以分别沿着 X、Y、Z 轴做平移运动，还可以分别绕 X、Y、Z 轴做旋转运动。

7. 六点定位

工件的定位就是采取一定的约束措施来限制自由度，通常使用约束点和约束点群来描述，而且一个自由度只需要一个约束点来限制。必须指出，所谓约束是指工件定位面不能离开约束点，如果定位面离开了约束点就不起约束作用了。在实际定位中，通常用接触面积很小的支承钉作为约束点。

如图 1-75 所示，在长方体工件底面布置三个不共线的约束点 1、2、3，可以限制 Z 轴移动自由度和 X、Y 轴转动自由度，工件底面起主要定位作用，称为主要定位基准（第一定位基准）；在侧面布置两个约束点 4、5，可以限制 X 轴移动自由度和 Z 轴转动自由度，称为导向定位基准（第二定位基准）；在端面布置的约束点 6 限制 Y 轴移动自由度，称为止推定位基准（第三定位基准）。这样，工件的六个自由度都受到限制，工件在夹具中实现了完全定位。

采用六个按一定规则布置的约束点来限制工件的六个自由度，实现完全定位，称为六点定位原理。

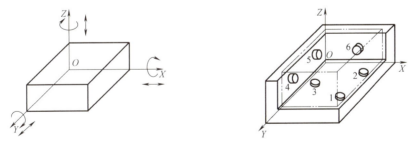

图 1-75 六点定位

四、定位方式所能限制的自由度

在加工中，工件应该被限制的自由度数目与工件加工表面的位置要求有相应的联系，有时要限制工件的六个自由度，有时则仅需要限制一个或几个（少于六个）自由度。根据工件的加工要求，工件在夹具中的定位常有以下几种情况。

(一）完全定位

不重复地限制工件的六个自由度的定位称为完全定位。当工件在 X、Y、Z 三个坐标轴方向均有尺寸要求或位置精度要求时，一般采用这种定位方式。例如：在六面体上加工半槽需要限制工件的六个自由度，如图 1-76a 所示。

(二）不完全定位

根据工件的加工要求，不需要限制工件的全部自由度就能满足加工要求的定位方式称为不完全定位。例如：在六面体上加工通槽，只需要限制工件的五个自由度，即为保证通槽的深度要限制 Z 轴移动自由度，为保证通槽的宽度要限制 X 轴移动自由度，为保证通槽与各表面的位置要求要限制加工表面绕三轴的转动自由度，如图 1-76b 所示。图 1-76c 所示为在铣床上加工六面体的平面，工件只有厚度和平行度要求，只需限制三个自由度。

工件在定位时应该限制的自由度数目应根据本工序的加工要求而定，不影响加工精度的自由度可以不加限制。采用不完全定位可简化定位装置，因此不完全定位在实际生产中也广泛应用。

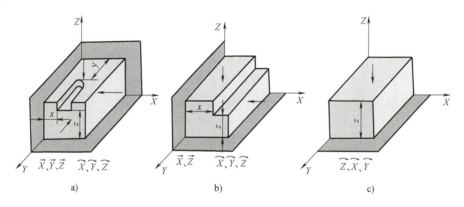

图 1-76 定位方式

(三）欠定位

欠定位是指根据工件的加工要求，应该限制的自由度没有完全被限制的定位。在加工图 1-77a 所示的台阶时，如果 Y 轴方向缺少侧面两个支承点，则工件上尺寸 B 与工件侧面的平行度均无法保证，如图 1-77b 所示。由此可知，欠定位是无法保证加工要求的，因此在确定工件在夹具中的定位方案时，绝不允许有欠定位的现象产生。

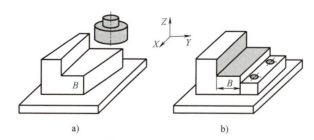

图 1-77 欠定位方式

(四）重复定位

重复定位是指夹具上的两个或两个以上的定位元件重复限制同一个自由度的现象。如

图1-78a所示，要求加工套筒零件外圆上的槽，采用大端面和长心轴定位，大端面限制了三个自由度（X轴移动、Y轴旋转和Z轴旋转），长心轴限制了四个自由度（Y轴移动、Z轴移动、Y轴旋转、Z轴旋转）。此时，Y轴旋转、Z轴旋转这两个自由度被重复限制。当套筒零件的端面对内孔轴线产生垂直度误差时，工件的定位精度就会受到影响，进而影响工件的加工精度，如图1-78b、c所示。

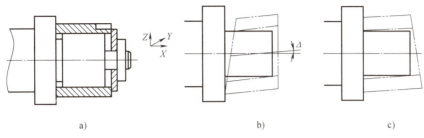

图1-78 定位方式

重复定位分为可用重复定位和不可用重复定位。

（1）可用重复定位　如果工件的定位面经过机械加工，且形状、尺寸、位置精度均较高，则过定位是允许的。因为合理的过定位不仅不会影响加工精度，还会起到加强工艺系统刚度和增加定位稳定性的作用。

（2）不可用重复定位　不可用重复定位会造成定位质量不稳定，降低定位精度，使工件装夹困难，引起夹紧变形和虚假接触。图1-79所示为工件用底面及两销孔定位，定位元件是一个平面和两个短圆柱销，平面限制三个自由度，短圆柱销1限制两个自由度，同时短圆柱销2也限制两个自由度，产生重复定位。如果两定位孔的孔间距误差较大或两定位销中心距误差较大，会使工件上的两定位孔无法与夹具上的两销配合，造成定位干涉，给正常装夹带来困难。

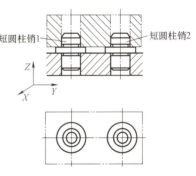

图1-79 不可用重复定位

五、定位基准的选择

当根据工件加工要求确定工件应限制的自由度数目后，限制某一方向自由度往往会有几个定位基准可选择，此时提出了如何正确选择定位基准的问题。

定位基准有粗基准和精基准之分。在加工起始工序中，只能用毛坯上未加工过的表面作为定位基准，则该表面称为粗基准。利用已加工过的表面作为定位基准，则称为精基准。

（一）粗基准的选择

选择粗基准时，主要考虑两个问题：一是保证加工面与不加工面之间的相互位置精度要求；二是合理分配各加工面的加工余量。具体选择时可参考下列原则：

1）对于同时具有加工表面和不加工表面的零件，为了保证不加工表面与加工表面之间的位置精度，应选择不加工表面作为粗基准，如图1-80a所示的基准A和B。如果零件上有多个不加工表面，则以其中与加工表面相互位置精度要求较高的表面作为粗基准。如图1-80b所示，该零件有三个不加工表面，若要求表面4与表面2所组成的壁厚均匀，则应选择不加工表面2作为粗基准来加工台阶孔。

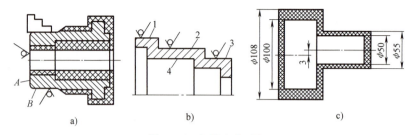

图 1-80 粗基准的选择

2）对于具有较多加工表面的工件，选择粗基准时，应考虑合理分配各加工面的加工余量。合理分配加工余量包括以下两点：

① 应保证各主要表面都有足够的加工余量。为满足这个要求，应选择毛坯余量最小的表面作为粗基准，如图 1-80c 所示的阶梯轴，应选择 $\phi55mm$ 外圆表面作为粗基准。

② 对于工件上的某些重要表面（如导轨和重要孔等），为了尽可能使其表面加工余量均匀，则应选择重要表面作为粗基准。如图 1-81a 所示的床身导轨表面是重要表面，要求耐磨性好，且在整个导轨面内具有大体一致的力学性能。因此，在加工导轨时，应选择导轨表面作为粗基准加工床身底面；然后以底面为基准加工导轨平面，如图 1-81b 所示。

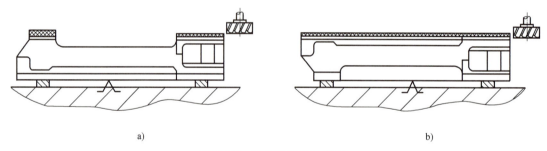

图 1-81 粗基准的选择实例

注意：

① 应避免重复使用粗基准。在同一尺寸方向上，粗基准通常只能使用一次，以免产生较大的定位误差。图 1-82 所示为小轴加工，如重复使用图中的 B 面为基准加工 A 面、C 面，则 A 面和 C 面的轴线将产生较大的同轴度误差。

② 选作粗基准的平面应平整，没有浇、冒口或飞边等缺陷，以便定位可靠。

（二）精基准的选择

精基准的选择应从保证零件加工精度出发，同时考虑装夹方便、夹具结构简单。选择精基准一般应考虑如下原则：

（1）基准重合原则　即选用设计基准作为定位基准，以避免定位基准与设计基准不重合而引起的基准不重合误差。为了较容易地获得加工表面对其设计基准的

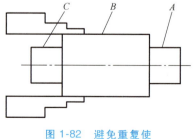

图 1-82 避免重复使用粗基准

相对位置精度要求，应选择加工表面的设计基准为其定位基准，这一原则称为基准重合原则。如果加工表面的设计基准与定位基准不重合，则会增大定位误差，其产生的原因及计算方法在下文中介绍。

（2）基准统一原则　当工件以某一组精基准定位可以比较方便地加工其他表面时，应尽可能在多数工序中采用此组精基准定位，这就是基准统一原则。例如：轴类零件大多数工序都以中心孔为定位基准；齿轮的齿坯和齿形加工多采用齿轮内孔及端面为定位基准。采用基准统一原则可减少工装的设计制造费用，提高生产效率，并可避免因基准转换所造成的误差。

（3）自为基准原则　当工件精加工或光整加工工序要求余量尽可能小而均匀时，应选择加工表面本身作为定位基准，这就是自为基准原则。例如：磨削床身导轨面时，就以床身导轨面作为定位基准，如图 1-83 所示。此时，床脚平面只是起一个支承平面的作用，它并非是定位基准面。此外，用浮动铰刀铰孔、用拉刀拉孔、用无心磨床磨外圆等，均采用自为基准原则。

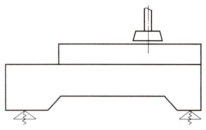

图 1-83　自为基准示例

（4）互为基准原则　为了获得均匀的加工余量或较高的位置精度，可采用互为基准反复加工的原则。例如：加工精密齿轮时，先以内孔定位加工齿面，齿面淬硬后需进行磨齿。因齿面淬硬层较薄，所以要求磨削余量小而均匀，此时可用齿面为定位基准磨内孔，再以内孔为定位基准磨齿面，从而保证齿面的磨削余量均匀，且内孔与齿面的相互位置精度又较易得到保证。

精基准的选择应保证工件定位准确、夹紧可靠、操作方便。如图 1-84a 所示，当加工 C 面时，如果采用基准重合原则，则选择 B 面作为定位基准，工件装夹如图 1-85 所示，这样不但工件装夹不便，夹具结构也较复杂。但如果采用图 1-84b 所示的以 A 面为定位基准，虽然夹具结构简单、装夹方便，但基准不重合，定位误差较大。

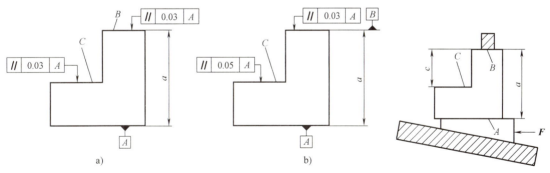

图 1-84　尺寸标注对定位基准选择的影响　　图 1-85　基准重合时装夹示例

应该指出，对上述粗、精基准的选择原则，常不能全部满足，实际应用时往往会出现相互矛盾的情况，这就要求综合考虑，分清主次，着重解决主要矛盾。

六、常用定位元件的要求和选用

为了保证同一批工件在夹具中占据一个正确的位置，必须选择合理的定位方法和设计相应的定位装置。

前面已介绍了六点定位原理及定位基准的选择原则。在实际应用时，一般不允许将工件的定位基面直接与夹具体接触，而是通过定位元件上的工作表面与工件定位基面接触来实现定位。定位基面与定位元件的工作表面合称为定位副。

（一）一对定位元件要满足的要求

（1）足够的精度　由于工件的定位是通过定位副的接触（或配合）实现的，定位元件工作表面的精度直接影响工件的定位精度，因此定位元件工作表面应有足够的精度，以保证加工精度要求。

（2）足够的强度和刚度　定位元件不仅限制工件的自由度，还有支承工件、承受夹紧力和切削力的作用，因此还应有足够的强度和刚度，以免使用中变形和损坏。

（3）有较好的耐磨性　工件的装卸会磨损定位元件的工作表面，导致定位元件工件表面精度下降，引起定位精度的下降。当定位精度下降至不能保证加工精度时，则应更换定位元件。为延长定位元件的更换周期，提高夹具使用寿命，定位元件的工作表面应有较好的耐磨性。

（4）良好的工艺性　定位元件的结构应力求简单、合理，便于加工、装配和更换。对于工件不同定位基面的形式，定位元件的结构、形状、尺寸和布置方式也不同。

（二）常用的定位元件及选用

工件在夹具中要想获得正确定位，首先应正确选择定位基准，其次是选择合适的定位元件。工件定位时，工件定位基准和夹具的定位元件接触形成定位副，以实现工件的六点定位。不同的定位表面有不同的定位元件。

1. 工件以平面定位

在飞机零件的机械加工中，有大量的零件以平面作为定位基准实现定位，如箱体、机座、梁翼、接头、支架、圆盘等。根据定位面的大小和元件是否限制自由度，定位元件可分为支承钉与支承板、可调支承、自位支承、辅助支承等。

（1）支承钉与支承板　支承钉与支承板主要用于限制工件的自由度，起定位作用。支承钉有三种形式，如图 1-86 所示。A 型为平头支承钉，适用于精基准表面的定位，当工件定位面积较小且已经为基准平面定位时选用；B 型为球头支承钉，适用于基准面粗糙不平或毛坯表面的定位；C 型为齿纹头支承钉，用于侧面方向布置的定位中，其凹槽可防止细小切屑停留在定位面上。对于中、小型工件，当其生产批量比较小时，也可直接用夹具体上的某平面作为定位面。当工件以较大的、平面度精度较高的基准平面定位时，为使工件安装稳固、可靠，夹具上的定位元件多选用支承板。支承板有两种形式，如图 1-87 所示。A 型为光面支承板，不带斜槽，侧面定位时可选用 A 型支承板；B 型为带斜槽的支承板，通常尽可能选用带斜槽的支承板，以利于清除切屑。

支承钉与支承板的安装为固定式，不可调整，所以为保证其定位精度，A 型支承钉与支承板在夹具体上安装时，其定位高度均保留磨削余量，装配后一次磨平，保证高度一致。支承钉与支承板都已标准化，其公差配合、材料及热处理方法等都可以查阅行业标准 JB/T 8029.2—1999。

（2）可调支承　可调支承是指高度可以调节的支承，用以调整定位面的位置。当不同批次间的工件，其毛坯质量差异较大时，可通过可调支承的调整来统一定位位置；或者同类工件不同的规格,需要夹具改变某一尺寸的定位要求,也可通过可调支承的调整来满足新工件的定位要求。

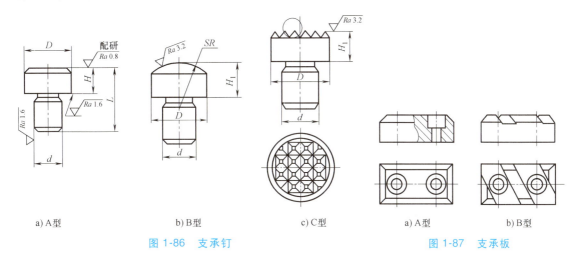

a) A型　　　　　　b) B型　　　　　　c) C型　　　　　　　a) A型　　　　　b) B型

图 1-86　支承钉　　　　　　　　　　　　　　　　图 1-87　支承板

几种常用的可调支承的结构如图 1-88 所示。可调支承是根据每一批毛坯的实际误差的大小来调整支承钉高度的。因此,可调支承在一批工件加工前进行调整,在同一批工件的加工中,其作用相当于固定支承。可调支承的调整都具备支承、调整、锁紧三个基本功能。

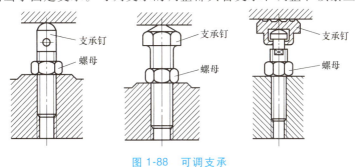

图 1-88　可调支承

（3）自位支承　自位支承又称浮动支承,是在工件定位过程中能自动调整位置的支承。它既能限制工件的自由度,又能增加工件的刚度。

自位支承与工件的接触点虽然是两点或三点,但仍只限制工件的一个自由度。使用中要注意浮动结构的跨度不要过大,以免造成附加的转动自由度。

（4）辅助支承　辅助支承是指不起定位作用,用以提高工件的装夹刚度和稳定性的支承。如图 1-89 所示,工件需铣削顶平面,以保证铣削高度 H。本工序以工件的底面作为主要定位基准,而左半部悬伸部分壁厚较薄,刚度较差,为防止工件左端在切削力作用下产生变形和铣削振动,在工件左端悬伸部位下设置辅助支承,以提高工件的安装稳定性和刚度。

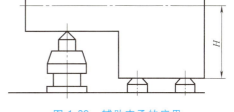

图 1-89　辅助支承的应用

图 1-90 所示为常用辅助支承的结构。其中,图 1-90a 所示的螺旋式辅助支承结构简单,但会损伤工件定位面,带动工件转动而破坏定

位；而图 1-90b 所示的自动调节式辅助支承，靠弹簧的弹力使支承与工件表面接触，并可锁紧，支承只做上下运动，避免了上述缺点。

辅助支承与可调支承在结构上和操作上有较大的差别，具体为：辅助支承要求一工件一调整，其支承高度一件一变；可调支承多为快速调整或自动调整，不参与定位，不属于定位元件，为了不破坏工件的定位，其支承动作的操作在每次工件定位、夹紧后再进行。

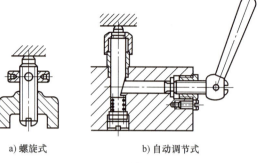

a) 螺旋式　　b) 自动调节式

图 1-90　辅助支承

2. 工件以外圆表面定位

工件以外圆表面定位的常用定位元件有 V 形块、定位套和半圆套。

V 形块（图 1-91）是工件以外圆表面定位时最常用的定位元件，其主要技术参数如下：

α——V 形块的 V 面夹角；

h——V 形块的高度；

D——V 形块设计心轴直径，其值为工件定位基准直径的平均尺寸；

H——V 形块定位高度（底面到心轴中心的距离），$H = h + 0.707D - 0.5C$；

C——V 形块的开口尺寸。

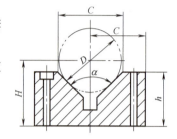

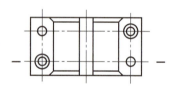

图 1-91　V 形块的结构

如果将 V 形块按其 V 面夹角分类，应分为 60°、90°、120° 三种，其中应用最多的是 90° V 形块。90° V 形块（图 1-91）的典型结构和尺寸已标准化，使用时可根据定位圆柱面的长度和直径进行选择。

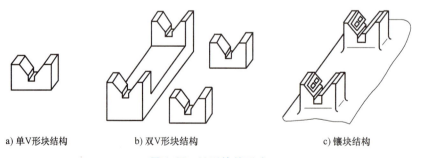

a) 单V形块结构　　b) 双V形块结构　　c) 镶块结构

图 1-92　V 形块的形式

V 形块有多种形式，图 1-92a 所示的 V 形块适用于较短的精基准圆柱面定位；图 1-92b 所示的 V 形块适于较长的、粗糙的圆柱面定位；图 1-92c 所示 V 形块适用于尺寸较大的圆柱面定位，这种 V 形块底座采用铸件，V 形面采用淬火钢件，V 形块由二者镶合而成。

V形块有两大特点,一是对中性好,工件上定位用的外圆柱面轴线始终处在V形块两斜面的对称面上,不管工件上的定位基准直径误差如何,其轴线位置均在V形块的对称面上变动;二是不论定位基准是否经过加工,是完整的圆柱面还是圆弧面,都可采用V形块定位。

单元七 定位误差分析

六点定位原理解决了消除工件自由度的问题,而能否保证工件的加工精度,则取决于刀具与工件之间的相互位置关系。由于一批工件在夹具中定位时,各个工件所占据的位置不完全一致,会出现工件位置定得准与不准的问题。如果工件在夹具中所占据的位置不准确,加工后各工件的加工尺寸必然大小不一,形成误差。这种只与工件定位有关的误差称为定位误差,用 Δ_D 表示。

影响定位误差的因素很多,其中最主要的影响因素有两个:一是定位基准与工序基准不重合引起的误差;二是基准位置移动引起的误差。

一、基准不重合误差 Δ_B

8. 定位误差

工件在夹具中定位时,由于定位基准与工序基准不重合而造成的定位误差,称为基准不重合误差,用 Δ_B 表示。如图1-93所示,加工尺寸 A 时,其定位基准是 E 面,设计基准是 F 面,两者不重合。装夹一批工件,使其逐个在夹具上定位时,受尺寸 $S\pm\delta_S/2$ 的影响,工序基准的位置是变动的,会导致尺寸误差,这就是基准不重合误差。

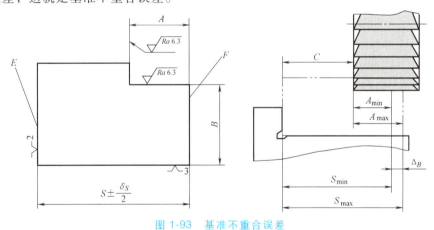

图1-93 基准不重合误差

在一批工件的加工中,尺寸 S 在其公差范围内变动,这种变动量直接反映到尺寸 A 的变动上,基准不重合误差 Δ_B 的计算方法如下。

1)当定位尺寸与工序尺寸同方向时,所产生的尺寸 A 的误差就等于尺寸 S 的尺寸变动范围,公式为

$$\Delta_B = A_{max} - A_{min} = S_{max} - S_{min} = \delta_S$$

2)当定位尺寸与工序尺寸不同方向时,基准不重合误差 Δ_B 等于定位尺寸公差与两者之间夹角余弦的乘积,公式为

$$\Delta_B = \delta_S \cos\beta$$

3）当加工尺寸 B 的工序基准与定位基准重合时

$$\Delta_B = 0$$

二、基准位移误差 Δ_Y

由于定位副的制造误差或定位副配合间隙所导致的定位基准在加工尺寸方向上最大位置变动值，称为基准位移误差，用 Δ_Y 表示。不同的定位方式，基准位移误差的计算方式也不同。

（一）工件以平面定位

当工件以平面定位时，定位基面的位置是不变的，因此基准位移误差为零，即 $\Delta_Y = 0$。

（二）工件以圆孔在圆柱销、圆柱心轴上定位

当工件以圆孔在圆柱销、圆柱心轴上定位时，其定位基准为孔的中心线，定位基面是内孔表面，如图 1-94 所示。由于定位副配合间隙的影响，会使工件的圆孔中心线发生偏移，其偏移量在加工尺寸方向上的投影即为基准位移误差 Δ_Y。

图 1-94　圆孔销定位的基准位移误差

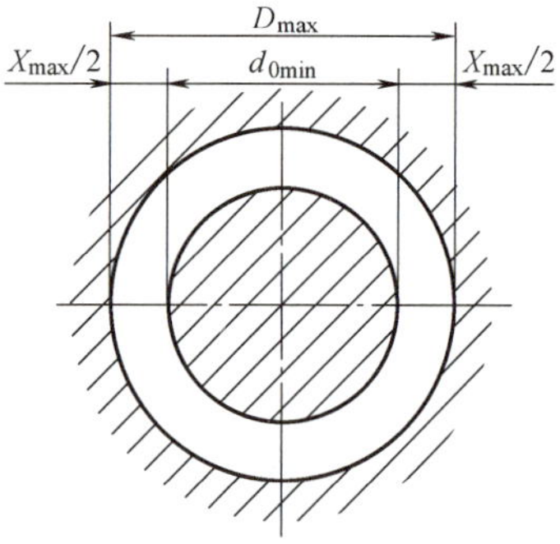

当定位基准在任意方向偏移时

$$\Delta_Y = X_{max} = D_{max} - d_{0min} = \delta_D + \delta_{d_0} + X_{min}$$

当基准偏移为单方向时

$$\Delta_Y = X_{max}/2 = (D_{max} - d_{0min})/2 = (\delta_D + \delta_{d_0} + X_{min})/2$$

式中　X_{max}——定位副最大间隙；

D_{max}——工件定位孔最大直径；

d_{0min}——圆柱销或圆柱心轴的最小直径；

δ_D——工件定位孔的直径公差；

δ_{d_0}——圆柱销或圆柱心轴的直径公差；

X_{min}——定位所需的最小间隙，由设计确定。

（三）工件以外圆柱面在 V 形块上定位

如图 1-95 所示，工件以外圆柱面在 V 形块上定位时，其定位基准是工件外圆柱面的轴线，定位基面是工件外圆柱面。由于工件直径公差 δ_d 的影响，使工件中心沿 Z 轴方向从 O_1 移至 O_2，在 Z 轴方向的基准位移量为：

$$\Delta_Y = \delta_d \sin(\alpha/2)/2$$

式中　δ_d——工件定位基准的直径公差；

$\alpha/2$——V 形块 V 面夹角的半角。

三、定位误差的计算

无论是基准不重合误差还是基准位移误差，都是由定位引起的，因此统称为定位误差，用 Δ_D 表示。定位误差是由基准不重合误差 Δ_B 和基准位移误差 Δ_Y 合成的，组合时可能有如下情况：

1）$\Delta_Y \neq 0$、$\Delta_B = 0$ 时，$\Delta_D = \Delta_Y$；

2）$\Delta_B \neq 0$、$\Delta_Y = 0$ 时，$\Delta_D = \Delta_B$；

3）$\Delta_Y \neq 0$、$\Delta_B \neq 0$ 时，又分为以下两种情形：

① 如果工序基准不在定位基面上，则有

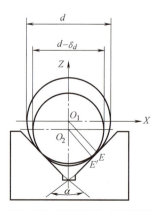

图 1-95　V 形块上定位误差

$$\Delta_D = \Delta_B + \Delta_Y$$

② 如果工序基准在定位基面上，则有

$$\Delta_D = \Delta_B \pm \Delta_Y$$

其中"+""-"号的判别方法如下：

a. 先分析定位基面尺寸由大变小时（或由小变大），定位基准的变动方向。

b. 当定位基面尺寸做同样变化时，设定位基准不变，分析工序基准的变动方向，定位基准与工序基准的变动方向相同时取"+"，反之取"-"。

c. 若两者变动方向相同即取"+"，若两者变动方向相反即取"-"。

例 1-1 图 1-96 所示为在金刚镗床上加工活塞销孔的定位方式，活塞裙部的内孔与定位销的配合为 $\phi 95 H7/g6$，对称度要求不大于 0.2mm，试计算定位误差。

解：镗孔的对称度要求是指镗孔的轴线要与定位孔的轴线正交，若有偏移，不得大于 0.2mm，图 1-96 中采用的定位方式属于基准重合，则基准不重合误差为 0。定

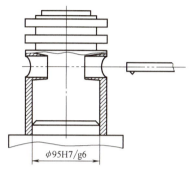

图 1-96　活塞销孔的定位误差

位时孔与销为任意边接触，按题意查公差标准可知，工件定位孔尺寸为 $\phi 95^{+0.035}_{0}$ mm；定位销尺寸为 $\phi 95^{-0.012}_{-0.034}$ mm，则

$$\Delta_D = \Delta_Y = \delta_D + \delta_{d_0} + X_{\min} = (0.035 + 0.022 + 0.012) \text{mm} = 0.069 \text{mm}$$

例 1-2 如图 1-97 所示，求加工获得尺寸 A 时的定位误差。

解：1）定位基准为底面，工序基准为圆孔中心线，定位基准与工序基准不重合。两者之间的定位尺寸为 50mm，其公差为 $\delta_S = 0.2$mm。工序基准的位移方向与加工尺寸方向间的夹角 α 为 45°，则

$$\Delta_B = \delta_S \cos\alpha = 0.2\cos 45° \text{mm} = 0.1414 \text{mm}$$

2）定位基准与限位基准重合，$\Delta_Y = 0$；

3）最终可得：$\Delta_D = \Delta_B = 0.1414$mm。

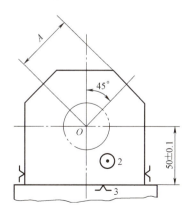

图 1-97　定位误差

单元八　典型轴类零件加工工艺分析

一、齿轮轴加工工艺分析

工艺任务单

产品名称：齿轮轴；

零件功用：连接齿轮，传递运动与动力；

材料：45钢；

生产类型：大批量生产；

热处理：调质处理28~32HRC。

工艺任务：

1）根据零件图（图1-98）分析其技术要求、主要表面加工方法，确定坯料、加工顺序和轴颈工序尺寸表。

2）根据零件加工要求，选用机床、刀具、量具等工艺装备；编制机械加工工艺文件。

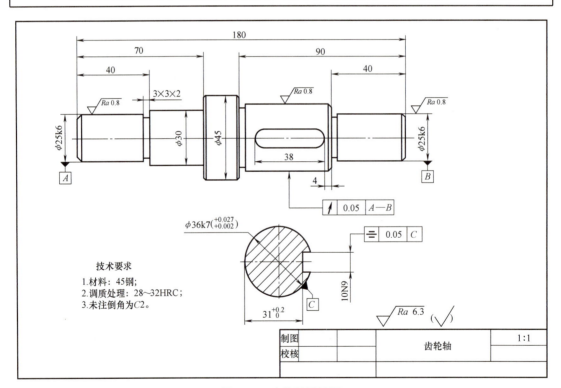

图1-98　齿轮轴零件图

（一）识读图样，确定主要表面、次要表面加工方法与装备

零件主要加工表面是指尺寸精度、表面质量以及几何公差要求较高的表面。零件上一些精度要求较高的面，仅用一种加工方法往往是达不到其规定的技术要求的，必须顺序地进行粗加工、半精加工和精加工等，逐步提高其表面精度。在生产中，要考虑生产条件和生产成本，一般以经济精度为准，外圆加工的经济精度见表1-8。

表1-8 外圆柱面加工方法的经济精度

序号	加工方法	经济精度（公差等级）	经济表面粗糙度 $Ra/\mu m$	适用范围
1	粗车	IT18~13	50~12.5	适用于淬火钢以外的各种金属
2	粗车-半精车	IT11~10	6.3~3.2	
3	粗车-半精车-精车	IT8~7	1.6~0.8	
4	粗车-半精车-精车-滚压（或抛光）	IT8~7	0.25~0.2	
5	粗车-半精车-磨削	IT8~7	0.8~0.4	主要用于淬火钢，也可用于未淬火钢，但不宜加工有色金属
6	粗车-半精车-粗磨-精磨	IT7~6	0.4~0.1	
7	粗车-半精车-磨-超精加工（或轮式超精磨）	IT5	0.012~0.1	
8	粗车-半精车-精车-精细车（金刚车）	IT7~6	0.4~0.025	主要用于要求较高的有色金属加工
9	粗车-半精车-粗磨-精磨-超精磨（或镜面磨）	IT5以上	0.025~0.006	极高精度的外圆加工
10	粗车-半精车-粗磨-精磨-研磨	IT5以上	0.1~0.006	

注：确定加工方法时必须同时满足零件尺寸精度和表面粗糙度要求。

分析图样，该轴的主要加工表面为 $\phi25k6$ 外圆和 $\phi36k7$ 外圆，其余均为次要加工表面。根据生产批量要求，结合企业设备实际情况，该齿轮轴的加工表面、加工方案、加工装备见表1-9。图中 $\phi36k7$ 轴头的径向圆跳动公差为 0.05mm，基准要素是左右两端轴颈 $\phi25k6$ 的轴线，精加工该表面时由双顶尖装夹方式保证径向圆跳动公差；图中 $\phi36k7$ 轴头键槽的对称度公差为 0.05mm，基准要素是轴头本身的轴线，加工键槽时以该轴线为基准装夹工件，保证对称度公差。

表1-9 齿轮轴加工表面加工方案与加工装备

加工表面	尺寸公差等级	表面粗糙度 $Ra/\mu m$	加工方案	机床	夹具	刀具
$\phi25k6$	IT6	0.8	粗车→半精车→精车→磨	数控车床、磨床	自定心卡盘、顶尖、双顶尖和卡箍	外圆车刀、砂轮
$\phi36k7$	IT6	0.8	粗车→半精车→精车→磨	数控车床、磨床	自定心卡盘、顶尖、双顶尖和卡箍	外圆车刀、砂轮
键槽10N9	IT9	6.3	数控铣	数控铣床	专用夹具	键槽铣刀
$\phi30$	—	6.3	粗车→半精车	数控车床	自定心卡盘、顶尖、双顶尖和卡箍	外圆车刀
$\phi45$	—	6.3	粗车→半精车	数控车床	自定心卡盘、顶尖、双顶尖和卡箍	外圆车刀

(二) 选择材料，确定毛坯类型

零件图技术要求其材料为 45 钢，生产要求为大批量生产，考虑减少金属切削余量，提高生产效率，降低生产成本，选择模锻毛坯，毛坯尺寸要求如图 1-99 所示。

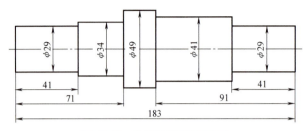

图 1-99 齿轮轴模锻毛坯图

(三) 确定热处理方法

轴类零件的热处理方法有许多，一般分为以下几种：

(1) 预先热处理　对锻件毛坯，为了降低其硬度，提高可加工性，在毛坯进行切削加工之前对其进行正火或退火处理；对铸件毛坯，为了稳定其组织，消除应力，一般在切削加工之前采用时效处理。

(2) 调质处理　为了获得良好的综合力学性能，采用调质处理方法，主要用于中碳钢和中碳合金钢。调质处理一般安排在粗车之后进行。

(3) 淬火处理　为了提高轴类零件的强度和表面硬度，对轴的整体或某个局部进行淬火处理，主要用于中碳钢和中碳合金钢。淬火处理一般安排在精加工之前进行。

(4) 化学热处理　对于低碳钢或低碳合金钢轴，为了提高其力学性能，先对工件表面进行渗碳、渗氮或碳氮共渗，然后再进行淬火处理的方式，一般安排在精加工之前进行。

齿轮轴图样中的技术要求热处理为调质处理至 28~32HRC，因此采用调质处理（淬火+高温回火）方法，并保证齿轮轴表面硬度均为 28~32HRC。

(四) 确定定位基准与装夹方法

轴类零件装夹方法有自定心卡盘装夹、单动卡盘装夹、一夹一顶装夹、双顶尖装夹、一夹一托装夹、心轴装夹等方法。根据齿轮轴图样中的技术标注，定位基准是左右两端轴颈的轴线，因此在外圆表面加工过程中以中心孔定位装夹工件，热处理后，研磨中心孔，确保定位精度。粗车采用一夹一顶装夹方式，能保证较大的刚度；精车和磨削阶段，采用双顶尖装夹，能获得高的定心精度，保证轴头部位的圆跳动公差。轴头部位键槽加工，基准是轴头的轴线，因此定位基准就是轴头的轴线，采用 V 形块定位、专用夹具装夹方式就能保证对称度公差。

(五) 拟订加工顺序

1. 加工顺序的确定原则

加工顺序要按"先加工基面、后加工其他表面；先加工主要加工表面，后加工次要加工表面；先加工粗基准，后加工精基准；先加工平面，后加工孔"的原则。

2. 轴类零件加工的一般工艺路线

(1) 一般精度调质钢的轴类零件　锻造→正火或退火→粗车→调质→半精车、精车→表面淬火→粗磨→精磨。

(2) 一般精度整体淬火的轴类零件　锻造→正火或退火→粗车→调质→半精车、精车→加工次要加工表面→整体淬火→粗磨→精磨。

（3）一般精度渗碳钢的轴类零件　锻造→正火或退火→粗车→调质→半精车、精车→渗碳（或碳氮共渗）→淬火→粗磨→精磨。

（4）精密渗碳钢的轴类零件　锻造→正火或退火→粗车→调质→半精车、精车→低温时效处理→粗磨→渗氮→加工次要加工表面→精磨→光磨。

3. 划分加工阶段

齿轮轴的加工顺序可划分为粗加工、半精加工和精加工三个阶段。

（1）粗加工阶段　主要目的是切除零件毛坯的多余切削层，主要问题是如何获得较高的生产效率，其尺寸公差等级可达 IT11，表面粗糙度 Ra 为 $20 \sim 10 \mu m$。

（2）半精加工阶段　主要任务是为尺寸精度、几何公差、表面质量等要求较高的重要表面精加工做准备，其尺寸公差等级可达 IT8，表面粗糙度 Ra 为 $10 \sim 7 \mu m$。普通车削加工轴类零件一般都有半精加工过程，主要切削沟槽、倒角、螺纹等。而数控车加工，其加工过程主要是控制刀路，倒角工序不再存在，加之切削速度快，能获得较高的表面质量，所以不是所有工件都有半精加工阶段。

（3）精加工阶段　主要是获得较高的表面质量和较高的精度，其尺寸公差等级可达 IT7，表面粗糙度 Ra 为 $6.3 \sim 3.2 \mu m$。精加工达不到要求的，利用磨削加工，其尺寸公差等级可达 IT6，表面粗糙度 Ra 为 $0.8 \sim 0.001 \mu m$。

（六）确定切削用量

切削用量三要素包括切削速度、进给量和背吃刀量。

（1）切削速度（v_c）　切削速度为切削刃的选定点相对于工件主运动的瞬时速度。主运动是旋转运动时，切削速度的计算公式为：

$$v_c = \pi d n / 1000$$

式中　d——工件加工表面或刀具某一点的回转直径（mm）；

n——主轴转速（r/min）。

（2）进给量（f）　在工件或刀具的每一转或每一往复行程的时间内，刀具与工件之间沿进给运动方向的相对位移，单位为 mm/r 或 mm/行程。

精车、半精车进给量见表 1-10。

表 1-10　精车、半精车进给量

工件材料	表粗糙度 $Ra/\mu m$	切削速度 /(m/min)	刀尖圆弧半径/mm		
			0.5	1	2
			进给量 $f/(mm/r)$		
碳钢及合金钢	10~5	≤50	0.3~0.5	0.45~0.6	0.55~0.7
		>50	0.4~0.55	0.55~0.65	0.65~0.7
	5~2.5	≤50	0.18~0.25	0.25~0.3	0.3~0.4
		>50	0.25~0.3	0.3~0.35	0.35~0.5
	2.5~1.25	≤50	0.1	0.11~0.15	0.15~0.22
		50~100	0.11~0.16	0.16~0.25	0.25~0.35
		>100	0.16~0.2	0.2~0.25	0.25~0.35

(续)

工件材料	表粗糙度 $Ra/\mu m$	切削速度 /(m/min)	刀尖圆弧半径/mm		
			0.5	1	2
			进给量 $f/(mm/r)$		
铸铁及铜合金	10~5	不限	0.25~0.4	0.4~0.5	0.5~0.6
	5~2.5		0.15~0.25	0.25~0.4	0.4~0.6

（3）背吃刀量（a_p） 背吃刀量是在通过切削刃基点并垂直于工作平面方向上测量的吃刀量，单位为 mm，也就是工件待加工表面与已加工表面之间的垂直距离，习惯上也将背吃刀量称为切削深度。

外圆车削时背吃刀量计算公式为

$$a_p = \frac{D-d}{2}$$

式中 D——工件待加工表面的直径（mm）；

d——工件已加工表面的直径（mm）。

外圆车削时的背吃刀量见表 1-11。

表 1-11 外圆车削时的背吃刀量（端面车削时背吃刀量减半）

工件轴径 /mm	工件长度/mm											
	≤100		>100~250		>250~500		>500~800		>800~1200		>1200~2000	
	背吃刀量 a_p/mm											
	半精车	精车	半精车	精车	半精车	精车	半精车	精车	半精车	精车	半精车	精车
≤10	0.8	0.2	0.9	0.2	1	0.3	—	—	—	—	—	—
>10~18	0.9	0.2	0.9	0.3	1	0.3	1.1	0.3	—	—	—	—
>18~30	1	0.3	1	0.3	1.1	0.3	1.3	0.4	1.4	0.4	—	—
>30~50	1.1	0.3	1	0.3	1.1	0.4	1.3	0.5	1.5	0.6	1.7	0.6
>50~80	1.1	0.3	1.1	0.3	1.2	0.4	1.4	0.5	1.6	0.6	1.8	0.7
>80~120	1.1	0.4	1.2	0.4	1.2	0.5	1.4	0.5	1.6	0.6	1.9	0.7
>120~180	1.2	0.5	1.2	0.5	1.3	0.6	1.5	0.6	1.7	0.7	2	0.8
>180~260	1.3	0.5	1.3	0.6	1.4	0.6	1.6	0.7	1.8	0.8	2	0.9
>260~360	1.3	0.6	1.4	0.6	1.5	0.7	1.7	0.7	1.9	0.8	2.1	0.9
>360~500	1.4	0.7	1.5	0.7	1.5	0.8	1.7	0.8	1.9	0.9	2.2	1

注：1. 粗加工，表面粗糙度 Ra 为 50~12.5μm 时，一次走刀应尽可能切除全部余量。

2. 粗车背吃刀量的最大值是由车床功率的大小决定的，中等功率机床可达 8~10mm。

高速钢、硬质合金车刀车削外圆及端面的粗车进给量见表 1-12。

例 1-3 粗车直径 $d=40$mm 的零件，主轴转速 $n=600$r/min，试计算其切削速度。

解： $v_c = \pi dn/1000 = 3.14 \times 40 \times 600/1000$ m/min $= 75.36$ m/min $= 1.256$ m/s

（七）确定工序尺寸与加工余量

1. 工序尺寸公差的确定

1）确定各工序加工余量（查工艺手册）。

表 1-12 高速钢、硬质合金车刀车削外圆及端面的粗车进给量

工件材料	车刀刀杆尺寸 /mm	工件直径 /mm	背吃刀量 a_p/mm				
			≤3	3~5	5~8	8~12	>12
			进给量 f/(mm/r)				
碳素结构钢、合金结构钢、耐热钢	16×25	20	0.3~0.4	—	—	—	—
		40	0.4~0.5	0.3~0.4	—	—	—
		60	0.5~0.7	0.4~0.6	0.3~0.5	—	—
		100	0.6~0.9	0.5~0.7	0.5~0.6	0.4~0.5	—
		400	0.8~1.2	0.7~1	0.6~0.8	0.5~0.6	—
	20×30 25×25	20	0.3~0.4	—	—	—	—
		40	0.4~0.5	0.3~0.4	—	—	—
		60	0.6~0.7	0.5~0.7	0.4~0.6	—	—
		100	0.8~1	0.7~0.9	0.5~0.7	0.4~0.7	—
		400	1.2~1.4	1~1.2	0.8~1	0.6~0.9	0.4~0.6
铸铁及铜合金	16×25	40	0.4~0.5	—	—	—	—
		60	0.6~0.8	0.5~0.8	0.4~0.6	—	—
		100	0.8~1.2	0.7~1	0.6~0.8	0.5~0.7	—
		400	1~1.4	1~1.2	0.8~1	0.6~0.8	—
	20×30 25×25	40	0.4~0.5	—	—	—	—
		60	0.6~0.9	0.5~0.8	0.4~0.7	—	—
		100	0.9~1.3	0.8~1.2	0.7~1	0.5~0.8	—
		400	1.2~1.8	1.2~1.6	1~1.3	0.9~1.1	0.7~0.9

2)从最终加工工序开始,即从设计尺寸开始,逐次加上(对于轴类)或减去(对于孔类)每道工序的加工余量,可分别得到各工序的公称尺寸。

3)除最终加工工序取设计尺寸公差外,其余各工序按各自采用的加工方法所对应的加工经济精度确定工序尺寸公差。

4)除最终工序外,其余各工序按入体原则标注工序尺寸公差。

5)毛坯余量通常由毛坯图样给出,故第 1 工序余量由计算确定,公差一般标注对称公差。

2. 工序尺寸的确定

在计算工序尺寸时要注意加工顺序、每道工序所达到的经济精度和加工余量。

轴类零件工序尺寸的计算步骤如下:

1)确定各工序加工余量的公称尺寸。

2)由最后一道工序尺寸(工序尺寸即为设计尺寸)加上本工序加工余量为前道工序尺寸的公称尺寸。

3)工序尺寸的公差按本工序加工方法的经济精度确定,工序尺寸的极限偏差分布按入体原则确定。

图 1-99 所示齿轮轴外圆表面加工各工序尺寸见表 1-13。

表 1-13 齿轮轴外圆表面加工各工序尺寸

工序	工序内容	加工余量/mm	留余量/mm	经济精度（公差等级）	工序尺寸及公差/mm
5	磨左端 $\phi25.1$ 至图中规定尺寸	0.10	0	IT6	$\phi25^{+0.015}_{+0.002}$
	磨右端 $\phi25.1$、$\phi36.1$ 至图中规定尺寸	0.10、1.0	0、0	IT6	$\phi25^{+0.015}_{+0.002}$、$\phi36^{+0.027}_{+0.002}$
4	精车左端 $\phi26$ 至 $\phi25.1$	0.9	0.10	IT7	$\phi25.1^{0}_{-0.021}$
	精车右端 $\phi26$、$\phi37$ 至 $\phi25.1$、$\phi36.1$	0.9、0.9	0.10	IT7	$\phi25.1^{0}_{-0.021}$、$\phi36.1^{0}_{-0.025}$
3	半精车左端 $\phi27$、$\phi32$、$\phi47$ 至 $\phi26$、$\phi30$、$\phi45$	1.0、2.0、2.0	1.0、0、0	IT10	$\phi26^{0}_{-0.084}$、$\phi30$、$\phi45$
	半精车右端 $\phi27$、$\phi38$ 至 $\phi26$、$\phi37$	1.0、1.0	1.0、1.0	IT10	$\phi26^{0}_{-0.084}$、$\phi37^{0}_{-0.1}$
2	粗车左端 $\phi29$、$\phi34$、$\phi49$ 分别至 $\phi27$、$\phi32$、$\phi47$	2.0、2.0、2.0	2.0、2.0、2.0	IT12	$\phi27^{0}_{-0.21}$、$\phi32^{0}_{-0.25}$、$\phi47^{0}_{-0.25}$
	粗车右端 $\phi29$、$\phi41$ 至 $\phi27$、$\phi38$	2.0、3.0	2.0、2.0	IT12	$\phi27^{0}_{-0.21}$、$\phi38^{0}_{-0.25}$
1	锻造毛坯	—	—		

（八）编制工艺文件

1. 工艺过程卡

齿轮轴机械加工工艺过程卡见表 1-14。

表 1-14 齿轮轴机械加工工艺过程卡

工序号	工序	工步号	工步内容	工艺装备		
				机床	刀具	夹具
1	备料	—	锻件毛坯棒料尺寸为：$\phi29mm\times41mm + \phi34mm\times30mm + \phi49mm\times21mm + \phi41mm\times50mm + \phi29mm\times41mm$	—	—	—
2	粗车	1	夹右端，外伸 60mm 左右，找正、夹紧，车平端面，见光即可	CKA6150	外圆车刀	单动卡盘
		2	钻中心孔	CKA6150	中心钻	单动卡盘
		3	一夹一顶装夹工件，粗车右端外圆各部，各部均留精车余量1mm	CKA6150	外圆车刀	单动卡盘、顶尖
		4	调头装夹，车平端面，保证总长 180mm	CKA6150	外圆车刀	单动卡盘
		5	钻中心孔	CKA6150	中心钻	单动卡盘、顶尖
		6	一夹一顶装夹工件，粗车左端外圆各部，各部均留精车余量1mm	CKA6150	外圆车刀	单动卡盘、顶尖
3	热处理	—	调质处理至表面硬度为 28~32HRC	CKA6150	中心钻	自定心卡盘
4	钳工	—	修研中心孔			
5	半精车	1	一夹一顶装夹工件，半精车右端外圆，各部均留余量1mm	CKA6150	外圆车刀	自定心卡盘、顶尖
		2	车右端两个 3mm×2mm 槽	CKA6150	切槽刀	自定心卡盘、顶尖
		3	调头装夹，半精车左端各部，加工 $\phi30mm$、$\phi45mm$ 轴径至图样规定尺寸，$\phi25mm$ 轴径留余量1mm	CKA6150	外圆车刀	自定心卡盘、顶尖
		4	车左端一个 3mm×2mm 槽	CKA6150	切槽刀	自定心卡盘、顶尖

(续)

工序号	工序	工步号	工步内容	工艺装备		
				机床	刀具	夹具
6	精车	1	双顶尖装夹,精车右端各部,均留余量0.05mm	CKA6150	外圆车刀	顶尖、卡箍
		2	调头装夹,精车左端φ26mm轴径至φ25.1mm,留余量0.05mm	CKA6150	外圆车刀	顶尖、卡箍
7	铣键槽	—	铣键槽至图中规定尺寸	VC600	键槽铣刀	专用夹具
8	磨削	1	双顶尖装夹,磨右端φ25mm、φ36mm轴径至图中规定尺寸	M1432	砂轮	双顶尖
		2	调头,双顶尖装夹,磨左端φ25mm轴径至规定尺寸	M1432	砂轮	双顶尖
9	钳工	—	去飞边	—	—	—
10	检验	—	检验合格入库	—	—	—

2. 工序卡

工序卡要根据某道工序的重要性和复杂性来编制,简单工序一般不需要编制工序卡。齿轮轴半精车工序卡见表1-15。

表1-15 齿轮轴半精车工序卡

××车间	机械加工工序卡	产品型号		零件图号			
		产品名称	齿轮轴	零件名称	齿轮轴	共 页	第 页
		工序名称		工序号		毛坯种类	件数
		半精车		5		锻造毛坯	
		设备名称		设备型号		设备编号	表面硬度
		数控车床		CKA6150			28~32HRC
		夹具编号		夹具名称			切削液
				自定心卡盘、顶尖			
		工位器具编号		工位器具名称		工序工时(分)	
						准终	单件

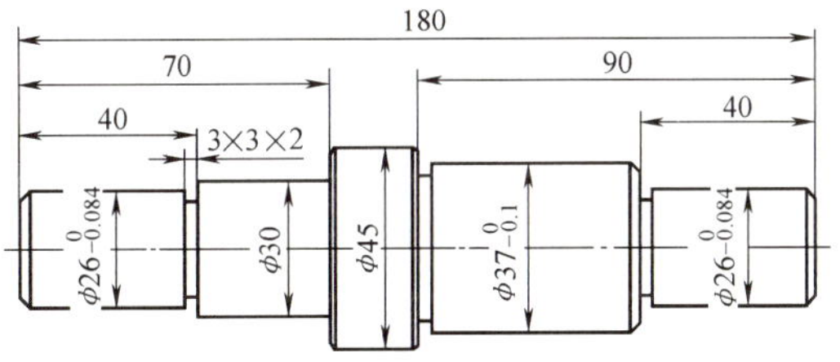

工步号	工步内容	主轴转速/(r/min)	切削速度/(m/min)	进给量/(mm/r)	背吃刀量/mm	进给次数	工步工时	
							机动	辅助
1	一夹一顶装夹工件,半精车右端外圆,各部均留余量1mm	800	97.96	0.2	0.2	5		
2	车右端两个3mm×2mm槽	600	48.98	0.1		2		
3	调头装夹,半精车左端各部,φ30mm、φ45mm轴径至图样规定尺寸,φ25mm轴径留余量1mm	800	77.87	0.2	0.2	5、10、10		
4	车左端一个3mm×2mm槽	600	48.98	0.1		2		

				设计日期	校对日期	审核日期	标准化日期	会签日期
标记	处数	更改文件号	签字日期	标记	处数	更改文件号	签字日期	

(九) 工艺分析

1. 工件检测

（1）线性尺寸检验　用常规量具如游标卡尺、千分尺检验外径、槽宽、长度尺寸。

（2）几何公差检测

1）利用磁性表座和百分表检测径向圆跳动公差。

2）利用量块、磁性表座和百分表检测键槽对称度公差。

（3）表面粗糙度检测　三处轴径表面粗糙度 Ra 为 $0.8\mu m$，采用便捷式表面粗糙度仪进行测量。

2. 分析

若某处公差不符合要求，要查找并分析原因，然后根据要求改进工艺，尽可能地提高产品合格率。

二、花键轴加工工艺分析

工艺任务单

产品名称：花键轴；

零件功用：与传动件、箱体配合，传递运动与动力；

材料：45 钢；

生产类型：小批量生产；

热处理：调质处理 28~32HRC。

工艺任务：

1）花键轴零件图如图 1-100 所示，试分析其结构、技术要求、主要表面加工方法，拟订加工工艺路线。

2）选择合适的加工装备，编写工艺过程卡。

（一）识读图样，确定主要表面、次要表面的加工方案与工艺装备

该零件既是花键轴又是阶梯轴，其加工精度要求较高。根据图样可知：φ30k6 两外圆的公共轴线为基准要素；矩形花键轴花键两端面对公共轴线的轴向圆跳动公差为 0.03mm，花键外圆对公共轴线的径向圆跳动公差为 0.03mm；热处理为调质处理，使硬度达到 28~32HRC。除此之外还有对称度公差要求、表面粗糙度要求和尺寸精度要求。该花键轴的加工表面要求、加工方案与加工装备见表 1-16。

（二）选择毛坯，确定热处理方案

由于生产要求是小批量生产，所以毛坯选择型材，45 钢棒料，规格为 φ40mm×193mm，热处理采用调质处理，使硬度达到 28~32HRC。

（三）确定定位基准与装夹方法

根据花键轴零件图可知，加工外圆过程中主要以两轴颈 φ30k6 处轴线为基准。为了便于装夹，满足基准统一和基准重合原则，加工中心孔，以中心孔为基准装夹工件。

（四）拟订加工顺序

加工顺序为：备料→粗车→调质→精车→铣花键→铣键槽→钳工去飞边→磨削。

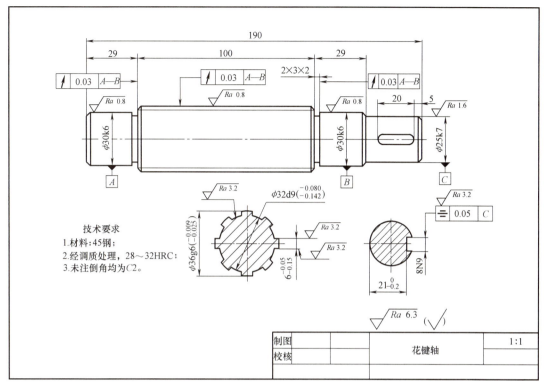

图 1-100 花键轴零件图

表 1-16 花键轴加工表面要求、加工方案与加工装备

加工表面	尺寸公差等级	表面粗糙度 $Ra/\mu m$	加工方案	机床	夹具	刀具
$\phi 30k6$ 外圆	IT6	0.8	粗车→精车→磨	数控车床、外圆磨床	自定心卡盘、顶尖、中心架、双顶尖和卡箍	外圆车刀、砂轮
$\phi 36g6$ 外圆	IT6	0.8	粗车→精车→磨	数控车床、外圆磨床	自定心卡盘、顶尖、中心架、双顶尖和卡箍	外圆车刀、砂轮
$\phi 25k7$ 外圆	IT7	1.6	粗车→精车	数控车床	自定心卡盘、顶尖、双顶尖和卡箍	外圆车刀
键槽	IT9	3.2	铣	数控铣床	专用夹具	键槽铣刀
矩形花键	IT6、IT9	0.8 3.2	铣	数控铣床	专用夹具	盘铣刀

（五）编制工艺文件

花键轴机械加工工艺过程卡见表 1-17。

（六）工艺分析

1）花键轴种类较多，按齿廓形状分为矩形齿、渐开线齿和三角形齿等。花键轴的定心方法有小径定心、大径定心和键侧定心三种，一般情况下都是大径定心。矩形花键由于加工方便、强度较高而且易于对正，所以被广泛应用。

表 1-17 花键轴机械加工工艺过程卡

序号	工序名	工步号	工步内容	工艺装备		
				机床	夹具	刀具
1			下料:棒料规格为 ϕ40mm×193mm	锯床		
2	粗车	1	夹左端外圆,外伸 70mm 左右,找正夹紧,车平端面,见光即可	数控车床	自定心卡盘	车刀
		2	钻中心孔	数控车床	自定心卡盘	中心钻
		3	一夹一顶装夹,粗车右端外圆各部,各部直径方向均留余量 1mm,ϕ36mm 外圆长度 101mm	数控车床	自定心卡盘、顶尖	车刀
		4	调头装夹,夹毛坯左端外圆,外伸 70mm 左右,平端面,保证总长 191mm	数控车床	自定心卡盘	车刀
		5	钻中心孔	数控车床	自定心卡盘	中心钻
		6	一夹一顶装夹工件,粗车左端外圆,留余量 1mm	数控车床	卡盘、顶尖	车刀
3	热处理	—	调质处理 28~32HRC	—	—	—
4	钳工	—	修研中心孔	—	—	—
5	精车	1	自定心卡盘夹左端,一夹一顶装夹工件,在 ϕ36g6 外圆上车一架子口,表面粗糙度值不低于 Ra3.2μm	数控车床	自定心卡盘	车刀
		2	在所车架位处装上中心架,找正,移去顶尖,精车端面,保证总长为 190.5mm,精车 ϕ36g6 右端面,保证长度为 100.5mm,保证轴向圆跳动公差	数控车床	卡盘、中心架	车刀
		3	车槽 3mm×2mm	数控车床	卡盘、中心架	车槽刀
		4	调头,一夹一顶装夹工件,在所车架位处装上中心架找正,移去顶尖,精车端面,保证总长 190mm;精车 ϕ36g6 左端面,保证长度 100mm,保证轴向圆跳动公差	数控车床	卡盘、中心架	车刀
		5	车槽 3mm×2mm	数控车床	卡盘、中心架	车槽刀
		6	双顶尖装夹工件,精车右端各部,ϕ25k7 至尺寸,ϕ30k6、ϕ36g6 留磨削余量 0.15mm	数控车床	双顶尖	车刀
		7	调头装夹工件,精车右端,ϕ30k6 留磨削余量 0.15mm	数控车床	双顶尖	车刀
6	铣花键	—	铣外花键至图样要求	数控铣床	专用夹具	铣刀
7	铣键槽	—	铣键槽至图样尺寸要求	数控铣床	专用夹具	键槽铣刀
8	钳工	—	修研中心孔	—	—	—
9	磨外圆	1	双顶尖装夹工件,磨右端 ϕ30k6、ϕ36g6 两处至规定要求,保证 ϕ36g6 处径向圆跳动公差	外圆磨床	双顶尖	砂轮
		2	调头装夹,磨左端 ϕ30k6 至图样要求	外圆磨床	双顶尖	砂轮
10	钳工	—	去飞边	—	—	—
11	检验	—	合格入库	—	—	—

2)本例中的花键采用大径定心,所以安排粗车、精车和磨削外圆,保证花键大径 ϕ36g6。

3)为保证花键轴各部外圆的位置及形状精度要求,在各工序中均以两中心孔为定位基准。

三、活塞杆零件加工工艺

工艺任务单

产品名称：活塞杆；

零件功用：连接活塞与十字头，传递运动与动力；

材料：38CrMoAl 合金钢；

生产类型：小批量生产；

热处理：φ50mm 处进行渗氮处理，深度为 0.2～0.3mm，使硬度达到 62～65HRC。

工艺任务：

1）活塞杆零件图如图 1-101 所示，试分析其结构、技术要求、主要表面加工方法，拟订加工工艺路线；

2）选择合适的加工装备，编写工艺过程卡。

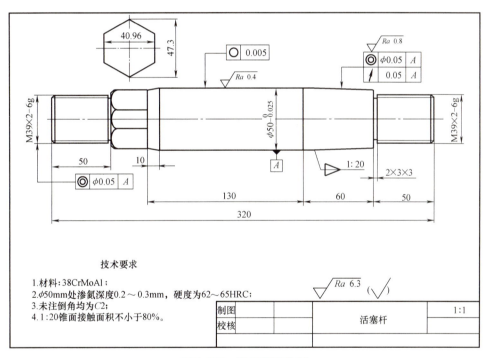

图 1-101 活塞杆零件图

（一）识读图样，确定主要表面、次要表面的加工方案与工艺装备

分析图样可知，φ50mm 轴线是基准要素，尺寸公差等级为 IT7，表面粗糙度 Ra 为 0.8mm，且表面渗氮处理，深度为 0.2～0.3mm，硬度为 62～65HRC，是主要加工表面；活塞杆左端螺纹以及右端锥面是被测要素，有同轴度和圆跳动公差要求；1∶20 圆锥面要求接触面积不小于 80%。根据图中的技术标注，活塞杆主要与次要加工表面的加工方案与装备见表 1-18。

（二）选择毛坯，确定热处理方案

由于生产要求是小批量生产，所以毛坯选择棒料，材料为 38CrMoAl 合金钢，规格为

$\phi 55mm \times 323mm$。热处理采用调质处理、渗氮处理和局部淬火处理，硬度达到 62~65HRC。

表 1-18 活塞杆主要与次要表面的加工方案与装备

加工表面	尺寸公差等级	表面粗糙度 Ra /μm	加工方案	机床	夹具	刀具
$\phi 50_{-0.025}^{0}$ 外圆	IT7	0.4	粗车→精车→粗磨→精磨	数控车床、外圆磨床	自定心卡盘、顶尖、中心架、双顶尖和卡箍	外圆车刀、砂轮
M39×2-6g	IT6	6.3	粗车→精车外圆→车螺纹	数控车床	自定心卡盘、顶尖、中心架、双顶尖和卡箍	外圆车刀
1:20 锥面	—	0.8	粗车→精车→粗磨→精磨	数控车床、外圆磨床	自定心卡盘、顶尖、中心架、双顶尖和卡箍	外圆车刀、砂轮
正六面体	—	6.3	粗车→精车→数控铣	数控车床、数控铣床	自定心卡盘、顶尖、专用夹具	车刀、铣刀

（三）确定定位基准与装夹方法

根据活塞杆零件图可知，加工外圆过程中主要以 $\phi 50mm$ 轴线为基准。为了便于装夹，满足基准统一与基准重合原则，加工中心孔，以中心孔为基准装夹工件。

（四）拟订加工顺序

加工顺序为：备料→粗车→调质→精车→渗氮处理和局部淬火处理→铣正六面体→磨削→检验。

该活塞杆有两处螺纹，其加工顺序安排在精车之后进行，对应的外径所需要达到的尺寸，按 GB/T 193—2003《普通螺纹 直径与螺距系列》的规定进行，详细情况见表 1-19。本例中螺纹是 M39×2-6g，根据表 1-19 可知，两处螺纹外径要精车至 $\phi 39_{-0.41}^{0}$ mm。

表 1-19 米制螺纹加工内外径表 （单位：mm）

基本螺纹				一号细牙螺纹			二号细牙螺纹		
代号	螺距	螺纹外径	螺母内径	代号	螺纹外径	螺母内径	代号	螺纹外径	螺母内径
M3	0.5	$3_{-0.15}$	$2.5_{+0.12}$	—					
M4	0.7	$4_{-0.20}$	$3.3_{+0.15}$						
M5	0.8	$5_{-0.22}$	$4.2_{+0.20}$						
M6	1	$6_{-0.26}$	$5.0_{+0.20}$	M6×0.75	$6_{-0.15}$	$5.2_{+0.19}$			
M8	1.25	$8_{-0.30}$	$6.7_{+0.22}$	M8×1	$8_{-0.25}$	$7_{+0.20}$	M8×0.75	$8_{-0.15}$	$7.2_{+0.19}$
M10	1.5	$10_{-0.35}$	$8.5_{+0.25}$	M10×1.25	$10_{-0.30}$	$8.7_{+0.22}$	M10×1	$10_{-0.30}$	$9_{+0.20}$
M12	1.75	$12_{-0.38}$	$10.2_{+0.28}$	M12×1.5	$12_{-0.35}$	$10.5_{+0.25}$	M12×1.25	$12_{-0.3}$	$10.7_{+0.22}$
M14	2	$14_{-0.41}$	$11.9_{+0.30}$	M14×1.5	$14_{-0.35}$	$12.5_{+0.25}$	M14×1.25	$14_{-0.30}$	$12.7_{+0.22}$
M16	2	$16_{-0.41}$	$13.9_{+0.30}$	M16×1.5	$16_{-0.35}$	$14.5_{+0.25}$	M16×1	$16_{-0.35}$	$15_{+0.20}$
M18	2.5	$18_{-0.48}$	$15.4_{+0.14}$	M18×2	$18_{-0.41}$	$15.9_{+0.30}$	M18×1.5	$18_{-0.35}$	$16.5_{+0.25}$
M20	2.5	$20_{-0.48}$	$17.4_{+0.34}$	M20×2	$20_{-0.41}$	$17.9_{+0.30}$	M20×1.5	$20_{-0.35}$	$18.5_{+0.25}$
M22	2.5	$22_{-0.48}$	$19.4_{+0.34}$	M22×2	$22_{-0.41}$	$19.9_{+0.30}$	M22×1.5	$22_{-0.35}$	$20.5_{+0.25}$
M24	3	$24_{-0.52}$	$20.9_{+0.38}$	M24×2	$24_{-0.41}$	$21.9_{+0.30}$	M24×1.5	$24_{-0.35}$	$22.5_{+0.25}$
M27	3	$27_{-0.52}$	$23.9_{+0.38}$	M27×2	$27_{-0.41}$	$24.9_{+0.30}$	M27×1.5	$27_{-0.35}$	$25.5_{+0.25}$
M30	3.5	$30_{-0.55}$	$26.3_{+0.42}$	M30×2	$30_{-0.41}$	$27.9_{+0.30}$	M30×1.5	$30_{-0.35}$	$28.5_{+0.25}$

(续)

基本螺纹				一号细牙螺纹			二号细牙螺纹		
代号	螺距	螺纹外径	螺母内径	代号	螺纹外径	螺母内径	代号	螺纹外径	螺母内径
M33	3.5	$33_{-0.55}$	$29.3_{+0.42}$	M33×2	$33_{-0.41}$	$30.9_{+0.30}$	M33×1.5	$33_{-0.35}$	$31.5_{+0.25}$
M36	4	$36_{-0.60}$	$31.8_{+0.48}$	M36×3	$36_{-0.52}$	$32.9_{+0.38}$	M36×2	$36_{-0.41}$	$33.9_{+0.30}$
M39	4	$39_{-0.60}$	$34.8_{+0.48}$	M39×3	$39_{-0.52}$	$35.9_{+0.38}$	M39×2	$39_{-0.41}$	$36.9_{+0.30}$
M42	4.5	$42_{-0.65}$	$37.3_{+0.55}$	M42×3	$42_{-0.52}$	$38.9_{+0.38}$	M42×2	$42_{-0.41}$	$39.9_{+0.30}$
M45	4.5	$45_{-0.65}$	$40.3_{+0.55}$	M45×3	$45_{-0.52}$	$41.9_{+0.38}$	M45×2	$45_{-0.41}$	$42.9_{+0.30}$
M48	5	$48_{-0.70}$	$42.7_{+0.60}$	M48×3	$48_{-0.52}$	$44.9_{+0.38}$	M48×2	$48_{-0.41}$	$45.9_{+0.30}$
M52	5	$52_{-0.70}$	$46.7_{+0.60}$	M52×3	$52_{-0.52}$	$48.9_{+0.38}$	M52×2	$52_{-0.41}$	$49.9_{+0.30}$
M56	5.5	$56_{-0.75}$	$50.2_{+0.65}$	M56×4	$56_{-0.60}$	$51.8_{+0.48}$	M56×3	$56_{-0.52}$	$52.8_{+0.38}$
M64	6	$64_{-0.80}$	$57.7_{+0.70}$	M64×4	$64_{-0.60}$	$59.8_{+0.48}$	M64×3	$64_{-0.52}$	$60.8_{+0.38}$
M68	6	$68_{-0.80}$	$61.7_{+0.70}$	M68×4	$68_{-0.60}$	$63.8_{+0.48}$	M68×3	$68_{-0.52}$	$64.8_{+0.38}$

(五) 编制工艺文件

活塞杆机械加工工艺过程卡见表1-20。

表1-20 活塞杆机械加工工艺过程卡

序号	工序名	工步号	工步内容	工艺装备		
				机床	夹具	刀具
1		—	下料:棒料尺寸为φ55mm×323mm	锯床		
2	粗车	1	夹毛坯左端外圆,外伸70mm左右,找正夹紧,车平端面,见光即可	数控车床	自定心卡盘	车刀
		2	钻中心孔	数控车床	自定心卡盘	中心钻
		3	一夹一顶装夹,粗车右端各部,各部直径方向均留余量1mm	数控车床	卡盘、顶尖	车刀
		4	调头装夹,夹左端外圆,外伸70mm左右,车平端面,保证总体长度320mm	数控车床	自定心卡盘	车刀
		5	钻中心孔	数控车床	自定心卡盘	中心钻
		6	一夹一顶装夹工件,粗车左端外圆各部,均留余量1mm	数控车床	卡盘、顶尖	车刀
3	热处理	—	调质处理,使硬度达到28~32HRC	—	—	—
4	钳工	—	修研中心孔R3.15/6.7	—	—	—
5	精车	1	双顶尖装夹工件,精车右端各部,M39处车削至$φ39_{-0.41}^{0}$mm,表面粗糙度Ra为6.3μm	数控车床	双顶尖、卡箍	车刀
		2	在右端$φ39_{-0.41}^{0}$mm处装上中心架,找正,精车φ50mm外圆及锥面外圆到φ50.1mm,长度190mm	数控车床	顶尖、卡箍和中心架	车刀
		3	车锥面,留磨削余量0.25mm	数控车床	顶尖、卡箍和中心架	车刀
		4	车右端退刀槽3mm×3mm	数控车床	顶尖、卡箍和中心架	槽刀
		5	移去中心架,车右端螺纹至图样要求	数控车床	双顶尖、卡箍	螺纹车刀

(续)

序号	工序名	工步号	工步内容	工艺装备		
				机床	夹具	刀具
5	精车	6	调头双顶尖装夹,在$\phi50mm$左端部装上中心架,留出锥面10mm,找正,精车左端各部,车M39至$\phi39_{-0.41}^{0}mm$,正六方体车削到$\phi40.73mm$圆柱体	数控车床	双顶尖、卡箍和中心架	车刀
		7	精车右端锥面至尺寸要求	数控车床	双顶尖、卡箍和中心架	车刀
		8	车左端退刀槽3mm×3mm	数控车床	双顶尖、卡箍和中心架	车槽刀
		9	车左端螺纹至要求尺寸	数控车床	双顶尖、卡箍和中心架	螺纹车刀
6	铣	—	铣正六方体至要求尺寸	数控铣床	组合夹具	面铣刀
7	粗磨	1	双顶尖夹夹,粗磨$\phi50mm$外圆,留精磨余量0.05mm	外圆磨床	双顶尖、卡箍	砂轮
		2	粗磨右端锥面,留磨削余量0.05mm	外圆磨床	双顶尖、卡箍	砂轮
8	热处理	—	$\phi50mm$外圆局部渗氮处理,其他部位安装保护套,渗氮处理时保证深度0.2~0.3mm,局部淬火处理,硬度达到62~65HRC	—	—	—
9	钳工	—	修研中心孔	—	—	—
10	精磨	1	双顶尖装夹,精磨$\phi50mm$外圆至尺寸	外圆磨床	双顶尖、卡箍	砂轮
		2	精磨圆锥面至要求尺寸,涂色检查,接触面积不小于80%	外圆磨床	双顶尖、卡箍	砂轮
11	钳工		去飞边			
12	检验		合格入库			

(六) 工艺分析

1)活塞杆在正常使用中,承受交变载荷,$\phi50_{-0.025}^{0}mm\times130mm$段有密封装置往复摩擦其表面,所以该处要求硬度较高,已达到耐磨效果。活塞杆采用38CrMoAl合金钢,$\phi50mm$处经调质处理和表面渗氮后,心部硬度为28~32HRC,而表面渗氮深度为0.2~0.3mm,淬火处理后硬度为62~65HRC,这样活塞杆既有一定的韧性,又有较高的耐磨性。

2)在选择定位基准时,为了保证同轴度及各部分相互位置精度,所有加工工序均采用中心孔定位,符合基准统一原则。

3)热处理后,中心孔容易变形,影响后面加工精度,因此在热处理后和精磨之前,都要修研中心孔,并保证中心孔清洁,中心孔与顶尖间松紧程度要适宜。

4)精车时,工件左右各有一处3mm×3mm槽,车槽前加装中心架,以提高工件刚度,获得良好的切削速度。

5)磨削$\phi50mm$外圆和锥面时,分工步进行,并安排粗磨和精磨两道工序。粗磨1:20锥度时,先磨削试车,检查合格后才能正式磨削。1:20锥度使用标准的1:20环规涂色检查,接触面积不少于80%。

6)渗氮处理时,其余部分应安装保护套。

四、细长轴加工工艺分析

（一）细长轴车削的工艺特点

1）细长轴刚度很差，车削时装夹不当，很容易因切削力及重力的作用而发生弯曲变形，产生振动，从而影响加工精度和表面粗糙度。

2）细长轴的热扩散性能差，在切削热作用下，会产生相当大的线膨胀。如果轴的两端为固定支承，则工件会因伸长而被顶弯。

3）由于轴较长，一次走刀时间长，刀具磨损大，从而影响零件的形状精度。

4）车细长轴时要使用跟刀架，若支承工件的两个支承块对工件施加的压力不适当，会影响加工精度。若压力过小或为零，支承块就不起作用，不能提高零件的刚度；若压力过大，工件被压向车刀，切削深度增加，车出的直径就小，当跟刀架继续移动后，支承块支承在小直径外圆处，支承块与工件脱离，切削力使工件向外偏离，切削深度减小，车出的直径变大，以后跟刀架又跟到大直径圆上，又把工件压向车刀，使车出的直径变小，这样连续有规律地变化，就会把细长的工件车成"竹节"形，如图 1-102 所示。

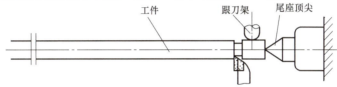

a）因跟刀架初始压力过大，工件轴线偏向车刀而车出凹心

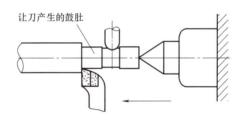

b）因工件轴线偏离车刀而车出鼓肚

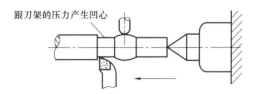

c）因跟刀架压力过大，工件轴线偏向车刀而车出凹心

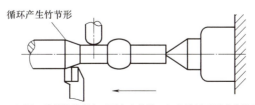

d）因工件轴线偏离车刀而车出鼓肚，如此循环而形成"竹节"形

图 1-102　车细长工件时"竹节"形的形成过程

（二）细长轴的先进车削法——反向走刀车削法

图 1-103 所示为反向走刀车削法示意图，这种方法的特点如下：

1）细长轴左端缠有一圈钢丝，再利用自定心卡盘夹紧，以减小接触面积，使工件在卡盘内能自由地调节其位置，避免夹紧时形成弯曲力矩，在切削过程中发生的变形也不会因卡盘夹死而产生内应力。

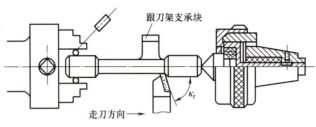

图 1-103　反向走刀车削法

2）尾座顶尖改成弹性顶尖，当工件因切削热发生线膨胀伸长时，顶尖能自动后退，可避免线膨胀引起的弯曲变形。

3）采用三个支承块跟刀架，以提高工件刚度和轴线的稳定性，避免产生"竹节"形。

4）改变走刀方向，使床鞍由主轴箱向尾座移动，使工件受拉，不易产生弹性弯曲变形。

【拓展知识】

拓展知识——加工余量的确定

拓展知识——尺寸链

技 能 训 练

一、任务单

产品名称：减速器输入轴（图1-104）；
零件功用：连接齿轮，传递运动与动力；
材料：45 钢；
生产类型：单件生产；
热处理：调质处理，使硬度达到 28~32HRC。
要求：
1）根据图样，正确确定工件的定位基准；
2）按照图样要求，选择刀具、量具及其他辅件；
3）根据图样要求编制工艺过程卡以及重要工序的工序卡；
4）以小组为单位，用试切法完成零件加工。

项目一 轴类零件加工工艺与常用装备

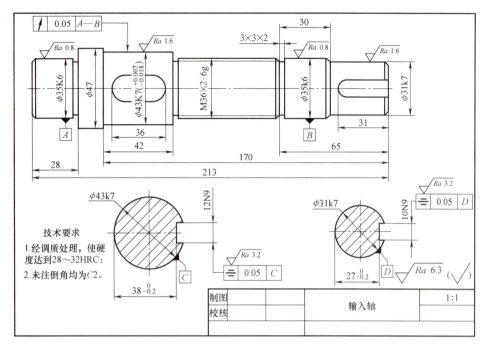

图 1-104 减速器输入轴零件图

二、实施条件

1）场地：机械加工实训中心或数控中心（含普通车床、数控车床、数控铣床、外圆磨床）。

2）毛坯：45 钢棒料，规格为 $\phi 50\text{mm} \times 216\text{mm}$。

3）设备、工具及材料准备清单：详见表 1-21。

表 1-21 设备、工具及材料准备清单

序号	名称	数量	序号	名称	数量
1	数控车床或普通车床	若干	16	游标深度卡尺	若干
2	数控铣床或普通铣床	若干	17	磁力表座	若干
3	外圆磨床	1 台	18	高速钢立铣刀	若干
4	组合夹具	若干	19	键槽铣刀	若干
5	卡箍、顶尖	若干套	20	弹簧或强力铣夹头刀柄	若干
6	平行垫铁	若干	21	夹簧	若干
7	压板及螺栓	若干	22	游标卡尺	若干
8	扳手	若干	23	千分尺	若干
9	铜棒	若干	24	中心钻	若干
10	中齿扁锉	若干	25	外圆车刀	若干
11	三角锉	若干	26	螺纹车刀	若干
12	毛刷	若干	27	螺纹量规	若干
13	抹布	若干	28	砂轮	若干
14	机用虎钳	若干	29	热处理设备	1 台套
15	百分表	若干	30	硬度计	1 台套

三、实训学时

实训时间为 8 学时，具体安排见表 1-22。

表 1-22　实训时间安排表

序号	实训内容	学时数	备注
1	工艺设计	1	两个工艺文件
2	车削加工	3	
3	热处理	1	
4	磨外圆	1	
5	铣键槽	1	
6	检验	1	编制检验报告

四、评价标准

考核总分为 100 分，其中职业素养与操作规范占总分的 20%，作品占总分的 80%。职业素养与操作规范、作品两项均需合格，总成绩评定为合格。职业素养与操作规范评分细则见表 1-23，作品评分细则见表 1-24。

表 1-23　职业素养与操作规范评分表

姓名			班级与学号		
零件名称					
序号	考核项目	考核点	配分	评分细则	得分
1	纪律	服从安排，工作态度好；清扫场地	10	不服从安排，不清扫场地，扣 10 分	
2	安全意识	安全着装，操作按安全规程	10	1）不安全着装，扣 5 分 2）操作不按安全规程，扣 5 分	
3	职业行为习惯	按 6S 标准执行工作程序、工作规范、工艺文件；爱护设备及工具；保持工作环境清洁有序，文明操作	20	1）工具摆放不整齐，没保持工作环境清洁，扣 5 分 2）完成任务后不清理工位，扣 5 分 3）有不爱护设备及工具的行为，扣 10 分	
4	设备保养与维护	及时进行设备清洁、保养与维护，关机后机床停放位置合理	20	1）对设备清洁、保养与维护不规范，扣 10 分 2）关机后机床停放位置不合理，扣 10 分	
5	加工前准备	按规范清点图样、刀具、量具、毛坯	15	未规范清点图样、刀具、量具、毛坯等，每项扣 3 分	
6	工、量、刃具选用	工、量、刃具选择正确	5	工、量、刃具选择不当，扣 5 分	
7	加工过程	操作过程符合规范	20	1）夹紧工件时敲击扳手，扣 3 分 2）机床变速操作步骤不正确，扣 5 分 3）工件安装定位、夹紧不正确，扣 2 分 4）打刀一次扣 10 分	
8	人伤械损事故	出现人伤械损事故		整个测评成绩记 0 分	
		合计	100		职业素养与操作规范得分
		监考员签字：			

表 1-24 作品评分表

姓名				班级与学号			
零件名称							
序号	考核项目	考核点	配分	评分标准		检测结果	得分
1	工艺文件编制（共20分，每个10分）	正确编制表头信息	1×2	表头信息编制不正确，扣 0.5 分，扣完为止			
		工艺过程完善	2×2	工艺过程不完善，每少一项必须安排的工序扣 0.5 分，扣完为止			
		工序、工步安排合理	2×2	1）工序安排不合理，每处扣 0.5 分 2）工件安装定位不合适，扣 0.5 分 3）夹紧方式不合适，扣 0.5 分 所有项目扣完为止			
		工艺内容完整、描述清楚、规范，符合标准	3×2	1）文字不规范、不标准，酌情扣 0.5 分 2）没有夹具及装夹的描述，扣 0.5 分 3）没有校准方法、找正部位的表述，扣 0.5 分 4）没有加工部位的表述，扣 0.5 分 5）没有使用设备、刀具、量具，每项扣 0.5 分 所有项目扣完为止			
		工序简图表达正确	2×2	1）没有工序图，扣 0.5 分 2）工序图表达不正确，每项扣 0.5 分 所有项目扣完为止			
2	外观形状（10分）	外轮廓	5	轮廓尺寸与图样不符，每处扣 1 分			
		碰伤或划伤	5	工件碰伤或划伤一处，扣 1 分			
3	尺寸精度（31分）	直径	两处 $\phi 35k6(^{+0.027}_{+0.002})$	8	超差 0.01mm，扣 2 分		
			$\phi 43k7(^{+0.007}_{-0.018})$	3	超差 0.01mm，扣 2 分		
			$\phi 31k7(^{+0.027}_{+0.002})$	3	超差 0.01mm，扣 2 分		
			螺纹 M36×2-6g	3	超差 0.01mm，扣 2 分		
		键槽两处，每处 4 分	8	超差 0.01mm，扣 2 分			
		沟槽每处 2 分	6	每处超差扣 1 分			
4	表面粗糙度（16分）	$Ra0.8\mu m$ 两处	8	每处降一级扣 3 分			
		$Ra1.6\mu m$ 两处	6	每处降一级扣 2 分			
		键槽 $Ra3.2\mu m$ 两处	2	每处降一级扣 2 分			
5	几何精度（20分）	圆跳动公差 0.05mm	10	超差 0.01mm，扣 2 分			
		对称度公差 0.05mm，两处	10	超差 0.01mm，扣 2 分			
6	其他（3分）	未注公差	3	超差无分			
		合计		100		作品得分	
		指导教师签字：					

五、工艺设计

（一）分析图样，确定主要表面加工方法与加工装备

1. 尺寸精度要求

2. 几何精度要求

3. 表面粗糙度要求

根据以上分析，填写表 1-25。

表 1-25　加工方案与加工装备

加工表面	尺寸精度要求	表面粗糙度 $Ra/\mu m$	加工方案	加工装备

（二）确定定位基准与装夹方法

1. 粗基准

2. 精基准

3. 装夹方法

（三）确定毛坯与热处理方式

1. 毛坯

2. 热处理方式

（四）拟订加工顺序

（五）编制工艺文件
1. 工艺过程卡（表1-26）

表1-26　工艺过程卡

序号	工序名	工步号	工步内容	机械装备			工序简图
				机床	夹具	刀具	

2. 工序卡

（1）工序尺寸计算

（2）确定切削用量

工序卡见表 1-27。

表 1-27　工序卡

机械加工工序卡	产品型号		零件图号			共 页	第 页
	产品名称		零件名称		工序名称	材料牌号	
		车间	工序号			每毛坯可制件数	每台件数
		毛坯种类	毛坯外形尺寸				同时加工件数
		设备名称	设备型号		设备编号		
		夹具编号	夹具名称		切削液		
		工位器具编号	工位器具名称		工序工时（分）		
					准终	单件	
工步号	工步内容		主轴转速 /(r/min)	切削速度 /(m/min)	进给量 /(mm/r)	背吃刀量 /mm	进给次数	工步工时	
								机动	辅助
		工艺装备							
		机床	夹具	刀具					
						设计日期	校对日期	审核日期	标准化	会签（日期）
标记	处数	更改文件号	签字	日期	标记	处数	更改文件号	签字	日期

（六）工艺分析

1. 线性尺寸检测

2. 几何精度检测

3. 工艺改进方法建议

习 题

1. 解释下列名词
1）工序。
2）安装。
3）工位。
4）工步。
5）走刀。
6）工艺系统。
7）夹具。
2. 谈谈在加工生产过程中，工序对产品质量与制造成本的影响。
3. 制订工艺规程要考虑哪些因素？有哪几种文件？各有何作用？
4. 零件的毛坯有哪几种基本形式？各有何特点？
5. 一般的阶梯轴零件在加工过程中要采用哪些机械装备？
6. 阶梯轴在加工过程，尺寸精度、位置公差各由什么保证？
7. 如图 1-105 所示，图样要求保证尺寸 6±0.1mm，因这一尺寸不便直接测量，只好通过度量工序尺寸 L 来间接保证，试求工序尺寸 L 的上、下极限偏差。

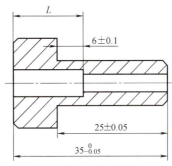

图 1-105　第 7 题图

项目二

套筒类零件加工工艺与常用装备

【项目导读】

套筒类零件是指回转体中的空心薄壁零件,是机械加工中常见的一种零件,在各类机器中应用很广,主要起支承或导向作用。由于功用不同,其形状结构和尺寸有很大的差异,常见的有支承回转轴的各种形式的轴承圈和轴套、夹具上的钻套和导向套、内燃机的气缸套、液压系统中的液压缸、电液伺服阀的阀套等。本项目就如何加工套筒类零件展开分析,具体包含下列重点内容。

1)套筒类零件概述;
2)内孔表面加工方法与装备;
3)典型套筒类零件加工工艺分析;
4)技能训练。

学生通过对本项目内容的学习,可以了解套筒类零件的工艺分析方法,掌握套筒类零件外圆、内孔的加工方法、工艺特点与所对应的工艺装备,通过对典型套筒类零件的加工分析,掌握套筒类零件图样分析方法,确定主要加工表面的加工方案与加工装备,确定定位方法、热处理方法,拟订加工顺序,计算工序尺寸,编写工艺文件,进行工艺分析。通过技能训练,进一步提升学生对套筒类零件工艺分析的能力与加工操作的能力。

单元一 套筒类零件概述

套筒类零件是机械中常见的一种零件,它的应用范围很广,如支承旋转轴的各种形式的滑动轴承、夹具上引导刀具的钻套、内燃机气缸套、液压系统中的液压缸以及一般用途的套筒,如图2-1所示。由于其功用不同,套筒类零件的结构和尺寸有着很大的差别,但其结构上仍有共同点,如零件的主要表面为同轴度要求较高的内、外圆表面,零件壁的厚度较薄且易变形,零件长度一般大于直径等。

一、套筒类零件的材料与毛坯

套筒类零件一般用钢、铸铁、青铜或黄铜制成。有些滑动轴承采用双金属结构,以离心

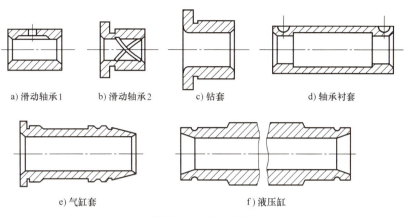

a) 滑动轴承1　　b) 滑动轴承2　　c) 钻套　　d) 轴承衬套

e) 气缸套　　　　　　　f) 液压缸

图 2-1　套筒类零件

铸造法在钢或铸铁内壁上浇注巴氏合金等轴承合金材料，既可节省贵重的有色金属，又能延长轴承的寿命。

套筒类零件毛坯的选择与其材料、结构、尺寸及生产批量有关。孔径小的套筒，一般选择热轧或冷拉棒料，也可采用实心铸件；孔径较大的套筒，常选择无缝钢管或带孔铸件、锻件，如图 2-2 所示；大量生产时，可采用冷挤压和粉末冶金等先进的毛坯制造工艺，既可以提高生产效率，又能节约材料。

a) 无缝钢管　　　　　　b) 带孔铸件　　　　　　c) 带孔锻件

图 2-2　孔径较大套筒的毛坯

二、套筒类零件的技术要求

套筒类零件的主要表面是孔和外圆，其主要技术要求如下：

（1）孔的技术要求　孔是套筒类零件起支承或导向作用的最主要表面，通常与运动的轴、刀具或活塞相配合。孔的直径尺寸公差等级一般为 IT7，精密轴套可取 IT6，气缸和液压缸由于与其配合的活塞上有密封圈，精度要求较低，尺寸公差等级通常取 IT9。套筒孔的形状公差应控制在孔径公差以内，一些精密套筒，其孔的形状公差控制在孔径公差的 1/3~1/2，甚至更严。对于长套筒，除了圆度要求以外，还应注意孔的圆柱度。如图 2-3 所示，液压缸孔的圆柱度公差为 0.04mm。为了保证零件的功用和提高其耐磨性，通常孔的表面粗糙度 Ra 为 1.6~0.16μm（图 2-3 中 Ra 为 0.32μm），要求高的精密套筒 Ra 可达 0.04μm。

（2）外圆表面的技术要求　外圆是套筒类零件的支承面，常以过盈配合或过渡配合与箱体或机架上的孔相连接。其外径尺寸公差等级通常取 IT7~IT6，其形状公差应控制在外径

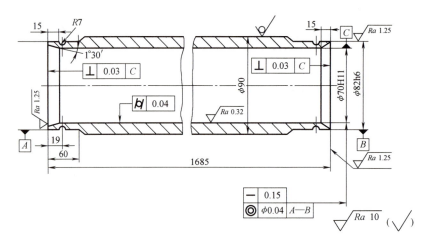

图 2-3 液压缸

公差以内，表面粗糙度 Ra 为 3.2~0.63μm，如图 2-3 中 Ra 为 1.25μm。

（3）孔与外圆的同轴度要求　当孔的最终加工是将套筒装入箱体或机架后进行时，套筒内、外圆间的同轴度要求较低；若最终加工是在装配前完成的，则同轴度要求较高，一般为 ϕ0.01~ϕ0.05mm，如图 2-3 中的 ⊚ ϕ0.04 A—B 。

（4）端面与孔轴线的垂直度要求　套筒的端面（包括凸缘端面）若在工作中承受载荷，或在装配和加工时作为定位基准，则端面与孔轴线垂直度要求较高，一般为 0.01~0.05mm，如图 2-3 中的 ⊥ 0.03 C 。

单元二　内孔表面加工方法与装备

一、内孔表面加工方法

内孔表面加工方法较多，常用的有钻孔、扩孔、铰孔、镗孔、磨孔、拉孔、滚压孔等，如图 2-4 所示。

内孔表面也是组成零件的基本表面，与外圆表面的加工相比，内孔表面的加工条件要差得多，因为孔加工刀具或磨具的尺寸受被加工孔本身尺寸的限制，刀具的刚度差，容易产生弯曲变形和振动；在切削过程中，孔内排屑、散热、冷却、润滑条件差。因此，孔的加工精度和表面粗糙度都不容易控制。此外，大部分孔加工刀具为定尺寸刀具，刀具直径的制造误差和磨损将直接影响孔的加工精度。所以在一般情况下，加工孔比加工同样尺寸精度的外圆表面要困难些。内孔表面可以在车床、钻床、镗床、拉床、磨床上进行加工，常用的方法如下。

（一）内孔表面的钻削加工

用钻头在实体材料上加工孔的方法称为钻孔；用扩孔钻或钻头对已有孔进行扩大的加工方法称为扩孔；用铰刀在扩孔的基础上使孔的精度和表面质量提高的加工方法称为铰孔。

以上统称为钻削加工。钻削加工主要在钻床上进行。

（二）内孔表面的镗削加工

镗孔是用镗刀在已加工孔的工件上使孔径扩大并使孔的精度和表面质量提高的加工

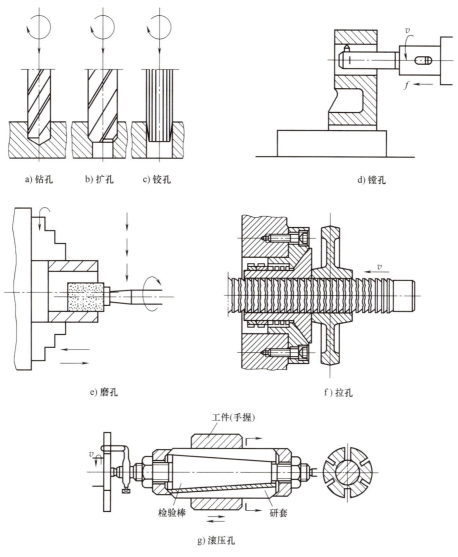

图 2-4 内孔表面加工方法

方法。

镗孔能修正孔轴线的偏移,保证孔的位置精度。镗削加工适合于箱体、支架等外形复杂的大型零件上孔径较大、尺寸精度要求较高、有位置要求的孔和孔系。镗孔加工根据工件不同,可以在镗床、车床、铣床、组合机床和数控机床上进行。

(三)内孔表面的磨削加工

内孔表面的磨削加工是在内孔磨床或万能外圆磨床上进行的一种精加工孔的方法。内孔磨削的尺寸公差等级可达 IT7~IT6,表面粗糙度 Ra 可达 $0.8 \sim 0.2 \mu m$;采用高精度内孔磨削工艺,尺寸公差可以控制在 0.005mm 以内,表面粗糙度 Ra 可达 $0.1 \sim 0.025 \mu m$。

(四)内孔表面的拉削加工

拉削加工是利用拉刀在拉床上切削出内孔表面的一种加工方法。拉削加工生产效率较高，可获得较高的加工精度，尺寸公差等级可达 IT8～IT7，表面粗糙度 Ra 可达 1.6～0.1μm。但拉刀结构复杂、制造困难、成本高，所以适合于成批、大量生产的场合。

（五）内孔表面的精整、光整加工

内孔表面精度要求较高的孔，最后还需进行珩磨或研磨及滚压等精密加工，它们的尺寸公差等级可达 IT6 以上，表面粗糙度 Ra 可达 0.08～0.01μm。

二、内孔加工装备与内孔表面钻削加工

（一）钻床

1. 钻床的类型及加工范围

钻床是在主轴孔中安装钻头、扩孔钻或铰刀等，由主轴旋转带动刀具做旋转主运动，同时做轴向进给运动的孔加工机床。钻床的主要类型有台式钻床、立式钻床、摇臂钻床、铣钻床和中心孔钻床，如图 2-5 所示。

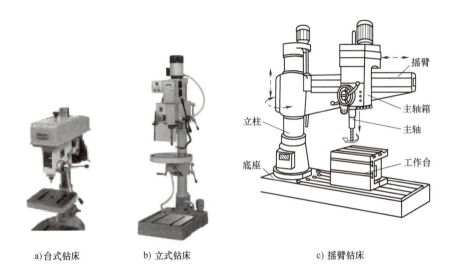

a) 台式钻床　　　　b) 立式钻床　　　　c) 摇臂钻床

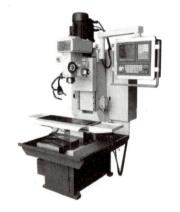

d) 铣钻床　　　　　　　　　e) 中心孔钻床

图 2-5　钻床的类型

由于受钻头结构和切削条件的限制，钻孔加工质量不高，常用于孔的粗加工，其尺寸公差等级一般在 IT11 以下，表面粗糙度 Ra 为 50~12.5μm。扩孔常用于扩大孔的直径或提高孔的精度，作为孔的最终加工或铰孔、磨孔前的预加工工序，其尺寸公差等级为 IT10~IT9，表面粗糙度 Ra 为 6.3~3.2μm。铰孔是用铰刀对中小尺寸的孔进行半精加工和精加工，铰孔所能达到的尺寸公差等级为 IT8~IT6，表面粗糙度 Ra 为 1.6~0.4μm。钻削加工范围如图 2-6 所示。

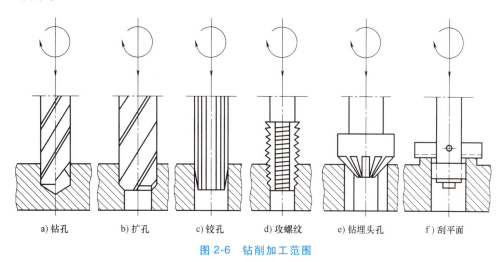

a) 钻孔　　b) 扩孔　　c) 铰孔　　d) 攻螺纹　　e) 钻埋头孔　　f) 刮平面

图 2-6　钻削加工范围

2. Z3040 型摇臂钻床

Z3040 型摇臂钻床适用于单件和中小批生产中型、中大型零件的加工。

（1）主要技术参数

主参数为最大钻孔直径：40mm。

第 2 主参数为主轴中心线至立柱中心线的距离：最大为 1600mm，最小为 350mm。

主轴箱水平移动距离：1250mm。

主轴端面至底座工作面距离：最大为 1250mm，最小为 350mm。

摇臂升降距离：600mm。

摇臂回转速度：1.2m/min。

摇臂回转角度：360°。

主轴的前锥孔：莫氏 4 号。

主轴转速范围（16 级）：25~2000r/min。

主轴进给量范围（16 级）：0.04~3.2mm/min。

主轴行程：315mm。

主电动机功率：1.1kW。

（2）主要部件及其功能　图 2-5c 所示为 Z3040 型摇臂钻床，它由底座、立柱、摇臂和主轴箱等部件组成。主轴箱装在可绕垂直轴线回转的摇臂的水平导轨上，通过主轴箱摇臂上的横向移动及摇臂的回转，可以很方便地将主轴调整到机床尺寸范围内的任意位置。

为适应加工不同高度工件的需要，摇臂可沿立柱上、下移动，以便调整位置。工件应根据其尺寸大小装夹在工作台或底座上。

（3）传动系统　图2-7所示为Z3040型摇臂钻床的传动系统图。由于钻床的轴向进给量是以主轴每转1r时用主轴轴向移动量来表示的，所以钻床的主传动系统和进给传动系统由同一电动机驱动，主变速机构及进给变速机构均装在主轴箱内。

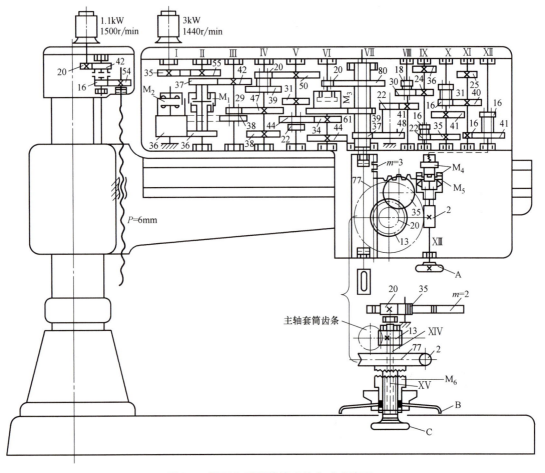

图2-7　Z3040型摇臂钻床的传动系统图

1）主运动。主运动由轴Ⅰ经齿轮副35/55传至轴Ⅱ，并通过轴Ⅱ上的双向多片摩擦离合器M_1使运动由37/42或（36/36）×（36/38）传至轴Ⅲ，从而控制主轴正转或反转。轴Ⅲ至轴Ⅵ间有3组由液压操纵机构控制的双联滑移齿轮组，轴Ⅵ至主轴Ⅶ间有1组内齿式离合器M_3变速组，运动可由轴Ⅵ通过齿轮副20/80或61/39传至轴Ⅶ，从而使主轴获得16级转速。当轴Ⅱ上的摩擦离合器M_1处于中间位置，断开主传动联系时，通过多片式液压制动器M_2使主轴制动。

2）轴向进给运动。主轴的旋转运动由齿轮副（37/48）×（22/41）传至轴Ⅷ，再经轴Ⅷ至轴Ⅻ间的4组双联滑移齿轮变速组传至轴Ⅻ，轴Ⅻ经安全离合器M_5（常合）、内齿式离合器M_4，将运动传至轴ⅩⅢ，然后经蜗杆副2/77、离合器M_6使空心轴ⅩⅣ上的$z=13$小齿轮传动齿条，使主轴套筒连同主轴一起做轴向进给运动。

脱开离合器M_4，合上离合器M_6，可操纵手轮使主轴做微量轴向进给或调整；将M_4、M_6都脱开，可用手柄B操纵，使主轴做手动粗进给，或使主轴做快速上下移动。

3）辅助调整运动。

① 主轴箱的水平移动。由手轮 C 通过装在空心轴 XIV 内的轴 XV 及齿轮副 20/35，使 $z=35$ 的齿轮在固定于摇臂上的齿条（$m=2$mm）上滚动，从而带动主轴箱沿摇臂导轨水平移动。

② 摇臂的升降运动。装在立柱顶部的升降电动机经减速驱动升降丝杠螺母机构，使摇臂实现升降。

③ 外立柱回转。当松开内外立柱夹紧机构后，用手摇臂可使外立柱绕内立柱回转，回转角度为 0°~360°。

（二）麻花钻、深孔钻、扩孔钻、铰刀和孔加工复合刀具

1. 麻花钻

麻花钻用于在实体材料上加工低精度的孔，也可用于扩孔。

（1）麻花钻的结构组成　麻花钻由三部分组成，如图 2-8a、b 所示。

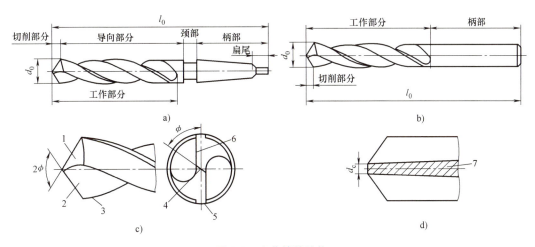

图 2-8　麻花钻的结构
1—主后刀面　2—前刀面（螺旋沟）　3—副切削刃（棱边）
4—横刃　5—副后刀面（窄棱面）　6—主切削刃　7—钻芯

1）工作部分。工作部分包括切削部分和导向部分。切削部分承担切削工作，导向部分在切削部分切入孔后起导向作用，也是切削部分的备磨部分。为使钻头减小与孔壁的摩擦，一方面在导向圆柱面上只保留两个窄棱面，另一方面沿轴向在每 100mm 长度上有 0.03~0.12mm 的倒锥。为了提高钻头的刚度，工作部分两刃瓣间的钻芯直径 d_c（$d_c \approx 0.125d_0$）沿轴向在每 100mm 长度上有 1.4~1.8mm 的正锥，如图 2-8d 所示。

2）柄部。柄部是钻头的夹持部分，用于与机床主轴孔配合并传递转矩。柄部有直柄（小于 20mm 的小直径钻头）和锥柄之分。柄部末端还留有扁尾。

3）颈部。颈部位于工作部分与柄部之间，可供砂轮磨锥柄时退刀，也是做标记之处。为了制造上的方便，直柄钻头无颈部。

（2）麻花钻切削部分的组成　麻花钻切削部分（图 2-8c）由两个前刀面、两个后刀面、两个副后刀面、一条主切削刃、一条副切削刃和一条横刃组成。

1）前刀面。前刀面即螺旋沟表面，是切屑流经的表面，起容屑、排屑作用，需抛光以

使排屑流畅。

2）后刀面。后刀面与加工表面相对，位于钻头前端，形状由刃磨方法决定，可为螺旋面、圆锥面、平面或手工刃磨的任意曲面。

3）副后刀面。副后刀面是与已加工表面（孔壁）相对的钻头外圆柱面上的窄棱面。

4）主切削刃。主切削刃是前刀面（螺旋沟表面）与后刀面的交线，标准麻花钻主切削刃为直线（或近似直线）。

5）副切削刃。副切削刃是前刀面（螺旋沟表面）与副后刀面（窄棱面）的交线，即棱边。

6）横刃。横刃是两个（主）后刀面的交线，位于钻头的最前端，也称为钻尖。

（3）麻花钻切削部分的几何角度　图2-9所示为麻花钻切削部分的主要几何角度。

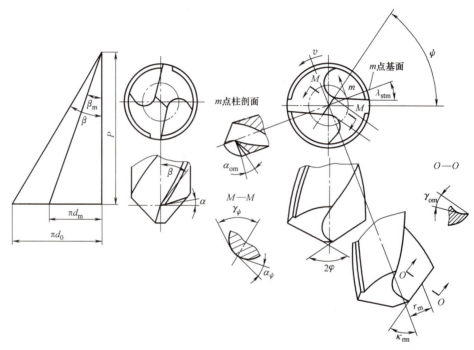

图2-9　麻花钻切削部分的主要几何角度

1）螺旋角 β。钻头螺旋槽表面与外圆柱表面的交线为螺旋线，该螺旋线与钻头轴线的夹角称为螺旋角，记为 β。

钻头不同直径处的螺旋角不同，外径处螺旋角最大，越接近中心螺旋角越小。增大螺旋角则前角增大，有利于排屑，但钻头刚度下降。标准麻花钻的螺旋角为18°~38°。对于直径较小的钻头，螺旋角应取较小值，以保证钻头的刚度。

2）前角 γ_{om}。由于麻花钻的前刀面是螺旋面，所以主切削刃上各点的前角是不同的，从外圆到中心前角逐渐减小。刀尖处前角约为30°，靠近横刃处前角则为-30°左右。横刃上的前角为-60°~-50°。

3）后角 α_{om}。麻花钻主切削刃上选定点的后角是以通过该点柱剖面中的进给后角 α_{om} 来表示的。后角沿主切削刃也是变化的，越接近中心后角越大。麻花钻外圆处的后角通常取8°~10°，横刃处后角取20°~25°。

4)主偏角 κ_{rm}。主偏角是主切削刃选定点 m 的切线在基面上的投影与进给方向的夹角。麻花钻的基面是过主切削刃选定点包含钻头轴线的平面。由于钻头主切削刃不通过轴线,所以主切削刃上各点的基面不同,各点的主偏角也不同。当顶角磨出后,各点主偏角也随之确定。

5)顶角(锋角)2φ。顶角是两主切削刃在与其平行的平面上投影的夹角。较小的顶角容易切入工件,轴向抗力较小,且使切削刃工作长度增加,切削层公称厚度减小,有利于散热和延长刀具寿命;如果顶角过小,则钻头强度减弱,变形增加,转矩增大,钻头易折断。因此,应根据工件材料的强度和硬度来刃磨合理的顶角。标准麻花钻的顶角为118°。

6)横刃斜角 ψ。横刃斜角是主切削刃与横刃在垂直于钻头轴线的平面上投影的夹角。当麻花钻后刀面磨出后,横刃斜角自然形成。横刃斜角增大,则横刃长度和轴向抗力减小。标准麻花钻的横刃斜角为 50°~55°。

2. 深孔钻

深孔是指孔的长径比 $L/D>5$ 的孔。一般深孔($L/D=5\sim10$)还可用深孔麻花钻加工,但 $L/D>20$ 的深孔则必须用深孔加工刀具才能加工。

加工深孔时,不能观测到切削情况,只能听声音、看切屑、测油压来判断排屑与刀具磨损的情况;切削热不易传散,需进行有效的冷却;孔易钻偏斜;刀柄细长,刚度差,易振动,影响孔的加工精度;排屑不良,易损坏刀具。因此,深孔加工刀具的主要特点是需有较好的冷却、排屑措施及合理的导向装置。

(1)枪钻 枪钻属于小直径深孔钻,如图 2-10 所示。它的切削部分使用高速钢或硬质合金材料,基体部分用无缝钢管压制成形。工作时工件旋转,钻头做进给运动,一定压力的切削液从钻杆尾端注入,冷却切削区后沿钻杆凹槽将切屑冲出。

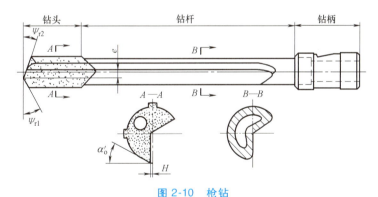

图 2-10 枪钻

枪钻对加工直径为 2~20mm、长径比达 100 的中等精度的小深孔甚为有效。常采用 $v_c=40\text{m/min}$,$f=0.01\sim0.02\text{mm/r}$;浇注乳化切削液时以压力为 6.3MPa、流量为 20L/min 为宜。

(2)喷吸钻 喷吸钻采用了深孔钻的内排屑结构,再加上具有喷吸效应的排屑装置。

喷吸排屑的原理是将加压切削液从刀体外压入切削区并用喷吸法进行内排屑,如图 2-11 所示。

切削液从进液口流入套筒,其中 1/3 的切削液从内管四周的月牙形喷嘴喷入内管,另外 2/3 的切削液经内管与外管之间流入切削区,汇同切屑被负压吸入内管中,迅速向后排出,增强了排屑效果。

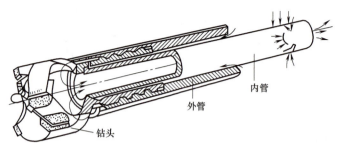

图 2-11 喷吸钻

喷吸钻附加一套液压系统与套筒，可在车床、钻床、镗床上使用。喷吸钻适用于中等直径的深孔加工，钻孔的效率较高。

3. 扩孔钻

扩孔钻按结构可分为套式和带柄两类，如图 2-12 所示。

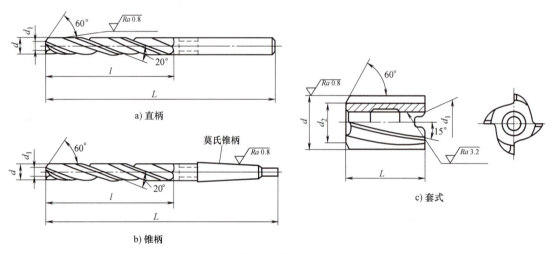

图 2-12 扩孔钻

套式扩孔钻由工作部分及 1∶30 的锥孔组成。扩孔钻与麻花钻相比，容屑槽浅、窄，可在刀体上做出 3~4 个切削刃，所以可提高生产效率；扩孔钻切削刃增多，棱带也增多，使扩孔钻的导向作用提高了，切削较平稳。此外，扩孔钻没有横刃，钻芯粗大，轴向力小，刚度较好，可采用较大的进给量。

带柄扩孔钻分为直柄扩孔钻和锥柄扩孔钻。直柄扩孔钻适用范围为 $d=3~20mm$；锥柄扩孔钻适用范围为 $d=7.5~50mm$。套式扩孔钻适用于大直径及较深孔的加工，尺寸范围 $d=20~100mm$，扩孔余量为 0.5~4mm。

4. 铰刀

铰刀常见种类如图 2-13 所示。

按使用方法不同，铰刀分为手用铰刀和机用铰刀。铰刀的结构如图 2-14 所示。手用铰刀多为直柄，铰削直径范围为 1~50mm。手用铰刀的工作部分较长，锥角较小，导向作用好，可以防止手工铰孔时铰刀歪斜。机用铰刀多为锥柄，铰削直径范围为 10~80mm。机用铰刀可安装在钻床、车床、铣床和镗床上铰孔。

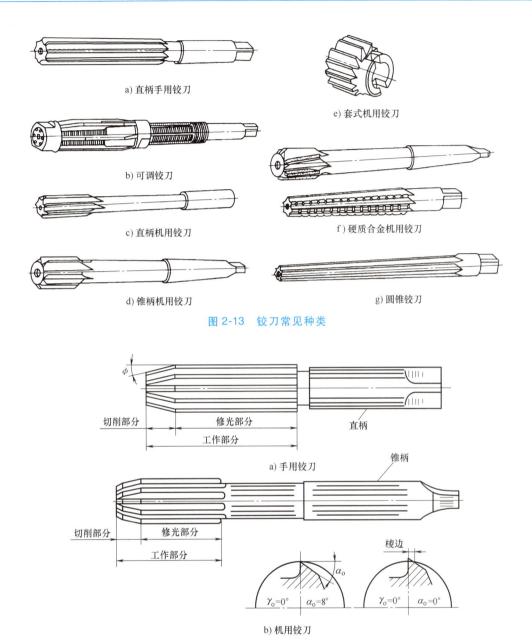

图 2-13 铰刀常见种类

图 2-14 铰刀的结构

铰刀的工作部分包括切削部分和修光部分。切削部分呈锥形，担负主要的切削工作。修光部分用于矫正孔径、修光孔壁和导向。

铰刀有 6～12 个刀齿，刃带与刀齿数相同，切削槽浅。因此，铰刀的刚度和导向性比扩孔钻要好得多。

铰刀的锥角相当于麻花钻的顶角。半锥角过大，则切削层公称宽度较小，进给力较大，刀具定位精度低；半锥角过小，则切削层公称宽度较大，不利于排屑。手用铰刀的半锥角为 0.5°～1.5°，机用铰刀的半锥角为 5°～15°。铰削塑性、韧性材料时，半锥角取较大值；铰削脆性材料时，半锥角取较小值。

铰刀的前角 γ_o 一般为 $0°$，加工韧性材料的粗铰刀，前角可取 $5°\sim15°$。后角 α_o 的大小影响刀齿强度和表面粗糙度。在保证质量的条件下，应选较小的后角。切削部分的后角一般为 $5°\sim8°$，修光部分的后角为 $0°$。

5. 孔加工复合刀具

孔加工复合刀具是由两把以上的同类型或不同类型的单个孔加工刀具复合后同时或按先后顺序完成不同工序（或工步）的刀具。这种刀具目前在组合机床及其自动线上获得了广泛的应用。

（1）孔加工复合刀具的特点　孔加工复合刀具的特点是生产效率高。用同类刀具复合的孔加工复合刀具同时加工几个表面能使机动时间重合；用不同类刀具复合的孔加工复合刀具对一个或几个表面按顺序进行加工时能减少换刀时间，因此孔加工复合刀具的生产效率很高。

用孔加工复合刀具加工时，可保证各加工表面之间获得较高的位置精度，例如孔的同轴度、端面与孔轴线的垂直度等。

采用孔加工复合刀具能减少工件安装次数或夹具的转位次数，减小工件的定位误差，提高加工精度。

采用孔加工复合刀具可以集中工序，从而减少机床台数或工位数，对于自动线则可大大减少投资，降低加工成本。

（2）孔加工复合刀具的类型

1）同类刀具复合的孔加工复合刀具。如图 2-15 所示，图 2-15a 所示为复合钻，图 2-15b 所示为复合扩孔钻，图 2-15c 所示为复合铰刀，图 2-15d 所示为复合镗刀。

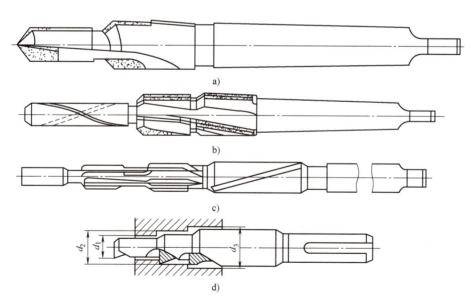

图 2-15　同类刀具复合的孔加工复合刀具

2）不同类刀具复合的孔加工复合刀具。如图 2-16 所示，图 2-16a 所示为钻-扩复合孔加工刀具，图 2-16b 所示为钻-铰复合孔加工刀具，图 2-16c 所示为扩-铰复合孔加工刀具，图 2-16d 所示为钻-扩-铰复合孔加工刀具。

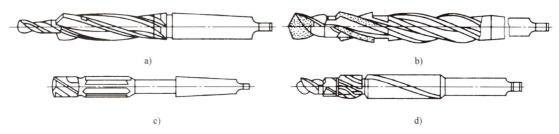

图 2-16 不同类刀具复合的孔加工复合刀具

(三) 内孔表面的钻削加工方法

1. 常用钻孔方法及注意事项

1) 钻削通孔时，当孔快要钻通时，应变自动进刀为手动进刀，以避免钻通孔的瞬间因进给量剧增而发生啃刀现象，影响加工质量，损坏钻头。

10. 钻孔、扩孔、铰孔加工

2) 钻不通孔时，应按钻孔深度调整好钻床上的挡块、深度标尺等，或采用其他控制方法，以免钻得过深或过浅，并应注意排屑。

3) 一般钻削深孔时钻削深度达到钻头直径的 3 倍时，钻头就应退出排屑。此后，每钻进一定深度，钻头就再退出排屑一次，并注意冷却、润滑，防止切屑堵塞、钻头过热退火或扭断。

4) 钻削直径超过 30mm 的大孔时，一般应分两次钻削，第一次用 0.6~0.8 的孔径的钻头，第二次用所需直径的钻头扩孔。扩孔钻头应使两条主切削刃长度相等、对称，否则会使孔径扩大。

5) 钻削直径小于 1mm 的小孔时，开始进给力要小，防止钻头弯曲和滑移，以保证钻孔试切的正确位置。钻削过程中要经常退出钻头排屑和加注切削液。切削速度可选在 2000~3000r/min，进给力应小且平稳，不易过大、变化过快。

2. 扩孔方法

1) 用麻花钻扩孔。在预钻孔上扩孔的麻花钻，其几何尺寸与钻孔基本相同。由于扩孔时避免了麻花钻横刃切削的不良影响，可适当提高切削用量。同时，由于吃刀深度减小，使切屑容易排出，因此扩孔后孔的表面粗糙度值有一定的降低。扩孔前的钻孔直径为孔径的 0.5~0.7，扩孔时的切削速度约为钻孔的 1/2，进给量为钻孔的 1.5~2 倍。

2) 用扩孔钻扩孔。钻孔后，在不改变工件和机床主轴相互位置的情况下，立即换上扩孔钻进行扩孔，这样可使钻头与扩孔钻的中心重合，使切削均匀、平稳，以保证加工精度。扩孔前可先用镗刀镗出一段直径与扩孔钻直径相同的导向孔，这样可使扩孔钻一开始就有较好的导向孔，而不致偏斜。这种方法多用于对铸孔、锻孔进行扩孔。

3. 铰孔

铰孔时的注意事项如下：

1) 铰削余量要适中。铰削余量过大，会因切削热多而导致铰刀直径增大，孔径扩大；铰削余量过小，会留下底孔的刀痕，使表面粗糙度达不到要求。粗铰余量一般为 0.15~0.35mm，精铰余量一般为 0.05~0.15mm。

2) 铰削时应采用较低的切削速度，并且要使用切削液，以免积屑瘤对加工质量产生不良影响。粗铰时切削速度取 0.07~0.17m/s，精铰时取 0.025~0.08m/s。

3）为防止铰刀轴线与主轴轴线相互偏斜而引起孔轴线歪斜、孔径扩大等现象，铰刀与主轴之间应采用浮动连接。当采用浮动连接时，铰削不能矫正底孔轴线的偏斜，孔的位置精度也由前道工序来保证。

4）机用铰刀不可倒转，以免崩刃。

5）手工铰孔过程中，如果铰刀被切屑卡住，不能用力扳转铰刀，以防损坏铰刀。应想办法将铰刀退出，清除切屑后，再加切削液，继续铰削。

4. 钻孔质量分析

钻孔时在加工质量方面所遇到的主要问题有孔径扩大和孔轴线偏移、钻头崩刃和折断。

（1）孔径扩大和孔轴线偏移的原因

1）钻头左、右两条切削刃刃磨得不对称，是孔轴线偏斜及孔径扩大的最重要原因之一。

2）工件待钻孔处的平面不平整，工件安装时位置不正确，导致工件表面与钻头轴线不垂直。

3）钻头的横刃太长，导致进给力过大。

4）夹具上钻套内孔与钻头的配合间隙过大。

5）工件结构设计或加工顺序安排不合理也会导致钻头的偏移。例如：工件上要钻两个相互垂直的孔，该工件为铸件，如两孔直径较小，铸造时可以不下型芯，而用麻花钻直接在实体材料上钻孔。但是，必须先钻垂直孔，然后钻水平孔，否则在钻垂直孔时，会因两条切削刃负荷不均衡而产生钻头偏移现象。如果两孔直径较大，需要制成铸孔，然后用麻花钻或扩孔钻钻出，但是水平方向的铸孔必须是不通孔，而不应制成通孔，且在钻削时同样先钻垂直孔后钻水平孔。

（2）钻头崩刃和折断的主要原因

1）在钻削的全过程中，实际进给量是变化的，尤其是刚切入工件和孔即将钻通时，其进给量与选定的进给量相差较大。当横刃与工件表面接触时，进给力骤增，由于工艺系统内各有关部分之间的间隙和接触变形的影响，钻头的实际进给量减小。在孔钻通时则由于进给量的突然减小，而使实际进给量剧增，同时钻头的总转矩也随之剧增。进给量和钻削力的突然变化，极易导致钻头崩刃或折断。

2）切屑对钻头的缠绕和在容屑槽中的堵塞都可能导致钻头崩刃或折断。

3）对硬质合金钻头，在切削时加注切削液要连续、均匀，否则会由于冷却不均匀而导致钻头崩刃或炸裂。

4）钻头磨损超过磨损极限，导致切削力急剧增大。

5）工件或夹具刚度不足。

三、内孔表面的镗削加工装备及方法

（一）镗床

11. 镗削加工

镗床是一种主要用镗刀在工件上加工孔的机床，通常用于加工尺寸较大、精度要求较高的孔，特别是分布在不同表面上、孔距和位置精度要求较高的孔，如各种箱体、汽车发动机气缸体等零件上的孔。一般镗刀的旋转为主运动，镗刀或工件的移动为进给运动。在镗床上，除镗孔外，还可以进行铣削、钻孔、扩孔、铰孔、锪平面等工作，如图2-17所示。

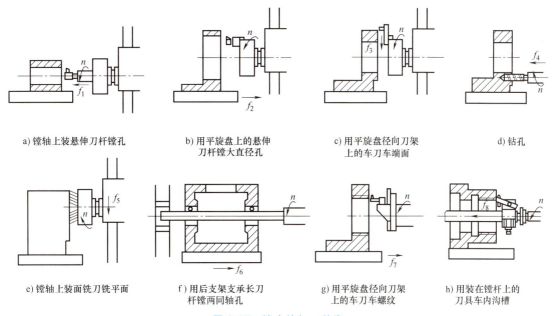

a) 镗轴上装悬伸刀杆镗孔　　b) 用平旋盘上的悬伸刀杆镗大直径孔　　c) 用平旋盘径向刀架上的车刀车端面　　d) 钻孔

e) 镗轴上装面铣刀铣平面　　f) 用后支架支承长刀杆镗两同轴孔　　g) 用平旋盘径向刀架上的车刀车螺纹　　h) 用装在镗杆上的刀具车内沟槽

图 2-17　镗床的加工种类

1. 卧式镗床

卧式镗床的外形如图 2-18 所示。根据加工情况不同，刀具可装在镗轴前端的锥孔中，或装在平旋盘的径向刀架上。镗轴的旋转为主运动，它还可沿轴向伸缩做进给运动；平旋盘只能做旋转主运动，而装在平旋盘燕尾导轨上的径向刀架溜板，除跟平旋盘一起旋转外，还可沿燕尾导轨做径向进给运动。安装工件的工作台部件有三层，工作台可与下滑座沿床身导轨做纵向移动；还可与上滑座沿下滑座的导轨做横向移动；工作台也可在上滑座的圆导轨上绕垂直轴线转位，以便在一次装夹中完成对互相平行或成一定角度的孔或平面的加工。后立

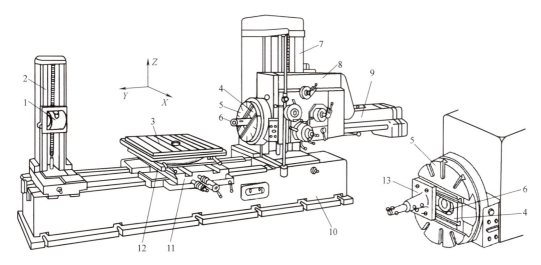

图 2-18　卧式镗床外形图

1—支架　2—后立柱　3—工作台　4—径向刀架　5—平旋盘　6—镗轴　7—前立柱
8—主轴箱　9—后尾座　10—床身　11—下滑座　12—上滑座　13—刀座

柱安装在床身的左端，在它上面装有支架，用来支承悬伸较长的刀杆，以增加刀杆的刚度。后立柱还可沿床身导轨做纵向移动，以调整位置。

卧式镗床除主要用于孔加工外，若安装铣刀或其他部件，也可以铣平面、切制螺纹；利用平旋盘径向刀架，还可镗大孔和铣大平面等。因此，在卧式镗床上，工件可在一次装夹中完成其大部分或全部加工工序。

2. 坐标镗床

坐标镗床是一种高精度机床。其主要特点是具有坐标位置的精密测量装置。依靠精密的坐标测量装置，能精确地确定工作台、主轴箱等移动部件的位移量，实现工件和刀具的精确定位。另外这种机床的主要零部件的制造和装配精度很高，并有良好的刚度和抗振性。它主要用来镗削精密孔（IT5 或更高）和位置精度要求很高的孔系（定位精度达 0.01 ~ 0.002mm），如钻模、镗模上的精密孔；可以进行钻孔、扩孔、铰孔以及受力较小的精铣工作；此外，还可以进行精密刻度、样板划线、孔距及直线尺寸的测量等工作。图 2-19 所示为立式单柱坐标镗床外形图。坐标镗床的主参数是工作台的宽度。

3. 数控镗床

数控镗床与数控钻床的原理很相似，但数控镗床镗孔的孔距精度比较高。通常希望在一次装夹情况下连孔的端面也铣削出来，以保证孔的轴线与端面的垂直度，这就要求镗床还要具有铣削功能，形成镗铣床，如图 2-20 所示。所以目前单纯的数控镗床已不多见，而多为数控镗铣床，进而被加工中心所取代。数控镗铣床在控制原理上也必须采用轮廓控制系统，以满足铣削的需要。

图 2-19 立式单柱坐标镗床
1—底座 2—滑座 3—工作台 4—立柱 5—主轴箱

图 2-20 卧式数控镗铣床

（二）镗刀

常用的镗刀主要有单刃镗刀、多刃镗刀和浮动镗刀片几种。

1. 单刃镗刀

单刃镗刀的刀头结构与车刀相似，但其刚度比车刀差得多。因此，单刃镗刀通常选取较大的主偏角和副偏角、较小的刃倾角和刀尖圆弧半径，以减小切削时的背向力。图 2-21 所示为不同结构的单刃镗刀。加工小直径孔的镗刀通常做成整体式，加工大直径孔的镗刀可做成机夹式或机夹可转位式。新型的微调镗刀，调节方便、调节精度高，适用于在坐标镗床、自动线和数控机床上使用。

2. 多刃镗刀与浮动镗刀

图 2-22a 所示为固定式双刃镗刀，两切削刃之间的距离决定镗孔直径的大小，但镗刀块相对于镗刀杆轴线的安装误差会造成孔径误差。因此，其对镗刀块的安装精度要求很高。图 2-22b 所示为一种可调镗刀片。这种刀片的尺寸 D 可调。调节时，松开螺钉 1，拧动螺钉 2 以调整刀片的径向位置。尺寸 D 可以用百分尺检测，使之符合加工要求。

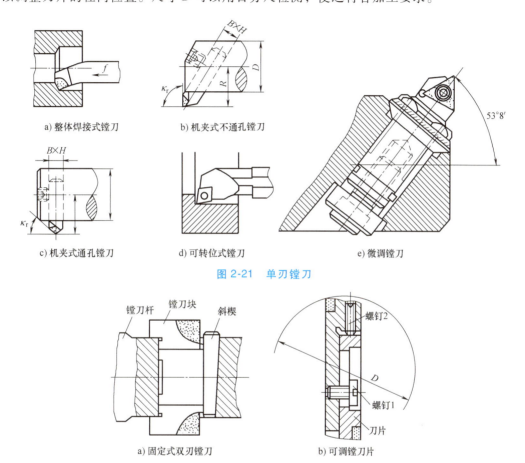

a) 整体焊接式镗刀　　b) 机夹式不通孔镗刀

c) 机夹式通孔镗刀　　d) 可转位式镗刀　　e) 微调镗刀

图 2-21　单刃镗刀

a) 固定式双刃镗刀　　b) 可调镗刀片

图 2-22　双刃镗刀与镗刀片

如果把固定式双刃镗刀杆上的孔做成通孔，让镗刀块可以在孔中沿径向自由移动，就构成了浮动镗刀结构。工作时，镗刀块的径向位置靠刀片两端切削力自动平衡来确定。因此，使用这种刀片镗孔时，不存在因刀片安装造成的孔径加工误差。

（三）内孔表面的车削与镗削加工方法及其特点

镗孔是用镗刀对已钻出、铸出或锻出的孔做进一步的加工，可在车床、镗床或铣床上进行。镗孔是常用的孔加工方法之一，可分为粗镗、半精镗和精镗。粗镗的尺寸公差等级为 IT13～IT12，表面粗糙度 Ra 为 12.5～6.3μm；半精镗的尺寸公差等级为 IT10～IT9，表面粗糙度 Ra 为 6.3～3.2μm；精镗的尺寸公差等级为 IT8～IT7，表面粗糙度 Ra 为 1.6～0.8μm。

1. 车床车孔

车床车孔的种类如图 2-23 所示。车不通孔或具有直角台阶的孔如图 2-23b 所示，车刀可先做纵向进给运动，车至孔的末端时车刀改做横向进给运动，再加工内端面，这样可使内端面与孔壁良好衔接。车削内凹槽如图 2-23d 所示，将车刀伸入孔内，先做横向进刀，车至所需的深度后再做纵向进给运动。在车床上车孔是工件旋转、车刀移动，孔径大小可由车刀的背吃刀量和走刀次数控制，操作较为方便。车床车孔多用于加工盘套类和小型支架类零件的孔。

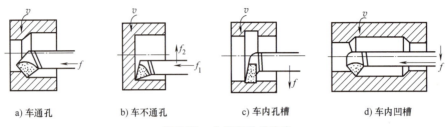

图 2-23 车床车孔的种类

2. 镗床镗孔

镗床主要用于镗削大中型支架或箱体的支承孔、内槽和孔的端面，也可用于钻孔、扩孔、铰孔、铣槽和铣平面。镗床镗孔主要有以下三种方式：

1）镗床主轴带动刀杆和镗刀旋转，工作台带动工件做纵向进给运动，如图 2-24 所示。这种方式镗削的孔径一般小于 120mm。图 2-24a 所示为悬伸式刀杆，不宜伸出过长，以免弯曲变形过大，一般用于镗削深度较小的孔。图 2-24b 所示的刀杆较长，用以镗削箱体两壁相距较远的同轴孔系。为了增加刀杆刚度，刀杆另一端支承在镗床后立柱的导套座里。

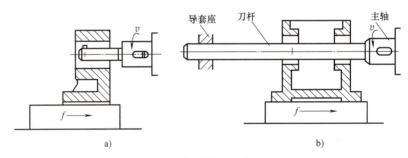

图 2-24 镗床镗孔方式（一）

2）镗床主轴带动刀杆和镗刀旋转，并做纵向进给运动，如图 2-25 所示。这种镗削方式的主轴悬伸长度不断增大，刚度随之减弱，一般只用来镗削长度较短的孔。

上述两种镗削方式，孔径的尺寸和公差要由调整刀头伸出的长度来保证，如图 2-26 所示，需要进行调整、试镗和测量，孔径合格后方能正式镗削，其操作技术要求较高。

3）镗床平旋盘带动镗刀旋转，工作台带动工件做纵向进给运动。

图 2-27 所示的镗床平旋盘可随主轴箱上、下移动，自身又能做旋转运动，其中部的径向刀架可做径向进给运动，也可处于所需的任一位置上。如图 2-28a 所示，利用径向刀架使镗刀处于偏心位置，即可镗削大孔。直径 200mm 以上的孔多用这种镗削方式，但孔不宜过深。图 2-28b 所示为镗削内槽，平旋盘带动镗刀旋转，径向刀架带动镗刀做连续的径向进给运动。若将刀尖伸出刀杆端部，也可镗削孔的端面。

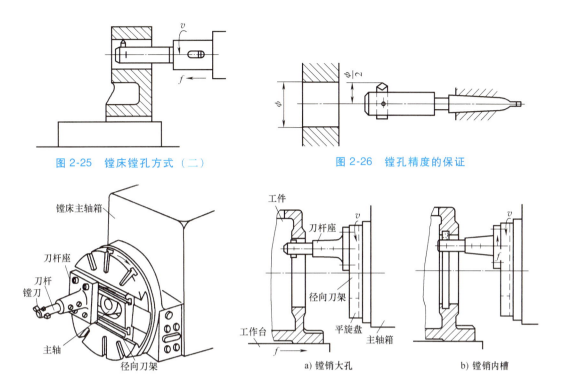

图 2-25 镗床镗孔方式（二）

图 2-26 镗孔精度的保证

图 2-27 镗床平旋盘

图 2-28 镗床镗孔方式（三）
a) 镗销大孔　　b) 镗销内槽

3. 铣床镗孔

在卧式铣床上镗孔与图 2-24a 所示的方式相同，刀杆装在卧式铣床的主轴锥孔内做旋转运动，工件安装在工作台上做横向进给运动。

4. 浮动镗削

如上所述，车床、镗床和铣床镗孔多用单刃镗刀。在成批或大量生产时，对于孔径大（大于 80mm）、孔深长、精度高的孔，均可用浮动镗刀进行精加工。

浮动镗刀在车床上车削工件如图 2-29 所示。工作时刀杆固定在四方刀架上，浮动镗刀块装在刀杆的长方孔中，依靠两刃径向切削力的平衡而自动定心，从而可以消除因镗刀块在刀杆上的安装误差所引起的孔径误差。

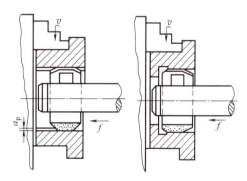

图 2-29 在车床上用浮动镗刀镗孔

浮动镗削实质上相当于铰削，其加工余量、可达到的尺寸精度和表面粗糙度值均与铰削类似。浮动镗削的优点是易于稳定地保证加工质量，操作简单，生产效率高，但不能矫正原孔的位置误差，因此孔的位置精度应在前面的工序中得到保证。

5. 镗削的特点

1) 镗削的适应性强。镗削可在钻孔、铸孔和锻孔的基础上进行，可达的尺寸公差等级和表面粗糙度值的范围较广；除直径很小且较深的孔以外，各种直径和结构类型的孔几乎均可镗削，详情见表 2-1。

表 2-1 可镗削的各种结构类型的孔

孔的结构						
车床	可	可	可	可	可	可
镗床	可	可	可	—	可	可
铣床	可	可	可	—	—	—

2）镗削可有效地矫正原孔的位置误差，但由于镗刀杆直径受孔径的限制，一般刚度较差，易弯曲和振动，故镗削质量的控制（特别是细长孔）不如铰削方便。

3）镗削的生产效率低。因为镗削需用较小的背吃刀量和进给量进行多次走刀以减小刀杆的弯曲变形，且在镗床和铣床上镗孔需调整镗刀在刀杆上的径向位置，故操作复杂、费时。

4）镗削广泛应用于单件小批量生产中各类零件的孔加工。在大批量生产中，镗削支架和箱体的轴承孔，需用镗模。

四、内孔表面的磨削加工

内孔磨削可以在内孔磨床或万能外圆磨床上进行。常用的磨削方法有纵向磨削法与径向磨削法。磨削对象主要是各种圆柱孔、圆锥孔、圆柱孔或圆锥孔端面及成形内表面。内孔磨削的尺寸公差等级可达 IT7~IT6，表面粗糙度 Ra 为 $0.8~0.2\mu m$。采用高精度内孔磨削工艺，尺寸公差可以控制在 0.005mm 以内，表面粗糙度 Ra 为 $0.1~0.025\mu m$。

1. 内孔磨削的特点

1）由于受到内孔直径的限制，内孔磨削的砂轮直径小，转速又受内孔磨床主轴转速的限制（一般为 10000~20000r/min），砂轮的圆周速度一般达不到 35m/s，因此磨削表面质量比外圆磨削差。

2）内孔磨削时，安装砂轮的轴属于悬臂梁，其越长，刚度越差，容易产生弯曲变形和振动，影响尺寸精度和形状精度，降低表面质量，同时也限制了磨削用量，不利于提高生产效率。

3）内圆磨削时，砂轮直径小，转速却比外圆磨削高得多，因此单位时间内每一磨粒参加磨削的次数比外圆磨削多，而且与工件成内切圆接触，接触弧比外圆磨削长，再加上内圆磨削处于半封闭状态，冷却条件差，磨削热量较大，磨粒易磨钝，砂轮易堵塞，工件易发热和烧伤，影响表面质量。

为了保证磨孔的质量，提高生产效率，必须根据磨孔的特点，合理使用砂轮和接长轴，正确选择磨削用量，改进工艺。

2. 砂轮的选择

（1）砂轮的尺寸选择

1）砂轮直径的选择。砂轮直径的选择要考虑两个方面，一方面是磨削某一内圆时，砂轮直径选大值，其圆周速度得到提高，砂轮接长轴也可选较粗些的，其刚度好，因而对提高工件的加工精度，降低表面粗糙度值有利；另一方面，砂轮直径加大，它与工件内圆表面的接触弧面积也随之增大，致使磨削热量增加，冷却和排屑条件变差，砂轮易堵塞、变钝，这是不利的一面。为了获得良好的磨削效果，砂轮直径与工件孔径应有一个适当的比值，这个比值通常为 0.5~0.9。当内径较小时，可取较大比值；当内径较大时，应取较小比值。

2）砂轮宽度的选择。在砂轮接长轴的刚度和机床功率允许的范围内，砂轮宽度可以按工件长度选择，见表 2-2。

表 2-2　内圆磨削砂轮宽度的选择

磨削长度/mm	14	30	45	>50
砂轮宽度/mm	10	25	32	40

（2）砂轮特性的选择

1）硬度选择。根据内圆磨削的特点，砂轮具有良好的自锐性，才能减小磨削力和工件发热，降低磨削区域的温度。通常磨内孔的砂轮要比磨外圆的砂轮硬度要软 1~2 级，但内孔直径小时，砂轮硬度要适当硬一些。磨削长度较长的工件孔时，为避免工件产生锥度，砂轮的硬度不可太低，一般选择 J~L 级。

2）粒度选择。为了提高磨粒的切削能力，同时避免工件烧伤，应选择较粗的粒度。

3）组织选择。因内孔排屑困难，为了有较大的空隙来容纳磨屑，改善磨削区域的冷却条件，避免砂轮过早堵塞，砂轮组织要较疏松一些。

（3）砂轮的安装　砂轮与接长轴的紧固有螺纹紧固和黏结剂紧固两种方法。

1）螺纹紧固。螺纹紧固是常用的机械紧固砂轮的方法，如图 2-30 所示。由于螺纹会产生较大的锁紧力，因此可以使砂轮安装得比较牢固，并且可以保证砂轮有正确的定位。

2）黏结剂紧固。磨削小孔（直径在 15mm 以下）时，砂轮常用黏结剂紧固在接长轴上，如图 2-31 所示。

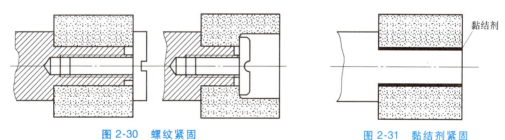

图 2-30　螺纹紧固　　　　　　　　图 2-31　黏结剂紧固

3）砂轮接长轴。为了扩大内圆磨具的适用范围，砂轮不是直接装在内圆磨具的主轴上，而是将砂轮紧固在接长轴上，如图 2-32 所示。在内孔磨床或万能外圆磨床上使用的接长轴，可以按经常磨削孔的类型配制一套不同规格的接长轴。当要磨削不同孔径和长度的工件时，只需更换不同尺寸的接长轴即可，这样做既经济又方便。

3. 内孔的一般磨削方法

（1）纵向磨削法　内孔的纵向磨削法与外圆的纵向磨削法相同，也是应用最广泛的磨削方法。

1）光滑通孔磨削。

① 砂轮直径、接长轴的长度选择。根据孔径和孔长，选择合适的砂轮直径和接长轴长度，接长轴的刚度要好，接长轴太长，磨削时易产生振动，影响磨削效率和加工质量。

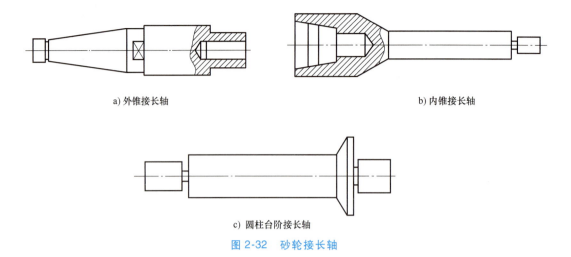

a) 外锥接长轴　　　　　b) 内锥接长轴

c) 圆柱台阶接长轴

图 2-32　砂轮接长轴

② 调整工作台行程。内圆磨削要调整工作台行程。行程长度 T 应根据工件长度 L' 和砂轮在孔端的越程 l 计算（图 2-33a）。越程 l 一般取砂轮宽度 B 的 $1/3 \sim 1/2$。

越程如过小，则孔的两端磨削时间太短，磨去的金属会比孔中间的少，易形成孔中凹的缺陷（图 2-33b）；越程如过大，砂轮宽度大部分已超过孔端，此时磨削力明显减弱，接长轴弹性变形得到恢复，孔两端的金属就会被多磨去一部分，形成喇叭口（图 2-33c），孔径小时更明显。

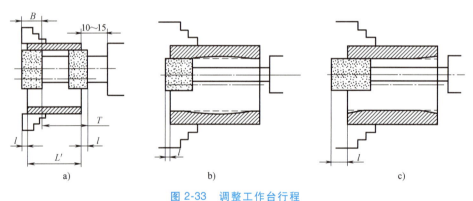

图 2-33　调整工作台行程

2) 光滑不通孔的磨削。光滑不通孔的磨削与通孔磨削相似，但需注意以下几点：

① 左挡块必须调整正确，防止砂轮端面与孔底相撞。可先按孔深在外壁上做记号，在砂轮和工件均不转动时，移动工作台纵向行程到位后紧好挡块。

② 为防止产生顺锥，可以在孔底附近做几次短距离的往复行程，砂轮在孔口的越程要小一些。

③ 及时清除孔内的磨屑。

3) 间断表面孔的磨削。内孔表面如有沟槽（图 2-34a）、键槽（图 2-34b）或径向通孔（图 2-34c），则砂轮与孔壁接触有间断现象，内孔容易产生形状误差，磨削时要采取相应的措施。

磨削图 2-34a 所示的内孔时，在表面 1 和 2 上容易产生喇叭口。应采取的对策是适当加大砂轮宽度，尽量选直径较大的接长轴，并用金刚石及时修整砂轮。磨削图 2-34b 所示内孔时，在键槽边口容易产生塌角，可适当增大砂轮直径，减小砂轮宽度，提高接长轴的刚度。对于精度较高的内孔，则可在键槽内镶嵌硬木或胶木。磨削图 2-34c 所示内孔时，孔壁容易产生多角形，可适当增大砂轮直径，采用刚度好的材料做接长轴，并及时修整砂轮。上述三种类型的零件在精磨时都应减小背吃刀量，增加光磨次数，方能保证工件的加工精度和表面粗糙度。

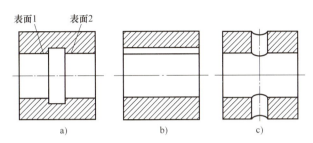

图 2-34 间断表面孔的磨削

（2）径向磨削法 内孔径向磨削法与外圆径向磨削法相同，适用于工件长度不大的内孔磨削，生产效率高，如图 2-35 所示。

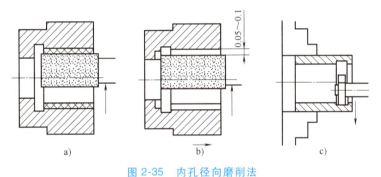

图 2-35 内孔径向磨削法

五、内孔表面的拉削加工设备及拉削加工方法

（一）拉床

拉床按加工表面所处位置，可分为内表面拉床和外表面拉床。按拉床的结构和布局形式，又可分为立式拉床、卧式拉床、连续式拉床等。

拉床的主参数为机床的最大额定拉力，如 L6120 型卧式内表面拉床的最大额定拉力为 200kN。图 2-36 所示为卧式内表面拉床的外形图，在床身的内部有水平安装的液压缸，通过活塞杆带动拉刀做水平移动，实现拉削的主运动。拉床拉削时，工件可直接以其端面在支承座上定位（如图 2-37a 所示，护送夹头及滚柱用于支承拉刀，开始拉削前，护送夹头和滚柱向左移动，使拉刀通过工件预制孔，并将拉刀左端柄部插入拉刀夹头，加工时滚柱下降，不起作用），也可以采用球面垫圈定位（图 2-37b）。

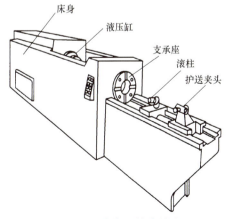

图 2-36 卧式内表面拉床的外形图

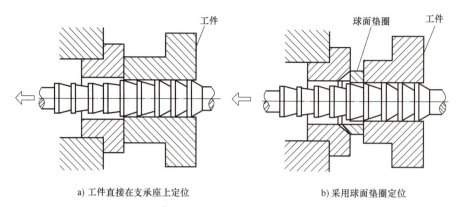

a) 工件直接在支承座上定位　　b) 采用球面垫圈定位

图 2-37　拉削时工件的定位

(二) 拉刀

根据工件加工面及截面形状不同,拉刀有多种形式。常见的圆孔拉刀结构如图 2-38 所示,其组成部分如下。

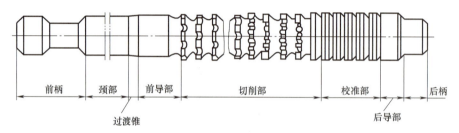

图 2-38　圆孔拉刀的结构

(1) 前柄　前柄用于拉床夹头夹持拉刀,带动拉刀进行拉削。

(2) 颈部　颈部是前柄与过渡锥的连接部分,可在此处做标记。

(3) 过渡锥　过渡锥起对准中心的作用,使拉刀顺利进入工件预制孔中。

(4) 前导部　前导部起导向和定心作用,防止孔歪斜,并可检查拉削前的孔径尺寸是否过小,以免因拉刀第一个切削齿载荷太重而损坏。

(5) 切削部　切削部承担全部余量的切削工作,由粗切齿、过渡齿和精切齿组成。

(6) 校准部　校准部用于矫正孔径、修光孔壁,并作为精切齿的后备齿。

(7) 后导部　后导部用于保持拉刀最后正确位置,防止拉刀在即将离开工件时,工件下垂而损坏已加工表面或刀齿。

(8) 后柄　后柄用于直径大于 60mm、既长又重的拉刀的后支承,防止拉刀下垂。直径较小的拉刀可不设后柄。

(三) 拉孔加工方法

拉孔是一种高效率的精加工方法。除拉削圆孔外,还可拉削各种截面形状的通孔及内键槽,如图 2-39 所示。拉削圆孔可达的尺寸公差等级为 IT9~IT7,表面粗糙度 Ra 为 1.6~0.4μm。

(1) 拉削方式　拉削可看作是按高低顺序排列的多刃刨刀进行的刨削,如图 2-40 所示。

1) 拉削圆孔。图 2-41 所示为拉削圆孔。拉削的孔径一般为 8~125mm,孔的长径比一

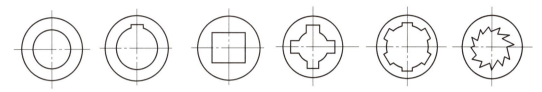

图 2-39 可拉削的各种孔的截面形状

船不超过 5。拉削前一般不需要精确的预加工，钻削或粗镗后即可拉削。若工件端面与孔轴线不垂直，则将端面贴靠在拉床的球面垫圈上，在拉削力的作用下，工件连同球面垫圈一起略微转动，使孔的轴线自动调节到与拉刀轴线方向一致，可避免拉刀折断。

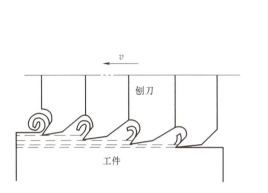

图 2-40 多刃刨刀刨削示意

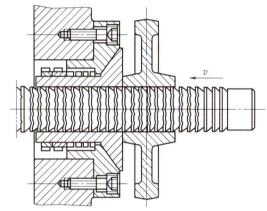

图 2-41 拉削圆孔

2）拉削内键槽。图 2-42a 所示为拉削内键槽。键槽拉刀为扁平状，上部为刀齿。工件与拉刀的正确位置由导向元件来保证。键槽拉刀导向元件（图 2-42b）的圆柱 1 插入拉床端部孔内，圆柱 2 用于安放工件，槽用于安放拉刀。

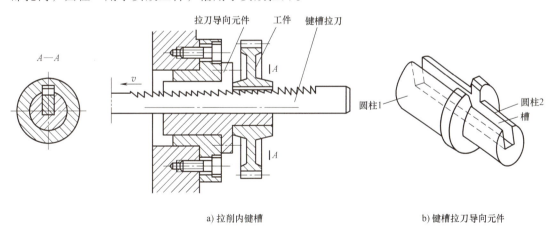

a) 拉削内键槽　　　　　　　　　　b) 键槽拉刀导向元件

图 2-42 拉削内键槽的方法

（2）拉削的工艺特点

1）拉削时拉刀多齿同时工作，在一次行程中可完成粗、精加工，因此生产效率高。

2）拉刀为定尺寸刀具，且有校准齿进行校准和修光；拉床采用液压系统，传动平稳；

拉削速度很低（$v_c = 2\sim 8\text{m/min}$）；切削厚度薄，不会产生积屑瘤，因此拉削可获得较高的加工质量。

3）拉刀制造复杂，成本昂贵，一把拉刀只适用于一种规格尺寸的孔或键槽的拉削，因此拉削主要用于大批大量生产或定型产品的成批生产。

4）拉削不能加工台阶孔和不通孔。由于拉床的工作特点，某些复杂零件的孔也不宜进行拉削，如箱体上的孔。

六、内孔表面的精整、光整加工

（一）珩磨加工

对于质量要求很高、尺寸公差等级达 IT7~IT6、形状公差达 0.01mm、表面粗糙度 $Ra<0.25\mu\text{m}$ 的内孔，生产批量较大时，通常采用珩磨加工方法。

珩磨能获得很高的尺寸精度和形状精度，珩磨孔的尺寸公差等级可达 IT6，圆度和圆柱度公差可达 $0.003\sim0.005\text{mm}$，珩磨后孔的表面粗糙度 Ra 通常为 $0.63\sim0.04\mu\text{m}$，有时也可达到 Ra 为 $0.02\sim0.01\mu\text{m}$ 的镜面。

1. 珩磨加工的特点

（1）珩磨运动 珩磨是一种低速磨削，将珩磨油石用黏结剂粘接或用机械方法装夹在特制的珩磨头上，由珩磨机床（图 2-43）主轴带动珩磨头做旋转和上下往复运动，通过珩磨头中的进给胀锥使油石胀出，并向孔壁施加一定的压力以完成进给运动，实现珩磨加工。

（2）珩磨头 珩磨头（图 2-44）与珩磨机床主轴一般采用浮动连接，或采用刚性连接但配以浮动夹具，这样可以减少珩磨机床主轴回转中心与被加工孔的同轴度误差对珩磨质量的影响。

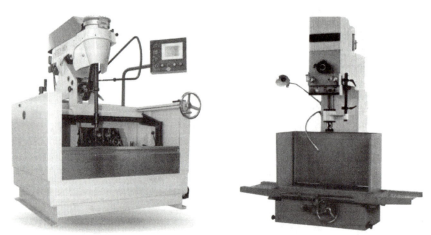

图 2-43 珩磨机床

珩磨头可以选用多条油石或超硬磨料油石（如人造金刚石油石），以提高珩磨头的往复速度，增大网纹交叉角，这样能较快地去除珩磨余量并减小误差。也可以采用强力珩磨工艺，以有效地提高珩磨效率。精珩时可以选择粒度较小的油石，以实现平顶珩磨，使相对运动的摩擦副获得较理想的表面质量。

珩磨加工只能提高内孔的尺寸精度和表面质量，提高不了内孔的位置精度。

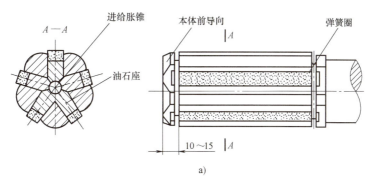

a)

b)

图 2-44 珩磨头

薄壁孔、刚度不足的工件或较硬的工件表面，用珩磨进行光整加工不需复杂的设备与工装，操作方便。

2. 珩磨加工的应用范围

1) 广泛应用于汽车、拖拉机和轴承制造业中的大批量生产，也适用于各类机械制造中的批量生产，如珩磨气缸套、连杆孔、液压泵油嘴与液压阀体孔、轴套、齿轮孔、汽车制动分泵、总泵缸孔等。

2) 大量应用于各种形状孔的光整或精加工，可加工孔径为 5～1200mm，长度可达 12000mm。国内珩磨机床的工作范围为孔径 5～250mm、孔长 3000mm。

3) 用于外圆、球面及内外环形曲面的加工，如镀铬活塞环、顶杆球面与滚珠轴承内外圈等的加工。

4) 适用于金属与非金属材料的加工，如铸铁、淬火钢、未淬火钢、硬铝、青铜、硬质合金、玻璃、陶瓷、晶体与烧结材料等的加工。

（二）研磨

研磨也是常用的一种孔光整加工方法，需在精镗、精铰或精磨后进行。研磨后孔的尺寸公差等级可提高到 IT6～IT5，表面粗糙度 Ra 为 0.1～0.008μm，孔的圆度和圆柱度精度也相应提高。

研磨孔所用的研具材料、研磨剂、研磨余量等均与研磨外圆类似。

套筒零件孔的研磨方法如图 2-45 所示。图中的研具为可调式研磨棒，由锥度心轴和研套组成。拧动两端的螺母，即可在一定范围内调整直径的大小。研套上的槽和缺口是为了在调整时研套能均匀地张开或收缩，并可存储研磨剂。研磨前，套上工件，将研磨棒安装在车床上，涂上研磨剂，调整研磨棒直径，使其对工件有适当的压力，即可进行研磨。研磨时，研磨棒旋转，手握工件往复移动即可实现研磨。

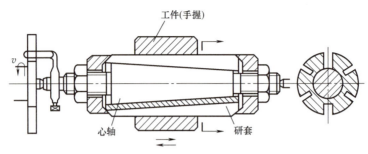

图2-45　套筒零件孔的研磨方法

固定式研磨棒多用于单件生产。其中，带槽研磨棒（图2-46a）便于存储研磨剂，用于粗研；光滑研磨棒（图2-46b）一般用于精研。

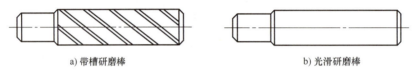

a) 带槽研磨棒　　　　　　　　　　b) 光滑研磨棒

图2-46　固定式研磨棒

壳体或套筒类零件的大孔需要研磨时，可在钻床或改装的简易设备上进行，由研磨棒同时做旋转运动和轴向移动，但研磨棒与机床主轴需成浮动连接，否则当研磨棒轴线与孔轴线发生偏斜时，孔将产生形状误差。

（三）孔的挤光和滚压

1. 孔的挤光

挤光加工是高效率的小孔精加工工艺方法之一，它可得到尺寸公差等级为IT6～IT5，表面粗糙度Ra为0.4～0.025μm的孔，所使用的工具简单，制造容易，对设备除要求刚度较好外，无其他特殊要求。但挤压加工时径向力较大，对形状不对称、壁厚不均匀的工件，挤压时易伴生畸变。挤光工艺适用于加工孔径为2～30mm（最大不超过50mm）、壁厚较大的孔。

凡在常温下可产生塑性变形的金属，如碳钢、合金钢、铜合金、铝合金和铸铁等制成的工件，都可采用挤光加工，并可获得良好的加工质量。

挤光加工分为推挤和拉挤两种方式，一般加工短孔时采用推挤，加工较长的孔（深径比$L/D>8$）时采用拉挤。各种挤光加工方式如图2-47所示。

挤光工具可采用滚珠（淬硬钢球或硬质合金球）、挤压刀（单环或多环）等，以实现工件的精整尺寸、挤光表面和强化表层等目的。在挤光工具中，滚珠可采用轴承上的标准滚珠，便宜易得，但它的导向性不好，只适用于长度较短、材料强度较低（如低碳钢和有色金属）的工件的挤光。挤压刀的挤压环有圆弧面和锥形（有双锥、单锥）等形式，如图2-48所示。其中，应用较广的是有前、后锥面（双锥）的圆柱棱带挤压刀（简称锥面挤

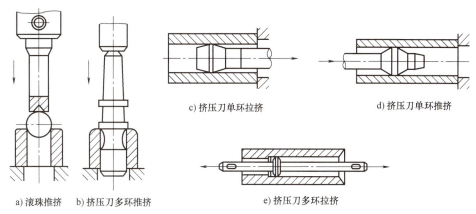

图 2-47 孔的挤光加工的方式

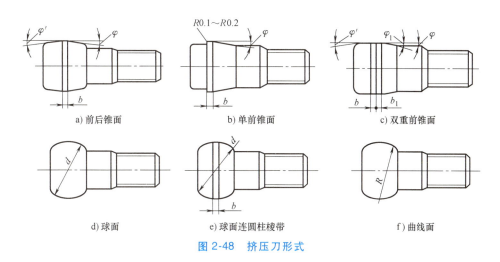

图 2-48 挤压刀形式

压刀)。

一般情况下,经过精镗或铰等预加工,尺寸公差等级为 IT10~IT8 的孔,挤光后尺寸公差等级可达 IT8~IT6。经预加工表面粗糙度 Ra 为 $6.3~1.6\mu m$ 的孔,挤光后铸铁零件表面粗糙度 Ra 可达 $1.6~0.4\mu m$,钢件表面粗糙度 Ra 可达 $0.8~0.2\mu m$,青铜零件表面粗糙度 Ra 可达 $0.4~0.1\mu m$。

对具有一定公差范围的铰削孔,用大小不同的钢球挤光时所获得的孔有一定的误差。钢球直径对应于待挤光孔有一最合适的尺寸,否则难以获得符合公差要求的孔。待挤光孔的公差大,成品的误差也必然大,所以对待挤光孔应有一定的精度要求。

挤光孔加工在孔末端会产生喇叭口。试验表明,试件壁薄时几乎没有喇叭口,随着壁厚增大喇叭口也增大。钢球与孔径的尺寸公差也影响喇叭口,尺寸公差小时几乎没有喇叭口,尺寸差大,喇叭口也增大。

2. 滚压

孔的滚压加工原理与滚压外圆相同。由于滚压加工效率高,近年来多采用滚压工艺来代替珩磨工艺,效果较好。滚压后孔径尺寸公差在 $0.01mm$ 以内,表面粗糙度 Ra 为 $0.16\mu m$ 或更小,表面硬化耐磨,生产效率也比珩磨提高数倍。

滚压对铸件的质量很敏感，如铸件的硬度不均匀、表面疏松、含气孔和砂眼等缺陷，对滚压有很大影响。因此，对铸件液压缸，不可采用滚压工艺而是选用珩磨。对于淬硬套筒孔的精加工，也不宜采用滚压。

图 2-49 所示为一个加工液压缸的滚压头，滚压头表面的圆锥形滚柱 3 支承在锥套 5 上，滚压时圆锥形滚柱与工件有 0.5°~1° 的斜角，使工件能逐渐弹性恢复，避免工件孔壁的表面变粗糙。

滚压孔前，通过调节螺母 11 调整滚压头的径向尺寸，旋转调节螺母可使其相对心轴 1 沿轴向移动。当心轴向左移动时，推动过渡套 10、推力轴承 9、衬套 8 及套圈 6 经销 4，使圆锥形滚柱 3 沿锥套的表面向左移，结果使滚压头的径向尺寸缩小。当心轴向右移动时，由压缩弹簧 7 压移衬套，经推力轴承使过渡套始终紧贴在调节螺母的左端面，当衬套右移时，带动套圈，经盖板 2 使圆锥形滚柱也沿轴向右移，使滚压头的径向尺寸增大。滚压头径向尺寸应根据孔滚压过盈量确定，通常钢材的滚压过盈量为 0.1~0.12mm，滚压后孔径增大 0.02~0.03mm。

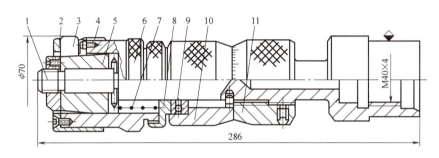

图 2-49 加工液压缸的滚压头

1—心轴 2—盖板 3—圆锥形滚柱 4—销 5—锥套 6—套圈
7—压缩弹簧 8—衬套 9—推力轴承 10—过渡套 11—调节螺母

调整好径向尺寸的滚压头，在滚压加工过程中圆锥形滚柱所受的进给力经销、套圈、衬套作用在推力轴承上，最终经过渡套、调节螺母及心轴传至与滚压头右端 M40×4 螺纹相连的刀杆上。滚压完毕后，滚压头从孔反向退出时，圆锥形滚柱受一向左的进给力，此力传给盖板 2，经套圈、衬套使压缩弹簧压缩，实现向左移动，使滚压头直径缩小，保证滚压头从孔中退出时不碰坏已滚压好的孔壁。滚压头从孔中退出后，在弹簧力作用下复位，径向尺寸又恢复到原数值。

滚压用量：通常选用滚压速度 $v=60~80\mathrm{m/min}$；进给量 $f=0.25~0.35\mathrm{mm/r}$；切削液采用 50% 硫化油加 50% 柴油或煤油。

单元三　典型套筒类零件加工工艺分析

一、套筒类零件加工中的主要工艺问题

一般套筒类零件在机械加工中的主要工艺问题是保证内、外圆的相互位置精度（即保证内、外圆表面的同轴度以及轴线与端面的垂直度要求）和防止变形。

1. 保证相互位置精度

要保证内外圆表面间的同轴度以及轴线与端面的垂直度要求,通常可采用下列三种工艺方案。

1)在一次安装中加工内、外圆表面与端面。这种工艺方案由于消除了安装误差对加工精度的影响,因而能保证较高的相互位置精度。在这种情况下,影响零件内、外圆表面间的同轴度和孔轴线与端面的垂直度的主要因素是机床精度。该工艺方案一般用于零件结构允许在一次安装中加工出全部有位置精度要求的表面的场合。为了便于装夹工件,其毛坯往往采用多件组合的棒料,一般安排在数控车床或转塔车床等工序较集中的机床上加工。图 2-50 所示的衬套零件就是采用这一方案的典型零件。其加工工艺过程参见表 2-3 和图 2-51。

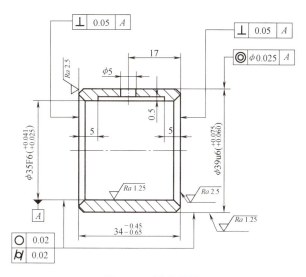

图 2-50 衬套零件

表 2-3 衬套棒料毛坯的机械加工工艺过程

序号	工序内容	定位基准
1	加工端面,粗加工外圆表面,粗加工孔,半精加工或精加工外圆,精加工孔,倒角,切断(图 2-51)	外圆表面、端面(定位用)
2	加工另一端面、倒角	外圆表面
3	钻润滑油孔	外圆表面
4	加工油槽,精加工外圆表面(如要求不高的衬套,该工序可由工序 1 中的精车代替)	外圆表面

2)全部加工分在几次安装中进行,先加工孔,然后以孔为定位基准加工外圆表面。用这种方法加工套筒,由于孔精加工常采用拉孔、滚压孔等工艺方案,生产效率较高,同时可以解决镗孔和磨孔时因镗杆、砂轮杆刚度差而引起加工误差的问题。当以孔为基准加工套筒的外圆时,常用刚度较好的小锥度心轴安装工件。小锥度心轴结构简单,易于制造,心轴用两顶尖安装,其安装误差很小,因此可获得较高的位置精度。图 2-52 所示的轴套即可采用这一方案加工,其加工工艺过程见表 2-4。

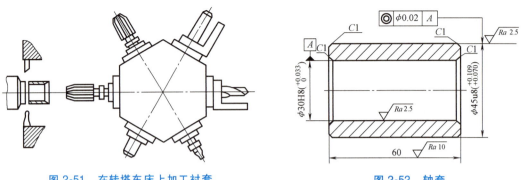

图 2-51 在转塔车床上加工衬套　　　　图 2-52 轴套

表 2-4　单件轴套毛坯的机械加工工艺过程

序号	工序内容	定位基准
1	粗加工端面,钻孔,倒角	外圆
2	粗加工外圆及另一端,倒角	孔(用梅花顶尖和回转顶尖)
3	半精加工孔(扩孔或镗孔),精加工端面	外圆
4	精加工孔(拉孔或滚压孔)	孔及端面
5	精加工外圆及端面	内孔

3) 全部加工分在几次安装中进行,先加工外圆,然后以外圆表面为定位基准加工内孔。这种工艺方案,如用自定心卡盘夹紧工件,则因卡盘的偏心误差较大,会降低工件的同轴度。故需采用定心精度较高的夹具,以保证工件获得较高的同轴度。较长的套筒一般多采用这种加工方案。

2. 防止变形的方法

薄壁套筒在加工过程中,往往由于夹紧力、切削力和切削热的影响而产生变形,致使加工精度降低。需要热处理的薄壁套筒,如果热处理工序安排不当,也会造成不可矫正的变形。防止薄壁套筒的变形,可以采取以下措施。

(1) 减小夹紧力对变形的影响

1) 夹紧力不宜集中于工件的某一部分,应使其分布在较大的面积上,以使工件单位面积上所受的压力较小,从而减小其变形。例如:工件外圆用卡盘夹紧时,可以采用软卡爪来增加卡爪的宽度和长度,如图 2-53 所示。同时软卡爪应采取自镗的工艺措施,以减少安装误差,提高加工精度。图 2-54 所示为用开缝套筒装夹薄壁工件,由于开缝套筒与工件接触

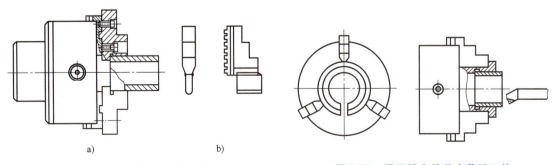

图 2-53 用软卡爪装夹工件　　　　图 2-54 用开缝套筒装夹薄壁工件

面大，夹紧力均匀分布在工件外圆上，所以不易产生变形。当薄壁套筒以孔为定位基准时，宜采用胀开式心轴。

2）采用轴向夹紧工件的夹具，如图 2-55 所示。此时由于工件靠螺母端面沿轴向夹紧，故其夹紧力产生的径向变形极小。

3）在工件上做出加强刚度的辅助凸边，加工时采用特殊结构的卡爪夹紧，如图 2-56 所示。当加工结束时，将凸边切去。

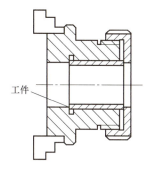

图 2-55　轴向夹紧工件

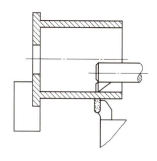

图 2-56　辅助凸边的作用

（2）减少切削力对变形的影响

1）减小背向力，通常可借助增大刀具的主偏角来达到。

2）内、外表面同时加工，使背向力相互抵消，如图 2-56 所示。

3）粗、精加工分开进行，使粗加工时产生的变形能在精加工中得到纠正。

（3）减少热变形引起的误差　工件在加工过程中受切削热后要膨胀变形，从而影响工件的加工精度。为了减少热变形对加工精度的影响，应在粗、精加工之间留有充分冷却的时间，并在加工时注入足够的切削液。

热处理对套筒变形的影响也很大，除了改进热处理方法外，在安排热处理工序时，应将其安排在精加工之前进行，以使热处理产生的变形在以后的工序中得到纠正。

二、套筒的加工工艺分析

工艺任务单

产品名称：套筒零件；

零件功用：连接作用；

材料：HT250；

热处理：人工时效处理；

生产类型：大批量生产。

工艺任务：

1）根据图样（图 2-57）标注及技术要求，确定零件主要表面的加工方案，选择合适的机械装备，确定装夹方式，拟订加工路线；

2）编制工艺文件。

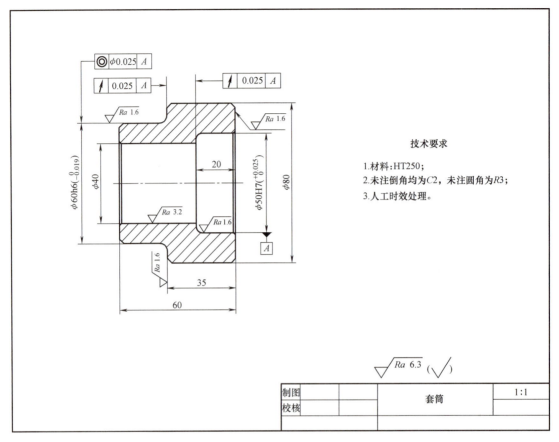

图 2-57 套筒零件图

（一）零件分析

图 2-57 所示的套筒，其主要加工表面是 $\phi 60_{-0.019}^{0}$ mm 外圆、$\phi 50_{0}^{+0.025}$ mm 孔和两个端面，内孔、外圆都有较高的尺寸公差等级（分别为 IT6 和 IT7）和同轴度要求，其余表面是次要加工表面。零件图有三处几何公差，均由装夹方法保证。

（二）确定毛坯

套筒为批量生产，要求采用铸铁材料 HT250，其毛坯尺寸确定为 $\phi 85\text{mm} \times 40\text{mm} + \phi 65\text{mm} \times 29\text{mm}$。零件上的内孔较大，可在铸件上预制 $\phi 35\text{mm}$ 通孔。

（三）确定主要表面的加工方法

该零件的主要加工表面为 $\phi 60_{-0.019}^{0}$ mm 外圆、$\phi 50_{0}^{+0.025}$ mm 内孔和两个端面。其中，内孔、外圆尺寸精度要求较高，表面粗糙度 Ra 为 $1.6\mu m$，批量生产时。车削加工很难达到该尺寸精度和表面粗糙度要求，需采用精镗加工。内孔的加工方案为粗镗→精镗。

因外圆和孔有同轴度要求，表面粗糙度 Ra 为 $1.6\mu m$，最终加工需要以孔定位并进行精车。外圆表面的加工方案为粗车→精车。

（四）确定定位基准

$\phi 60_{-0.019}^{0}$ mm 外圆粗车以 $\phi 80$mm 轴线为基准，精加工时以 $\phi 50$mm 内孔轴线为基准，长度方向以右端面为基准。

对精度要求较高的零件,其粗、精加工应分开,以保证零件的加工质量。根据以上的加工方法,车和磨分别为两道工序,粗、精加工已经分开。

(五) 加工尺寸和切削用量

磨削加工的磨削余量可取 0.5mm,半精车余量可取 1.5mm,具体加工尺寸参见该零件机械加工工艺过程卡。

车削用量的选择可根据加工情况确定,一般可从《机械加工工艺师手册》或《切削用量简明手册》中选取。

(六) 拟订工艺路线

综上所述,套筒的加工工艺路线为粗车→粗镗内孔→精镗内孔→精车外圆→检验。

(七) 编制工艺文件

套筒的机械加工工艺过程卡见表 2-5。

表 2-5 套筒机械加工工艺过程卡

序号	工序	工步	工步内容	工艺装备		
				机床	夹具	刀具
1	备料	—	铸造毛坯	—	—	—
2	时效处理	—	人工时效处理	—	—	—
3	粗车	1	夹右端外圆,找正、夹紧,平左端面	CK6140	单动卡盘	车刀
		2	粗车左端外圆留余量 1mm,φ60mm 外圆长度方向留余量 0.5mm	CK6140	单动卡盘	车刀
		3	粗镗内孔	CK6140	单动卡盘	镗刀
		4	调头装夹,车另一端面,保证总长 60mm	CK6140	单动卡盘	车刀
		5	粗车右端外圆,留余量 1mm	CK6140	单动卡盘	车刀
		6	粗镗内孔,内孔直径留余量 1mm,长度方向留余量 0.5mm	CK6140	单动卡盘	镗刀
4	精车	1	夹左端,精车右端外圆至尺寸	CK6140	自定心卡盘	车刀
		2	精镗内孔至图样中尺寸,保证长度尺寸 20mm,保证 φ40mm 至图样中尺寸	CK6140	自定心卡盘	镗刀
		3	调头,以 φ50H7 内孔和右端面定位装夹工件,精车左端外圆至图样中尺寸,保证同轴度公差	CK6140	专用夹具	车刀
		4	精车外圆台阶面,保证长度尺寸 35mm,保证端跳动公差	CK6140	专用夹具	车刀
5	检验	—	合格入库	—	—	—

套筒工序 4 的机械加工工序卡见表 2-6。

三、气缸套的加工工艺分析

图 2-58 所示为气缸套零件图,试制订其加工工艺规程。

表 2-6 套筒工序 4 的机械加工工序卡

机械加工工序卡			产品型号	图号	零件名称	工序名称	文件编号
					套筒	精车	

材料牌号及名称	毛坯尺寸
HT250	ϕ85mm×40mm+ϕ65mm×29mm
设备型号	设备名称
CK6140	数控车床
专用工艺装备	
名称	代号
机动时间	工时定额	每台件数
5min	25min	
技术等级	切削液
	乳化液

工序号	工步号	工步内容	刀具名称规格	量检具名称规格	切削速度/(m/min)	背吃刀量/mm	进给速度/(mm/min)	主轴转速/(r/min)
4	1	夹左端,精车右端外圆至尺寸	车刀	塞规、游标卡尺	372	0.2	100	1500
	2	精镗内孔至图样中尺寸,保证长度尺寸20mm,保证ϕ40mm至图样中尺寸	镗刀		235.5	0.2	100	1500
	3	调头、专用夹具装夹,精车左端外圆至图样中尺寸,保证同轴度公差	车刀		188.4	0.2	100	1500
	4	精车外圆台阶面,保证长度尺寸35mm,保证圆跳动公差	车刀		188.4~372	0.2	100	1500

					编制	校对	会签	复制
修改标记	处数	文件号	签字	日期	修改标记	处数	文件号	签字	日期

工艺任务单

产品名称:气缸套;
零件功用:连接作用;
材料:无缝钢管;
生产类型:批量生产。
工艺任务:
1)分析图样(图2-58),确定零件主要表面加工方案,选择合适的机械装备,确定装夹方式,拟订加工路线;
2)编制工艺过程卡。

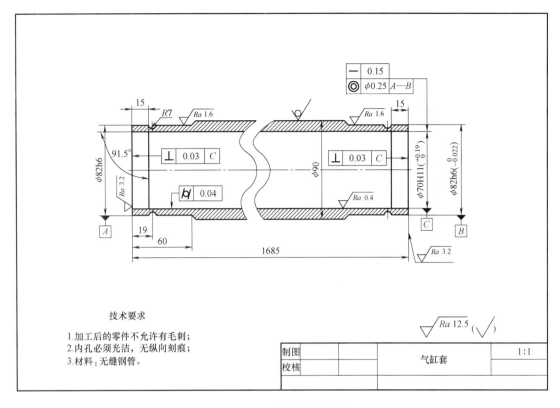

图 2-58 气缸套零件图

(一) 零件分析

气缸套为比较典型的长套工件,其结构简单,壁薄且容易变形,加工面比较少,加工变化不多。为保证活塞在气缸体内顺利移动且不漏油,其技术要求包括气缸套内孔的圆柱度要求、对内孔轴线的直线度要求、内孔轴线与两端面间的垂直度要求、内孔轴线对两端支承外圆的轴线同轴度要求等。除此之外,还要求内孔必须光洁,无纵向刻痕。具体公差要求如下:

1) ϕ70H11 内孔的圆柱度公差为 0.04mm,轴线的直线度公差为 0.15mm。

2) 两端面与内孔轴线的垂直度公差为 0.03mm。

3) ϕ70H11 内孔的表面粗糙度 Ra 为 0.4μm。

(二) 工艺要点

1) 为了保证内、外圆的同轴度,在加工外圆时,以孔的轴线作为定位基准,用双顶尖顶孔口棱边或一头夹紧一头用顶尖顶住孔口;加工孔时,夹一头,另一头用中心架托住外圆,作为定位基准的外圆表面应为已加工表面,以保证基准精度。

2) 为了保证活塞与内孔的相对运动顺利,对孔的形状精度和表面质量要求较高,所以采用滚压加工内孔的方法来提高孔的表面质量,精加工时可以采用镗孔和浮动镗孔方法来保证较高的圆柱度和孔的直线度要求。由于毛坯是无缝钢管,毛坯本身精度高,加工余量小,进行内孔加工时,可以直接进行半精镗。

3) 该气缸套壁薄,采用径向夹紧易变形,但由于轴向长度大,加工时需要两端支承,因此经常要装夹外圆表面。为了使外圆受力均匀,先在一端外圆表面加工出工艺螺纹,使后面的工序可以用工艺螺纹来夹紧外圆,当最终加工完孔后,再车去工艺螺纹,达到外圆尺寸要求。

(三) 编制工艺过程卡

气缸套加工的工艺过程卡见表2-7。

表2-7 气缸套加工的工艺过程卡

序号	工序名	工步	工步内容	机床	夹具	刀具
1	备料	—	定制无缝钢管,规格 $\phi 90 \times 1688$ mm,壁厚11mm	—	—	—
2	粗车	1	自定心卡盘夹一端,外伸50mm,找正、夹紧,车平端面	CK6140	自定心卡盘	车刀
2	粗车	2	一夹一托装夹工件,粗车 $\phi 90$mm 钢管右端至外螺纹 M88×1.5 计算尺寸,长度为55mm	CK6140	自定心卡盘、中心架	车刀
2	粗车	3	车工艺螺纹 M88×1.5,长度为 50mm	CK6140	自定心卡盘、中心架	螺纹车刀
2	粗车	4	包铜皮,调头装夹,找正、夹紧,托左端,车平端面,保证总长为 1685mm	CK6140	自定心卡盘、中心架	车刀
2	粗车	5	车左端各部,留余量1mm	CK6140	自定心卡盘、中心架	车刀
3	半精镗	—	一端用螺纹固定在夹具中,另一端用中心架托住,半精镗孔到 $\phi 68$mm	T617A	专用夹具	镗刀
4	精镗	—	一端用螺纹固定在夹具中,另一端用中心架托住,精镗孔至 $\phi 69.5$mm	T617A	专用夹具	镗刀
5	浮动镗	—	一端用螺纹固定在夹具中,另一端用中心架托住,浮动镗孔至 $\phi 70 \pm 0.02$mm,表面粗糙度 Ra 至 $2.5 \mu m$	T617A	专用夹具	镗刀
6	滚压	—	一端用螺纹固定在夹具中,另一端用中心架托住,用液压头滚压孔 $\phi 70H11$ 至尺寸,保证表面粗糙度 Ra 为 $0.4 \mu m$	T617A	专用夹具	镗刀
7	精车	1	软爪夹一端,以孔定位,顶尖顶另一端,车去工艺螺纹,车外圆至 $\phi 82h6$,车削 $R7$mm 半圆槽	CK6140	专用夹具	车刀
7	精车	2	镗内孔锥角1°30′	CK6140	专用夹具	镗刀
7	精车	3	调头,软爪夹一端,以顶尖顶另一端装夹工件车至 $\phi 82h6$,车削 $R7$mm 半圆槽	CK6140	专用夹具	镗刀
7	精车	4	镗内孔锥角1°30′	CK6140	专用夹具	镗刀
8	磨	1	磨右端外径 $\phi 82h6$ 至尺寸	M1432	专用夹具	砂轮
8	磨	2	调头装夹,磨左端 $\phi 82h6$ 至尺寸	M1432	专用夹具	砂轮
9	检验	—	检验合格入库	—	—	—

技 能 训 练

一、任务单

产品名称：套筒；

零件功用：连接轴，起支承与导向作用；

材料：45 钢；

生产类型：单件生产；

热处理：淬火处理，使硬度达到 30~35HRC。

要求：

1）根据图样（图 2-59），正确确定工件的定位基准；

2）按照图样要求选择刀具，找正工件并安装好刀具；

3）根据图样要求填写工艺过程卡以及一个重要工序的工序卡；

4）以小组为单位，用试切法完成零件加工。

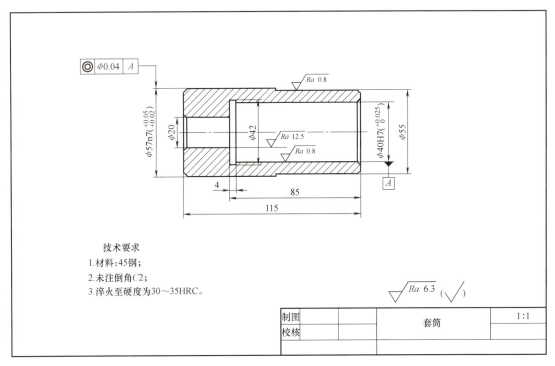

图 2-59 套筒零件图

二、实施条件

1）场地为机械加工实训中心或数控中心（含普通车床、数控车床、外圆磨床）。

2）工具及耗材清单详见表 2-8。

表 2-8 工具及耗材清单

序号	名称	数量	序号	名称	数量
1	数控车床或普通车床	若干	12	百分表	若干
2	外圆磨床	若干	13	游标深度卡尺	若干
3	45 钢棒料,规格为 $\phi60mm\times118mm$	1 台	14	磁力表座	若干
4	卡箍、顶尖	若干	15	高速钢立铣刀	若干
5	平行垫铁	若干	16	游标卡尺	若干
6	压板及螺栓	若干	17	千分尺	若干
7	扳手	若干	18	中心钻	若干
8	铜棒	若干	19	外圆车刀	若干
9	中齿扁锉	若干	20	砂轮	若干
10	三角锉	若干	21	热处理设备	1 台套
11	毛刷	若干			

三、实训学时

实训时间为 8 学时,具体安排见表 2-9。

表 2-9 实训时间安排表

序号	实训内容	学时数	备注
1	工艺设计	1	两个工艺文件
2	车削加工	4	
3	热处理	1	
4	磨外圆	1	
5	检验	1	填写检验报告

四、评价标准

考核总分为 100 分,其中职业素养与操作规范占总分的 20%,作品占总分的 80%。职业素养与操作规范、作品两项均需合格,总成绩才评定为合格。职业素养与操作规范评分细则见表 2-10,作品评分细则见表 2-11。

表 2-10 职业素养与操作规范评分细则

姓名			班级与学号		
零件名称					
序号	考核项目	考核点	配分	评分细则	得分
1	纪律	服从安排,工作态度好;清扫场地	10	不服从安排,不清扫场地,扣 10 分	
2	安全意识	安全着装,操作按安全规程	10	1)不安全着装,扣 5 分 2)操作不按安全规程,扣 5 分	
3	职业行为习惯	按 6S 执行工作程序、工作规范、工艺文件;爱护设备及工具;保持工作环境清洁有序,文明操作	20	1)工具摆放不整齐,没保持工作环境清洁,扣 5 分 2)完成任务后不清理工位扣 5 分 3)有不爱护设备及工具的行为扣 10 分	

(续)

序号	考核项目	考核点	配分	评分细则	得分
4	设备保养与维护	及时进行设备清洁、保养与维护,关机后机床停放位置合理	20	1)对设备清洁、保养与维护不规范扣10分 2)关机后机床停放位置不合理扣10分	
5	加工前准备	按规范清点图样、刀具、量具、毛坯	15	未规范清点图样、刀具、量具、毛坯等,每项扣3分	
6	工、量、刃具选用	工、量、刃具选择正确	5	工、量、刃具选择不当,扣5分	
7	加工过程	操作过程符合规范	20	1)夹紧工件时敲击扳手,扣3分 2)机床变速操作步骤不正确,扣5分 3)工件安装定位、夹紧不正确,扣2分 4)打刀一次扣10分	
8	人伤械损事故	出现人伤械损事故		整个测评成绩记0分	
		合计	100	职业素养与操作规范得分	
		监考员签字:			

表 2-11 作品评分细则

姓名				班级与学号		
零件名称						
序号	考核项目	考核点	配分	评分标准	检测结果	得分
1	工艺文件编写 (共20分, 每个10分)	正确填写表头信息	1×2	表头信息填写不正确,每少填一项扣0.5分,扣完为止		
		工艺过程完善	2×2	工艺过程不完善,每少一项必须安排的工序扣0.5分,扣完为止		
		工序、工步的安排合理	2×2	1)工序安排不合理,每处扣0.5分 2)工件安装定位不合适,扣0.5分 3)夹紧方式不合适,扣0.5分 所有项目扣完为止		
		工艺内容完整,描述清楚、规范,符合标准	3×2	1)文字不规范、不标准、不简练,扣0.5分 2)没有夹具及装夹的描述,扣0.5分 3)没有校准方法、找正部位的表述,扣0.5分 4)没有加工部位的表述,扣0.5分 5)没有按设备、刀具、量具的使用规定使用,每项扣0.5分 所有项目扣完为止		

（续）

序号	考核项目	考核点		配分	评分标准	检测结果	得分
1	工艺文件编写（共20分，每个10分）	工序简图表达正确		2×2	1）没有工序图扣0.5分 2）工序图表达不正确，每项扣0.5分 所有项目扣完为止		
2	外观形状（10分）	外轮廓		5	轮廓尺寸与图形不符，每处扣1分		
		碰伤或划伤		5	工件碰伤或划伤，一处扣1分		
3	尺寸精度（40分）	直径	$\phi 57n7(^{+0.05}_{+0.02})$	15	超差0.01mm扣2分		
			$\phi 40H7(^{+0.025}_{0})$	15	超差0.01mm扣2分		
			$\phi 55$mm	5			
		孔深85mm		5	超差0.02mm扣2分		
4	表面粗糙度（15分）	$Ra0.8\mu m$ 两处		10	每处降一级扣3分		
		$\phi 57$mm 外圆及端面 $Ra6.3\mu m$		5	每处降一级扣2分		
5	几何精度（10分）	同轴度 $\phi 0.04$mm		10	超差0.01mm扣2分		
6	其他（5分）	未注公差		5	超差无分		
	合计			100		作品得分	
	指导教师签字：						

五、工艺设计

（一）分析图样并确定主要表面的加工方法与加工装备

1. 尺寸精度要求

2. 几何精度要求

3. 表面粗糙度要求

根据以上分析，填写表 2-12。

表 2-12　加工方案与加工装备

加工表面	尺寸精度要求	表面粗糙度 $Ra/\mu m$	加工方案	加工装备

（二）确定定位基准与装夹方法

1. 粗基准

2. 精基准

3. 装夹方法

(三) 确定毛坯与热处理方式

1. 毛坯

2. 热处理方式

(四) 拟订加工顺序

（五）编制工艺文件

1. 工艺过程卡（表 2-13）

表 2-13　工艺过程卡

序号	工序名	工步号	工步内容	机械装备			工序简图
				机床	夹具	刀具	

2. 工序卡

(1) 工序尺寸计算

（2）确定切削用量

工序卡见表2-14。

表 2-14 工序卡

机械加工工序卡	产品型号		零件图号							共 页	第 页
	产品名称		零件名称								
		车间	工序号	工序名称			材料牌号				
		毛坯种类	毛坯外形尺寸	每毛坯可制件数			每台件数				
		设备名称	设备型号	设备编号			同时加工件数				
		夹具编号	夹具名称				切削液				
		工位器具编号	工位器具名称		工序工时（分）						
					准终		单件				
工步号	工步内容			工艺装备	主轴转速 /(r/min)	切削速度 /(m/min)	进给量 /(mm/r)	背吃刀量 /mm	进给次数	工步工时	
										机动	辅助
			机床	刀具	夹具						
						设计日期	校对日期	审核日期	标准化	会签（日期）	
标记	处数	更改文件号	签字	日期							
标记	处数	更改文件号	签字	日期							

（六）工艺分析
1. 线性尺寸检测

2. 几何精度检测

3. 工艺改进方法建议

习 题

1. 常用孔加工的方法有哪些？哪些方法属于粗加工？哪些方法属于精加工？
2. 试从切削运动、工艺特点两方面比较在钻床、车床和镗床上钻孔的加工特点。
3. 为了保证套筒零件内、外圆的同轴度，可采用哪些工艺措施？
4. 试比较铰孔和镗孔的工艺特点与应用范围。
5. 采用哪些工艺措施可以防止加工薄壁零件时产生的受力变形？
6. 试分析拉孔、铰孔的切削运动，比较两种刀具的结构特点、应用场合。

项目三

圆盘类零件加工工艺与常用装备

【项目导读】

本项目主要介绍圆盘类零件的结构特征，根据零件图中的技术要求，找出主要加工表面、次要加工表面，确定加工方案，选择加工装备，合理确定毛坯、热处理工艺，拟订加工顺序，确定定位方法、装夹方式和切削用量，编写工艺文件，并对加工工艺进行分析，确定最终加工方案。本项目具体包含以下内容。

1) 圆盘类零件概述；
2) 典型圆盘类零件的加工工艺分析；
3) 齿轮零件概述；
4) 圆柱齿轮加工方法；
5) 典型齿轮零件加工工艺分析；
6) 技能训练。

学生通过对本项目内容的学习，可以了解圆盘类零件的加工工艺分析方法，掌握圆盘类、齿轮零件加工方法、工艺特点与所对应的工艺装备；通过对典型圆盘类零件的加工工艺分析，掌握圆盘类零件图样分析方法，确定主要加工表面的加工方案与加工装备，确定定位方法、热处理方法，拟订加工顺序，计算工序尺寸，编写工艺文件，进行工艺分析。通过技能训练，进一步提升对圆盘类零件进行工艺分析与加工操作的能力。

单元一　圆盘类零件概述

12. 圆盘类零件概述

法兰盘、轴承端盖、带轮、链轮、凸轮（齿轮零件单独设立了单元）等都属于圆盘类零件（图3-1），这一类零件的特点是径向尺寸较大，轴向长度尺寸相对较小，具有外圆、端面、沟槽、内孔及螺栓孔等结构特征，齿轮和带轮在圆柱表面上还具有几何特征。

法兰盘的主要作用是支承和导向，轴承端盖主要起支承、定位作用；齿轮、带轮和凸轮

a) 法兰盘　　　　　b) 轴承端盖　　　　　c) V带轮　　　　　d) 链轮　　　　　e) 盘形凸轮

图 3-1　圆盘类零件

是传动零件，主要传递转矩和运动。

带轮、齿轮和链轮是最常用的传动件，其结构复杂，加工难度大，具有较高的工艺要求。

一、圆盘类零件的结构特点与技术要求

（一）结构特点

圆盘类零件一般要加工内孔、端面和外圆，除了有尺寸精度要求，一般还有几何公差和表面粗糙度要求。根据使用要求，其制造材料一般有碳素结构钢、合金结构钢、铸铁、铝合金等，热处理方法根据材料而定。

（二）尺寸精度

一般情况下，圆盘类零件的内孔和一个端面是与轴配合的装配基准，设计时一般以内孔和端面为基准来标注尺寸和各项技术要求，因此对圆盘类零件内孔的精度要求较高，通常情况下孔的尺寸公差等级为 IT7～IT6，而外圆因没有配合要求，所以精度要求不高，一般情况不标注尺寸公差，传动型的盘类零件外圆一般有精度要求；圆盘类零件的端面一般与轴肩、轴承端面或箱体端面配合，尺寸精度要求不高，但由于其与表面配合，所以表面质量要求较高，一般情况下 Ra 为 $3.2～1.6\mu m$，有的要求更高。

（三）几何公差

通常情况下圆盘类零件的内孔轴线是基准，配合端面与内孔轴线具有垂直度要求，或者两个端面具有平行度要求。这种情况下，一般与轴肩、轴承端面或者箱体端面配合的面为基准面，另一个面与之平行，以利于螺栓用固定；对于传动零件，外圆一般与轴线具有同轴度或者圆跳动公差要求，以保证传动零件的工作平稳性。

（四）表面粗糙度

具有传动作用的圆盘类零件，其内孔的表面质量要求较高，Ra 一般为 $1.6～0.8\mu m$，要求较高的为 $0.8～0.4\mu m$，其目的是保证与轴的配合效果。而作为导向、定位作用的法兰盘、端盖等圆盘类零件，其端面是重要的配合表面，端面的表面粗糙度 Ra 一般为 $3.2～1.6\mu m$，内孔的表面粗糙度 Ra 为 $1.6～0.8\mu m$。

二、圆盘类零件的材料、毛坯及热处理

（一）圆盘类零件的材料

带轮、法兰盘、轴承端盖一般选用灰铸铁、球墨铸铁、Q235 或铝合金等制造。承受转

矩的圆盘类零件，工作面由于承受交变载荷的作用存在较大的摩擦力和弯矩，要求具有较强的接触疲劳强度和抗弯强度，较高的硬度和耐磨性，反转时需要有较高的冲击韧度，因此这类圆盘零件常用 45 钢和 40Cr 等制造，性能要求较高的还可以选用 20Cr、20CrMnTi 等低碳合金钢制造，承受载荷不大的也可以选择尼龙、工程塑料或胶木制造。

（二）圆盘类零件的毛坯

零件的毛坯要根据图样中的材料要求和生产批量进行选用。圆盘类零件如果是铸铁、铸钢或铸造铝合金，一般使用铸造毛坯；如果是塑性材料 45 钢、40Cr 等，批量较大的，为了减少切削加工量，提高生产效率，一般使用锻造毛坯；如果是单件小批量生产，为了减少制造成本，一般使用型材。

（三）圆盘类零件的热处理

零件的热处理工艺要根据材料和技术要求来决定。对于铸造毛坯，热处理一般为退火处理，其主要目的是减少热应力，稳定组织；也可以用人工时效处理，但人工时效处理新相沉淀的速度较自然时效快，硬化的峰值没有自然时效高，如果加热温度过高或保温时间过长，会产生过时效而使硬度降低。对于中碳钢，在粗加工之后一般采用调质处理，能获得良好的综合力学性能。对于低碳合金钢，在精加工之前，一般采用化学热处理和淬火处理，以提高零件表面硬度和耐磨性。批量较大、性能要求较高的零件的淬火，可以采用激光淬火方式，以减少热变形，提高生产效率。

三、圆盘类零件机械加工工艺设计

（一）圆盘类零件主要表面加工方法

圆盘类零件的主要表面一般为内孔、外圆、两个端面和外圆柱特殊表面。法兰盘、轴承端盖等零件的外圆、内孔加工方法参考轴类、套筒类零件的加工方法，端面加工主要是车削加工。带轮轮槽采用成形车刀进行车削加工。凸轮加工精度要求不高时可以采用靠模法进行车削加工，精度要求较高时可采用铣削加工方法。链轮轮齿加工根据其曲线特点，一般采用展成法加工。

（二）圆盘类零件定位基准与装夹方法

（1）以外圆和一个端面为基准的定位方式　圆盘类零件的两个端面有较高的平行度要求，或者两端面对外圆轴线有垂直度要求，如图 3-2 所示，一般采用以外圆和一个端面为基

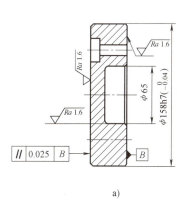
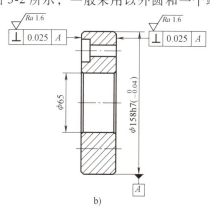

图 3-2　以外圆和一个端面定位

准的定位方式,具体是将已加工好的外圆包铁皮或铜皮(软爪装夹),以圆盘零件的一个端面紧靠卡盘,安装在自定心卡盘上,车削加工内孔与端面,然后调头装夹,车另一端面。

(2) 以内孔和一个端面为基准的定位方式　传动用圆盘类零件一般以内孔为基准定位,如图3-3所示。在加工这类零件时,先将内孔加工好,然后以内孔和一个端面定位,加工其余的表面。根据内孔大小,可以用专用夹具装夹。如果内孔尺寸较大,也可以用自定心卡盘,将卡爪反过来安装进行装夹。

(3) 一次装夹中完成主要表面的加工　法兰盘零件如图3-4所示,零件凸缘A与内孔有同轴度公差要求,两端面与内孔轴线有垂直度要求,为了保证各表面的相互位置精度,可设计一把专用车刀,使工件在一次装夹中加工所有表面,这样既能保证几何公差要求,又能减少装夹次数,提高生产效率。

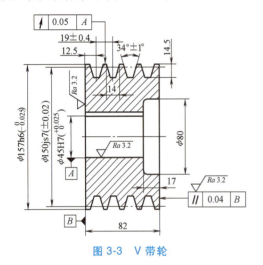

图3-3　V带轮

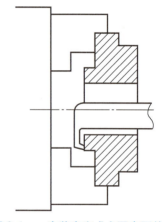

图3-4　一次装夹完成主要表面的加工

单元二　典型圆盘类零件的加工工艺分析

一、法兰盘机械加工工艺分析

工艺任务单

产品名称:法兰盘;

零件功用:连接两轴,传递动力;

材料:HT200;

热处理:时效处理;

生产类型:大批量生产。

工艺任务:

1) 根据图样(图3-5)标注及技术要求,确定零件主要表面的加工方案,选择合适的机械装备,确定装夹方式,拟订加工路线;

2) 编制工艺文件。

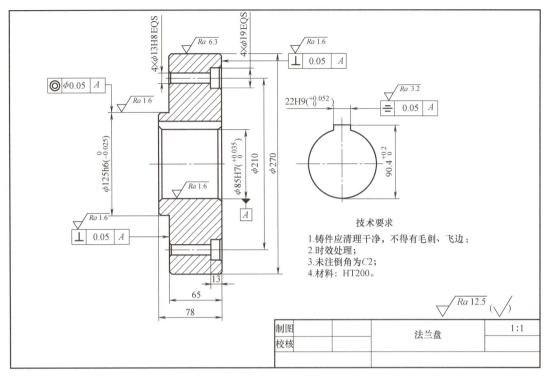

图 3-5 法兰盘零件图

(一) 分析零件图,确定主要加工表面的加工方案与装备

由零件图可以看出,$\phi 85H7$ 内孔、$\phi 125h6$ 外圆是主要加工表面,两个端面、$\phi 270mm$ 外圆、键槽以及四个螺栓孔是次要加工表面。其中,$\phi 85H7$ 内孔、$\phi 125h6$ 外圆、$\phi 270mm$ 外圆以及两端面利用数控车床车削加工,四个均布的沉孔 $\phi 19mm$ 以及四个螺栓孔 $\phi 13H8$ 利用钻床加工,由于是大批量生产,采用与生产要求配套的专用钻夹具装夹,进行钻孔、锪孔;键槽采用插床加工。具体加工方案与装备见表 3-1。

表 3-1 法兰盘主要表面加工方案与装备

序号	加工部位	标准公差等级或公差值	表面粗糙度 $Ra/\mu m$	加工方案	加工装备
1	内孔 $\phi 85H7$	IT7	1.6	粗镗——精镗	CK6140
2	外圆 $\phi 125h6$	IT6	1.6	粗车——精车	CK6140
3	同轴度	$\phi 0.05mm$		由装夹方法与加工方式保证	CK6140
4	外圆 $\phi 270mm$		6.3	粗车——精车	CK6140
5	两端面垂直度	0.05mm		由装夹方法与加工方式保证	CK6140
6	沉孔 $\phi 19mm$		12.5	钻孔——锪孔	专用夹具,Z5032
7	螺栓孔 $\phi 13H8$	IT8	12.5	钻孔	专用夹具,Z5032
8	键槽 22H9	IT9	3.2	插键槽	B5032
9	对称度	0.05mm		由装夹方法与加工方式保证	

（二）确定毛坯

根据图样中的技术要求，材料为HT200，毛坯只能是铸件，任务单中明确了零件为大批量生产，考虑加工成本与零件的重量，可以选择金属型铸造毛坯。这种毛坯制造精度较高，可以减少切削量，提高生产效率。

（三）确定热处理方法

零件的热处理方法是根据零件图中的技术要求与材料来确定的，任务单和零件图要求零件的材料是HT200，进行时效处理。

（四）基准与装夹方式

依据粗、精加工方法的不同，装夹方式不一样。根据零件图的标注与技术要求，不同工序采用以下方法装夹。

1）粗车工序：以外圆轴线和一端面为基准，因金属型铸造零件具有较为规则的外形，因此采用自定心卡盘装夹粗车另一端面、外圆，镗内孔。

2）精车工序：以内孔轴线和一端面为基准，自定心卡盘装夹，精车端面和外圆。

3）钻孔工序：以内孔轴线和端面为基准，专用夹具装夹。

4）插键槽工序：以内孔轴线和一端面为基准，自定心卡盘装夹。

（五）划分加工阶段、确定加工顺序

粗加工的主要目的是去除多余的金属层，夹紧力和切削力较大，零件容易产生几何形变；精加工的目的是修正粗加工引起的几何形变，进一步修正零件尺寸，保证零件几何公差要求。零件批量生产时，要利用工序分散原则，充分运用专用设备、专业刀具、专用夹具和专用量具等，节省辅助加工时间，提高生产效率。在加工过程中划分加工阶段，要根据零件图要求和车间设备情况而定，在能保证精度要求的前提下，充分考虑加工成本。一般条件下，法兰盘加工顺序如下：

铸造毛坯→清砂→时效处理→粗车、粗镗→精镗、精车→钻孔→锪孔→插键槽→去毛刺→检验。

（六）编制工艺文件

1. 编制工艺过程卡

编制工艺过程卡主要是为便于生产管理人员进行生产管理，只涉及零件加工的工序、工步、工艺装备，不涉及切削用量及具体的操作过程。法兰盘机械加工工艺过程卡见表3-2。

表3-2 法兰盘机械加工工艺过程卡

序号	工序名	工步号	工序（步）内容	工艺装备		
				机床	刀具	夹具
1	铸造	—	金属型铸造毛坯（内孔 $\phi 78mm$）	—	—	—
2	清砂	—	清砂	—	—	—
3	热处理	—	人工时效处理	—	—	—
4	粗车	1	以右端外圆和右端面定位装夹工件，找正夹紧，车平左端面，见光即可	数控车床	车刀	自定心卡盘
		2	粗车左端两外圆直径，各部留余量1mm	数控车床	车刀	自定心卡盘
		3	调头装夹，找正夹紧，车平端面，保证总长79mm	数控车床	车刀	自定心卡盘

(续)

序号	工序名	工步号	工序(步)内容	工艺装备		
				机床	刀具	夹具
4	粗车	4	粗车右端外圆,与左端光滑接刀	数控车床	车刀	自定心卡盘
		5	粗镗内孔,留余量1mm	数控车床	镗刀	自定心卡盘
5	精车	1	以右端外圆和右端面定位装夹工件,找正夹紧,精镗内孔至图样中尺寸要求	数控车床	镗刀	自定心卡盘
		2	以内孔及端面定位(软爪)装夹工件,找正夹紧,精车左端面,保证长度尺寸78.5mm、65.5mm,保证左端面对轴线的垂直度公差,保证左端面$Ra1.6\mu m$	数控车床	车刀	自定心卡盘
		3	精车左端外圆$\phi 125h6$、外圆$\phi 270mm$至图样中规定尺寸,同时保证同轴度公差要求,保证表面粗糙度	数控车床	车刀	自定心卡盘
		4	调头(软爪)装夹,找正夹紧,车平右端面,保证长度尺寸至图样中规定尺寸,保证$Ra1.6\mu m$,保证垂直度公差	数控车床	车刀	自定心卡盘
6	孔加工	1	以左端内孔及左端面定位装夹工件,钻$4\times\phi 13mm$均布通孔	钻床	麻花钻	专用夹具
		2	以左端内孔及左端面定位装夹工件,锪$4\times\phi 19mm$均布沉孔,保证深度13mm	钻床	麻花钻	专用夹具
7	插键槽	—	以右端内孔及右端面为基准装夹工件,插键槽至图样中尺寸要求	插床	插刀	专用夹具
8	钳工	—	去毛刺	—	—	—
9	检验	—	检验合格入库	—	—	—

2. 编制工序卡

工序卡是约束加工技术人员在加工零件的某工序时,必须严格按照工序卡规定的工步顺序、工艺装备、工艺参数、切削加工时间等进行加工。工序卡附带有工序简图,表示经过该工序后,零件的尺寸精度、形状精度、位置精度以及表面粗糙度所处状态,一般情况下是比较重要的工序,法兰盘零件加工过程中精车工序较为重要,要保证外圆$\phi 125h6$的尺寸精度、表面粗糙度$Ra1.6\mu m$、与内孔轴线的同轴度、左右端面的垂直度公差。为了确保零件在加工过程中的规范生产,要求编制精车工序卡。工序卡有规定的格式要求,必须按格式要求编写。法兰盘的加工工序卡见表3-3。

(七)工艺分析

1. 尺寸精度

法兰盘零件的尺寸精度要求不高,$\phi 85H7$内孔、$\phi 125h6$外圆是精度要求最高的,在数控车床上利用编程控制刀路,容易保证;其余的长度尺寸、键槽尺寸以及$\phi 270mm$外圆和螺栓孔尺寸精度不高,容易保证。

2. 几何精度

法兰盘零件的几何公差有4项,$\phi 85H7$内孔与$\phi 125h6$外圆有同轴度要求,基准要素是内孔轴线,因此在加工过程中必须先精加工内孔,达到图样规定尺寸,然后以内孔轴线为基准装夹工件,精车$\phi 125mm$外圆,才能保证同轴度,同轴度公差$\phi 0.05mm$由机床主轴回转精度保证;左、右端面对内孔轴线的垂直度公差,其基准要素也是内孔轴线,因此加工时必须以内孔轴线为基准装夹工件,精车左、右端面;22H9键槽的对称度公差,基准要素是内

表 3-3 法兰盘的加工工序卡

××车间	机械加工工序卡		产品型号		零件图号			共 页	第 页
			产品名称		零件名称			件数	
			工序名称	精车	工序号	5	毛坯种类	铸造毛坯	表面硬度
			设备名称	数控车床	设备型号	CK6140	设备编号		
			夹具编号		夹具名称		自定心卡盘	切削液	
			工位器具编号		工位器具名称			工序工时（分）	
								准终	单件
工步号	工步内容	主轴转速/(r/min)	切削速度/(r/min)	进给量/(mm/r)	背吃刀量/mm	进给次数		工步工时	
								机动	辅助
1	以右端外圆和右端面定位装夹工件，找正夹紧，精镗内孔至图样中尺寸要求	1800	47.40	0.2	0.1	5			
2	以右端内孔及端面定位（软爪）装夹工件，找正夹紧，精车左端面，保证长度尺寸 78.5mm、65.5mm，保证左端面对轴线的垂直度公差，保证左端面 Ra1.6μm	1800	48	0.25	0.1	5			
3	精车左端外圆 φ125h6、外圆 φ270mm 至图样中规定尺寸，同时保证同轴度公差要求，保证表面粗糙度	1800	48	0.2	0.1	5			
4	调头（软爪）装夹，找正夹紧，车平端面，保证垂直度公差，保证 Ra1.6μm，保证长度尺寸至图样中规定尺寸	1800	48	0.25	0.1	5			
					设计（日期）	校对（日期）	审核（日期）	标准化（日期）	会签（日期）
标记	处数	更改文件号	签字	日期	标记	处数	更改文件号	签字	日期

孔轴线，因此在加工过程中，必须以内孔轴线为基准装夹工件，才能保证对称度。

3. 表面粗糙度

法兰盘零件表面质量要求不高，表面粗糙度最小值为 $Ra1.6\mu m$，是外圆、内孔表面和左、右端面，在数控车床上利用高转速和少的切削用量能够保证；22H9 键槽表面粗糙度 Ra 为 $3.2\mu m$，插削加工能够保证；螺栓孔表面粗糙度 Ra 为 $12.5\mu m$，在钻孔过程中也能保证。

4. 检验方法

1）线性尺寸检测：法兰盘零件线性尺寸检测方法较为简单，外径、内孔、长度、螺栓孔直径用千分尺或游标卡尺能满足测量要求，键槽宽度用内径百分表检测。表面粗糙度可以利用比较法进行检测，也可以利用便携式表面粗糙度检测仪进行检测。

2）同轴度检测：如图 3-6 所示，先要准备一根心轴，左右两端加工中心孔，用两顶尖安装在偏摆仪上，然后利用磁性表座，安装两块百分表，注意一定要在一条铅垂线上，百分表调零，转动法兰盘，上、下两块百分表摆动的差值就是同轴度公差。

3）垂直度检测：如图 3-7 所示，先准备好一根带中心孔的锥度心轴，与套筒配合，安装在平板上，用水平尺调平，然后利用磁性表座安装好百分表，调零，按箭头移动方向移动磁性表座，百分表摆动的最大值即为垂直度公差。按此方法可测另一端面的垂直度公差。

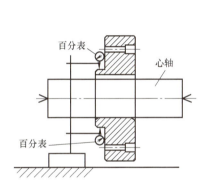

图 3-6　同轴度检测

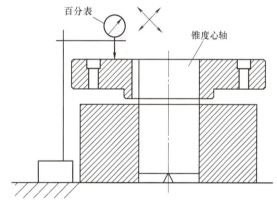

图 3-7　垂直度检测

4）内键槽对称度的检测：如图 3-8 所示，先按零件图尺寸设计制作好键槽复合量规。

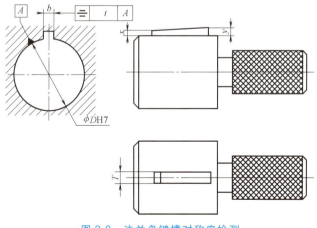

图 3-8　法兰盘键槽对称度检测

该量规实质上是一种将两组塞规组合在一起的极限量规（通、止规），因此其工作面的公称尺寸及制造公差均可按光滑塞规来选择。用该量规检验键槽时，通端T控制键槽宽度b的下极限尺寸；x控制槽深的下极限尺寸；y控制槽深的上极限尺寸。

二、V带轮机械加工工艺分析

工艺任务单

产品名称：V带轮；

零件功用：安装V带，传递转矩；

材料：HT200；

生产类型：小批量；

热处理：人工时效处理。

工艺任务：

1）根据图样（图3-9）标注及技术要求，确定零件主要表面的加工方案，选择合适的机械装备，确定装夹方式，拟订加工路线；

2）编制工艺过程卡。

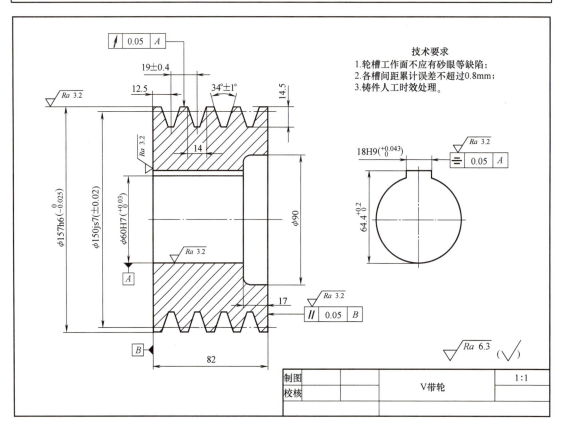

图3-9 V带轮零件图

（一）分析零件图，确定主要加工表面与加工装备

由V带轮零件图可以看出，ϕ60H7内孔、ϕ157h6外圆是主要加工表面，两个端面、键

槽、右端φ90mm内型腔以及四个V带槽是次要加工表面。其中φ60H7内孔、φ157h6外圆、四个V带槽以及两端面利用数控车床车削加工，键槽利用插床加工。V带轮主要加工表面加工方案与装备见表3-4。

表3-4 V带轮主要加工表面加工方案与装备

序号	加工部位	标准公差等级或公差值	表面粗糙度 $Ra/\mu m$	加工方案	加工装备
1	内孔 φ60H7	IT7	3.2	粗镗——精镗	数控车床
2	φ90mm内型腔	—	6.3	粗镗——精镗	数控车床
3	外圆 φ157h6	IT6	3.2	粗车——精车	数控车床
4	径向圆跳动公差	0.05mm	—	装夹方法与加工方式保证	数控车床
5	平行度公差	0.05mm	—	装夹方法与加工方式保证	数控车床
6	V带槽	—	6.3	粗车——精车	数控车床
7	键槽 10H9	IT9	3.2	插键槽	插床
8	对称度公差	0.05mm	—	装夹方法保证	插床

（二）确定毛坯

根据图样中的技术要求，材料为HT200，毛坯只能是铸件，工艺任务单中明确了零件为小批量生产，考虑加工成本，选择砂型铸造毛坯，这种毛坯精度较低，切削加工量较多，但成本相对较低。铸造时利用型芯，可以铸造出φ54mm内孔、φ84mm×13mm右端内型腔和φ162mm外圆。

（三）确定热处理方法

零件的热处理方法是根据零件图中的技术要求与材料来确定的，工艺任务单和零件图要求零件的材料是HT200，进行人工时效处理。

（四）基准与装夹方式

依据粗、精加工方法的不同，装夹方式也不一样。根据零件图中的标注与技术要求，不同工序采用以下方法装夹：

1）粗车工序：以外圆轴线和一端面为基准，单动卡盘装夹。因为砂型铸造毛坯外圆圆度不高，而自定心卡盘能自动定心，为了不影响定心精度，所以采用没有自动定心功能的单动卡盘装夹粗车端面、外圆和内孔。

2）精车工序：以内孔轴线和左端面为基准，粗车后带轮具有规则的外圆，因此用自定心卡盘装夹，精车端面、外圆、V带槽和右端φ90mm内型腔。

3）插键槽工序：以内孔轴线为基准，自定心卡盘装夹。

（五）划分加工阶段、确定加工顺序

零件单件或小批量生产时，要利用工序集中原则，以降低生产成本。V带轮毛坯是砂型铸造毛坯，切削加工量较多，粗加工主要是粗车、粗镗，切削过程中，切削力和夹紧力相对较大，切削参数较大，零件会出现较大的几何误差。精加工是为了修正粗加工引起的几何误差，进一步修正尺寸，夹紧力、切削力相对较小，精车时车床主轴转速较快，背吃刀量较小，可获得较好的表面质量。根据零件图要求，V带轮加工顺序如下：

铸造毛坯→清砂→人工时效处理→粗车、粗镗→精镗、精车→插键槽→去毛刺→检验。

（六）编制工艺过程卡

V带轮机械加工工艺过程卡见表3-5。

表3-5 V带轮机械加工工艺过程卡

工序号	工序名	工步号	工序(步)内容	机床	刀具	夹具
				工艺装备		
1	铸造	—	砂型铸造毛坯（φ54mm通孔和右端φ84×13mm内型腔）	—	—	—
2	清砂	—	清砂	—	—	—
3	热处理	—	人工时效处理	—	—	—
4	粗车	1	以左端外圆和左端面定位装夹工件，找正夹紧，车平左端面，见光即可	数控车床	车刀	单动卡盘
		2	粗车右端外圆直径，留余量1mm	数控车床	车刀	单动卡盘
		3	粗镗右端φ84mm内型腔、φ54mm内孔，均留余量1mm	数控车床	镗刀	单动卡盘
		4	调头装夹，找正夹紧，车平端面，保证总长83mm	数控车床	车刀	单动卡盘
		5	粗车左端外圆，与右端光滑接刀	数控车床	车刀	单动卡盘
5	精车	1	以右端面和外圆定位装夹工件，精车左端面，保证长度尺寸82.5mm	数控车床	车刀	自定心卡盘
		2	精镗内孔φ54mm至图样中尺寸要求	数控车床	镗刀	自定心卡盘
		3	以内孔及左端面定位装夹工件，精车右端面，保证长度尺寸82mm，保证右端面与左端面的平行度公差，保证右端面表面粗糙度$Ra3.2\mu m$	数控车床	车刀	自定心卡盘
		4	精车外圆φ157h6至图样中规定尺寸，同时保证径向圆跳动公差要求，保证表面粗糙度	数控车床	车刀	自定心卡盘
		5	调头装夹，镗右端内型腔φ84mm至图样中规定尺寸	数控车床	镗刀	自定心卡盘
		6	车削V带槽	数控车床	成形车刀	自定心卡盘
6	插键槽	—	以左端内孔及左端面为基准装夹工件，插键槽至图中尺寸要求	B5032	插刀	自定心卡盘
7	钳工	—	去毛刺	—	—	—
8	检验	—	检验合格入库			

（七）工艺分析

1. 尺寸精度

V带轮零件的尺寸精度要求不高，φ60H7内孔、φ157h6外圆是精度要求最高的，在数控车上容易保证，其余部分尺寸相对来说更容易达到要求。

2. 几何精度

V带轮零件的几何公差有3项，φ60H7内孔与φ157h6外圆有径向圆跳动公差要求，基准要素是内孔轴线,因此在加工过程中必须先精加工内孔,达到图样规定尺寸后,再以内孔为基准装夹工件,精车 $\phi157mm$ 外圆,才能保证公差要求,公差值 $0.05mm$ 由机床主轴回转精度保证;右端面与左端面有平行度公差要求,其基准要素是左端面,因此加工时精车左端面,然后以内孔轴线和左端面定位装夹工件,精车右端面,才能保证平行度公差;18H9 键槽有对称度公差要求,基准要素是内孔轴线,因此在加工过程中必须以内孔轴线定位装夹工件,才能保证对称度。

3. 表面粗糙度

V 带轮零件表面质量要求不高,表面粗糙度最小值为 $Ra3.2\mu m$,在数控车床上利用高转速和少的切削用量能够保证,18H9 键槽的表面粗糙度 Ra 为 $3.2\mu m$,插削加工能够保证。

4. 检验方法

检验方法参照前面知识内容。

单元三 齿轮零件概述

一、齿轮的类型、作用

图 3-10 所示为齿轮的基本类型,包括直齿圆柱齿轮、斜齿圆柱齿轮、直齿锥齿轮、人字齿轮、圆弧齿轮、双联齿轮等,广泛应用于机械传动中。齿轮是机械设备中非常重要的零件,一般应用在变速器、仪表、仪器中,传递运动与转矩。齿轮在传动过程中能保持瞬时恒定的传动比,传动比范围较大,传动效率高,传递的功率较大,结构紧凑,工作可靠,使用寿命长。

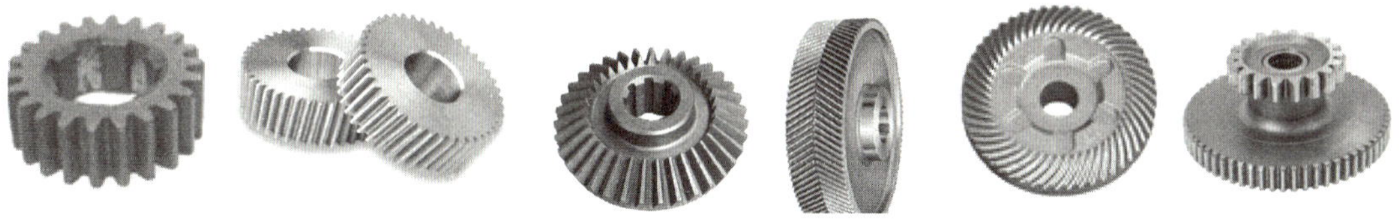

a) 直齿圆柱齿轮　　b) 斜齿圆柱齿轮　　c) 直齿锥齿轮　　d) 人字齿轮　　e) 圆弧齿轮　　f) 双联齿轮

图 3-10　齿轮的基本类型

二、齿轮传动过程中的失效形式

齿轮在传动过程中,根据齿形的不同,受力情况也不同,直齿圆柱齿轮受径向力和圆周力的作用;斜齿圆柱齿轮、人字齿轮和锥齿轮受径向力、圆周力和轴向力的作用。轴向力推动齿轮沿齿轮轴线移动的趋势是有害的,在传动过程中要尽可能地减小或者设计机构将其转移。

齿轮传动过程中,因为受到力的作用,会发生变形而引起传动失效。常见的齿轮传动的失效形式有齿面点蚀、轮齿折断、齿面磨损、塑性变形和齿面胶合共 5 种情况。

(1) 齿面点蚀　齿面点蚀是闭式齿轮传动的主要失效形式,特别是在软齿面上更容易产生。提高齿面抗点蚀能力的措施有,提高齿轮材料的硬度;在啮合的轮齿间加注润滑油,以减小摩擦，减缓点蚀。

（2）轮齿折断　闭式齿轮传动中，当齿轮的齿面较硬时，容易出现轮齿折断现象。另外，齿轮突然过载时，也可能发生轮齿折断现象。提高轮齿抗折断能力的措施有，增大齿根过渡圆角半径及消除加工刀痕；增大轴及支承的刚度；采用合理的热处理方法，使齿轮心部具有足够的韧性；进行喷丸、滚压等表面强化处理。

（3）齿面磨损　对于开式齿轮传动或含有不清洁的润滑油的闭式齿轮传动，由于啮合面间的相对滑动，会使一些较硬的磨粒，如金属屑粒进入摩擦表面，从而导致齿面间产生磨粒磨损。减小磨粒磨损的措施有，对于闭式齿轮传动，采用润滑油过滤装置，并定期更换润滑油；对于开式齿轮传动，定期清洁和润滑齿轮。磨粒磨损是开式齿轮传动的主要失效形式。

（4）塑性变形　塑性变形一般发生在硬度低的齿面上，重载作用下硬度高的齿面上也会出现。通过提高齿面硬度、降低工作载荷的方法可以防止塑性变形。

（5）齿面胶合　对于高速重载的齿轮传动，容易发生齿面胶合现象。低速重载的重型齿轮传动也会产生齿面胶合失效，即冷胶合。提高齿面抗胶合能力的措施有，提高齿面硬度和降低齿面表面粗糙度值；加强润滑措施，如采用抗胶合能力好的润滑油，在润滑油中加入添加剂等。

三、齿轮传动受力分析

（一）直齿圆柱齿轮受力分析

如图 3-11 所示，直齿圆柱齿轮在传动过程中，受两个力的作用，圆周力 F_t 和径向力 F_r，主动齿轮上圆周力 F_{t1} 的方向与啮合点线速度方向相反，从动齿轮上圆周力 F_{t2} 的方向与啮合点线速度方向相同；齿轮上的径向力 F_r 分别指向各自的轴心。这两对力是作用力和反作用力，其大小相等、反向相反。直齿圆柱齿轮在传动过程中，同时参与啮合的齿数较少，使单个齿所受弯矩较大，容易引起齿轮轮齿折断和弯曲，使齿轮传动失效。

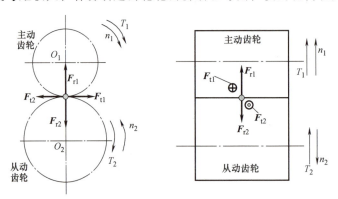

图 3-11　直齿圆柱齿轮受力分析简图

（二）斜齿圆柱齿轮受力分析

如图 3-12 所示，斜齿圆柱齿轮在传动过程中，受 3 个力的作用，径向力 F_r 和圆周力 F_t 与直齿圆柱齿轮一样，除此之外还受轴向力 F_a 的作用。判断主动齿轮上的轴向力方向时，先要判断齿轮的旋向，图 3-12 中的主动齿轮是右旋，用右手螺旋定则（左旋用左手螺旋定则），四指沿齿轮旋转方向，大拇指所指方向即为轴向力方向。轴向力 F_a 具有推动齿轮沿齿轮轴线方向移动的趋势，是有害力，在设计装配时，要有相对应的结构对其进行抵消。在传动过程中，虽然斜齿轮产生轴向力，但同时参与啮合的齿数较多，减少了齿轮轮齿的弯矩，使载荷分布均匀，延长了齿轮的使用寿命。

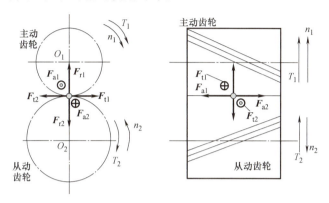

图 3-12　斜齿圆柱齿轮受力分析简图

（三）人字齿轮受力分析

由于斜齿轮产生的轴向力使齿轮有轴向移动的趋势，设计师们经过努力，在斜齿轮的基础上改良设计出了人字齿轮，其受力分析如图 3-13 所示。其径向力与圆周力完全与直齿圆柱齿轮一样，但人字齿轮左右两边的斜齿螺旋倾角大小相同、旋向相反，所以所产生的轴向力 F_{x1} 与 F'_{x1} 大小相等、方向相反，相互抵消。这样就使同时参与啮合的齿数较多，又不产生轴向力，从理论上提升了齿轮传递载荷的平稳性和载荷分布的均匀性。但其加工制造困难，加工后齿轮轮齿在"人"字处引起应力集中，影响其使用性能。

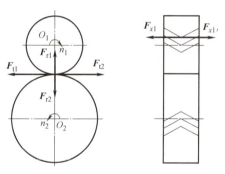

图 3-13　人字齿轮受力分析简图

（四）圆弧齿轮简介

目前，工业中广泛使用的渐开线齿轮传动已有两百多年的历史。虽然它具有易于加工及传动可分性特点，但由于综合曲率半径 ρ_Σ 不能增大很多，载荷沿齿宽分布不均匀，以及啮合损失较大等原因，提高其承载能力就受到了一定的限制。因此，其不能满足冶金、采矿、动力等重要工业部门所提出的越来越高的要求。为此，提出了新的齿轮传动——圆弧齿圆柱齿轮（图 3-14）传动，简称圆弧齿轮传动。圆弧齿轮传动与渐开线齿轮传动相比有下列特点：

圆弧齿轮传动啮合齿轮的综合曲率半径 ρ_Σ 较大，齿轮具有较高的接触强度。通常情况下，对于软齿面（硬度≤350HBW）、低速和中速的圆弧齿轮传动，按接触强度而定的承载能力至少为渐开线直齿圆柱齿轮传动的 1.75 倍，有时甚至可达 3~3.5 倍。

目前，我国对软齿面的单圆弧齿轮传动，经精滚或者是剃齿工艺，公差等级可达 6 级，齿面接触斑点达 80%，相当于经过磨制过的渐开线齿轮传动。而双圆弧齿轮传动较之单圆弧齿轮传动，不仅接触弧线长，而且主、从动齿轮的齿根都较厚，不论齿面接触强度、齿根

图 3-14 圆弧齿轮

抗弯强度以及耐磨性都更高。双圆弧齿轮的齿高较大，齿轮的刚性就较小，故啮合时的冲击、噪声也小，因而双圆弧齿轮传动更具发展前途。

圆弧齿轮传动具有良好的磨合性能。经磨合之后，圆弧齿轮传动相啮合的齿面能紧密贴合，实际啮合面积较大，而且齿轮在啮合过程中主要是滚动摩擦，啮合点又以相当高的速度沿啮合线移动，这就为轮齿间形成动力润滑带来了有利的条件，因此啮合齿面间的油膜较厚。这不仅有助于提高齿面的接触强度及耐磨性，而且啮合摩擦损失也大为减小（约为渐开线齿轮传动的一半），因而传动效率较高（当齿面表面粗糙度 Ra 为 $1.6\mu m$ 时，传动效率约为 0.99）。

圆弧齿轮传动没有根切现象，故齿数可少到 6~8，但应视小齿轮轴的强度及刚度而定。

圆弧齿轮不能做成直齿，且为确保传动的连续性，必须具有一定的齿宽。但是，对不同的要求（如承载能力、效率、磨损、噪声等）可通过选取不同的参数，设计出不同的齿型来满足这些要求。

圆弧齿轮传动的中心距及切齿深度的偏差对齿轮沿齿高的正常接触影响很大，它将降低齿轮应有的承载能力，因而这种传动对中心距及切齿深度的精度要求较高。

圆弧齿轮轮齿的失效形式与渐开线齿轮相同，有齿面点蚀、磨损和齿根折断。对于要求寿命长、冲击轻微的闭式齿轮传动，应以防止齿面疲劳点蚀为主，故应考虑选用双圆弧齿轮，以增长接触弧，从而提高齿轮的齿面接触强度。而当齿轮的承载能力取决于齿根的抗弯强度时，则又应考虑选用短齿制的双圆弧齿轮，以减小齿轮受载的力臂及增大齿根厚度，从而提高齿根的抗弯强度。

圆弧齿轮解决了直齿圆柱齿轮参与啮合齿数较少的问题，也解决了人字齿轮齿面接触处应力集中的问题，但其加工困难，需要专门的加工设备，故价格较高。

四、齿轮的材料及热处理

（一）齿轮的材料

齿轮材料根据受载荷的情况与工作环境的不同而不同，制造齿轮最常用的材料是钢（45 钢）、合金钢（42SiMn、40MnB、35CrMo、40Cr、30Cr、30CrMnTi）、铸钢（ZG310-570、ZG340-640）、铸铁（HT300、HT350、QT450-10、QT500-7），受力不大齿轮的还可用塑料及胶木制造。

（二）齿轮的热处理

齿轮的热处理对齿轮材料的内在质量和使用性能影响很大，锻钢、铸钢、铸铁、有色金属及非金属材料的热处理方法有调质处理、正火处理、渗碳、渗氮、表面淬火等。工艺设计人员在进行齿轮工艺设计时，必须根据齿轮的受载荷情况、工作环境，合理选用热处理方式。

1. 正火处理

正火处理能消除毛坯或切削加工时产生的内应力，还可以细化晶粒，改善齿轮的力学性能和可加工性。机械强度要求不高的齿轮可用中碳钢正火处理，大直径的齿轮也可以用铸钢正火处理。

2. 调质处理

45钢、40Cr以及35CrMo合金钢的热处理方式主要是调质处理，齿面硬度可达200~300HBW，具有较高的综合力学性能。相互配对的小齿轮的硬度应该稍高于大齿轮，一般相差70~130HBW，这样对齿轮使用寿命有利。齿轮经调质处理后，因其硬度不高，可以进一步进行精加工。

45钢、40Cr以及35CrMo齿轮调质处理的工艺路线一般为：

备料→锻造毛坯→正火→粗车→调质处理→精车→粗加工→精加工→钳工修整。

这里的正火处理也称预备热处理，目的是降低硬度，细化晶粒，改善毛坯的可加工性，同时消除锻造应力。调质处理后的齿轮由于表面硬度不高，表面压应力很小，所以齿轮承载能力和疲劳极限比较低；又因调质处理后齿轮不再进行热处理，所以继续进行后续切削加工，能保证齿轮的制造精度，对大型齿轮（一般认为ϕ350mm以下的为小齿轮，ϕ350~ϕ1000mm为中大齿轮，ϕ1000mm以上的为大型齿轮）特别适宜，可以减小淬火引起的变形。

对于尺寸大、运行速度低、齿根强度富裕、抗冲击力强的重型传动齿轮，其加工工艺路线为：

锻造（铸钢坯）→退火→粗加工→探伤→调质处理→粗加工→精加工→钳工修整。

当齿坯较大（直径大于400mm）时，齿坯不易锻造，为了降低成本，常用铸造钢坯，材料一般用ZG310-570、ZG340-640。

3. 表面淬火

对于中速、中载齿轮，如车床变速箱、钻床变速箱从动齿轮，高速、中载磨床齿轮，中速、中载并承受一定冲击载荷的变速箱齿轮，需要进行表面淬火处理。表面淬火主要用于中碳钢和中碳合金钢（如45钢、40Cr等）制造的齿轮，表面淬火后齿轮变形不大，齿轮精度较高的必须安排精加工工序，一般工艺路线为：

锻造→正火→粗加工→调质处理→粗加工→半精加工→表面淬火、低温回火→磨削。

这里正火处理的目的是消除锻造应力，均匀组织，使同批次毛坯硬度相同，利于制订批量生产工艺，改善齿轮表面加工质量；调质处理的目的是提高齿轮心部的综合力学性能，以承受交变弯曲应力和冲击载荷，还可以减小表面淬火变形；表面淬火的目的是提高齿面硬度和耐磨性，使齿轮表面具有残余应力，从而提高抗疲劳点蚀的能力；低温回火的目的是消除淬火应力，防止产生磨削裂纹，提高抗冲击能力。

表面淬火后淬硬层深度可按0.3~0.4的模数选取，小齿轮齿面硬度一般50~56HRC，大齿轮齿面硬度一般为45~50HRC或30~40HRC，齿面接触强度高，耐磨性好。由于齿轮心部的含碳量较低且未经过淬火，所以齿轮整体保持较高的韧性，能承受一定的冲击载荷。

4. 渗碳+淬火

采用化学热处理的齿轮一般都是高承载能力的重要齿轮，主要有汽车、拖拉机、摩托车、矿山机械及航空机械等的齿轮。其主要制造材料是低碳钢或低碳合金钢，如 30 钢、30Cr、30CrMnTi 等。汽车、拖拉机、摩托车、矿山机械齿轮的加工工艺路线为：

锻造→正火→粗加工→半精加工→渗碳+淬火→低温回火→喷丸处理→校正→精加工。

正火处理的目的是均匀组织，消除锻造应力，改善可加工性，正火后硬度一般要求在 170~300HBW，在此硬度条件下，能很好地进行切削加工，获得良好的切削效果和加工效率。喷丸处理可以增大渗碳层的压应力，提高齿轮疲劳极限，清除氧化皮。

航空发动机齿轮在高速、重载下工作，要求其质量轻并具有较小的尺寸。这类齿轮除了要求高的耐磨性外，还要求齿轮的心部具有高的强度和韧性，因此对材料要求很高，一般用 30Cr3Ni4A、13CrNi3A、18Cr3Ni4WA 等制造。这几种钢的可加工性差，其工艺路线为：

锻造→调质→粗加工→半精加工→渗碳+高温回火→机加工→淬火+低温回火→精加工→检验。

由于 30Cr3Ni4A、13CrNi3A、18Cr3Ni4WA 等高级渗碳钢的淬透性较好，退火困难，一般采用调质处理，使硬度降低到 35HRC 以下，改善可加工性。

渗碳+淬火主要用于碳的质量分数在 0.1%~0.35% 的低碳钢和低碳合金钢。低碳钢或低碳合金钢经渗碳+淬火后的齿面的含碳量较高，因此在淬火时容易获得马氏体组织，淬火后硬度可达 60~64HRC，高硬度齿面的接触强度高、耐磨性好，由于齿轮心部的含碳量较低且未经过淬火，所以齿轮整体保持较高的韧性，常用于受冲击载荷的重要齿轮传动。渗碳+淬火后齿面变形较大，一般热处理后还要进行磨齿，以消除热变形。

5. 渗氮+淬火

渗氮也是化学热处理方式，一般作为最终热处理。渗氮+淬火后，齿轮表面硬度可达 69~73HRC，因渗氮+淬火处理温度低，齿轮变形较小，所以可以作为齿轮加工的最后一道工序。该方法适用于难以磨齿的场合，如内齿轮的加工。

五、齿轮精度

齿轮传动的质量取决于齿轮的精度，GB/T 10095.1—2008 将齿轮精度规定为 13 个精度等级，用阿拉伯数字 0~12 表示，0 级为最高精度等级，12 级为最低精度等级。齿轮的 0、1、2 级精度很高，目前制造较困难，应用很少，属于待开发的精度等级。一般情况下，3、4、5 级属于高精度等级，6、7、8 级属于中等精度等级，10、11、12 级则为低级精度等级。齿轮精度主要包以下四项内容。

（一）运动精度

传递运动的准确性称为运动精度。要求齿轮在一转范围内的最大转角误差要限制在一定范围内，传动比变化小，以保证从动齿轮与主动齿轮协调。

（二）平稳性精度

平稳性精度要求齿轮在任一瞬时传动比的变化不要过大，否则会引起冲击、噪声和振动，严重时会损坏齿轮。为此，齿轮一齿转角的极限偏差要限制在一定的范围内。

（三）接触精度

若齿面载荷分布不均匀，会导致齿面接触精度不高，产生应力集中，引起磨损、点蚀或轮齿折断，严重影响齿轮使用寿命。

（四）传动侧隙的合理性

齿轮在传动中，为了储存润滑油，补偿齿轮的受力变形、受热变形以及制造和安装的误差，对齿轮啮合的工作面留有一定的侧隙，否则会出现卡死或烧伤现象。但侧隙不能过大，否则对经常正反转的齿轮会产生空程和引起换向冲击。因此，侧隙必须合理控制。

齿轮精度等级应根据传动的用途、使用条件、传动功率、圆周速度、性能指标或其他技术要求来确定。表3-6给出了不同机械传动中齿轮采用的精度等级。其中，5~9级精度齿轮是工业、农业常用齿轮。

表3-6 齿轮精度等级表

应用范围	精度等级	应用范围	精度等级
测量齿轮	3~5	航空发动机	4~7
透平减速器	3~6	拖拉机	6~9
金属切削机床	3~8	通用减速器	6~8
内燃机车	6~7	轧钢机	5~10
电气机车	6~7	矿用绞车	8~10
轻型汽车	5~8	起重机械	6~10
载重汽车	6~9	农业机器	8~10

齿轮的精度等级、加工方法及使用范围见表3-7。

表3-7 齿轮的精度等级、加工方法及使用范围

精度等级	5级（精密级）	6级（高精度级）	7级（比较高的精度级）	8级（中等精度级）	9级（低精度级）
加工方法	在周期性误差非常小的精密齿轮机床上展成加工	在高精度的齿轮机床上展成加工	在高精度的齿轮机床上展成加工	用展成法或仿形法加工	用任意的方法加工
齿面最终精加工	精密磨齿；大型齿轮用精密滚齿滚切后，再研磨或剃齿	精密磨齿或剃齿	不淬火的齿轮推荐用高精度的刀具切制；淬火的齿轮需要精加工（磨齿、剃齿、研磨、珩齿）	不磨齿；必要时剃齿或研磨	不需要精加工
齿面表面粗糙度 $Ra/\mu m$	0.8	0.8~1.6	1.6	1.6~3.2	3.2
齿根表面粗糙度 $Ra/\mu m$	0.8~3.2	1.6~3.2	3.2	3.2	6.4
使用范围	精密的分度机构用的齿轮；用于高速、并对运转平稳性和噪声有比较高的要求的齿轮；高速汽轮机用齿轮；8级或9级精度的标准齿轮	用在高速下平稳地回转，并要求有较高的效率和低噪声的齿轮；分度机构用齿轮；特别重要的飞机齿轮	用于高速、载荷小或反转的齿轮，机床的进给齿轮，需要运动有配合的齿轮；中速减速器齿轮、飞机齿轮、人字齿轮、飞机齿轮、人字齿轮的中速齿轮	对精度没有特别要求的一般机械用齿轮，不重要的飞机、汽车、拖拉机齿轮、起重机、农业机械、普通减速器用齿轮	用于对精度要求不高，并且在低速下工作的齿轮

齿轮加工方法及加工精度见表 3-8。

表 3-8 齿轮加工方法及加工精度

加工方法	加工精度（公差等级）	表面粗糙度 $Ra/\mu m$	加工方法	加工精度（公差等级）	表面粗糙度 $Ra/\mu m$
盘状成形铣刀	IT9	6.3~3.2	插齿加工	IT6~8	1.35~3.2
指状成形铣刀	IT9	6.3~3.2	剃齿加工	IT6~7	0.33~1.25
滚齿加工	IT7~9	6.3~3.2	磨齿加工	IT4~6	0.16~0.63

齿轮精度等级的标注：根据 GB/T 10095.1~2—2008 对齿轮精度等级的标注没有具体的示例和说明，根据现行国家标准的内容，国家标准制订工作组关于齿轮精度等级的标注提出了以下建议。

1）如果齿轮检验项目的精度等级相同（如均为 7 级），则标注为：

7 GB/T 10095.1—2008 或 7 GB/T 10095.2—2008

2）如果齿轮检验项目的精度等级不同，例如：齿廓总偏差 F_α 为 6 级，齿距累积总偏差 F_p 为 7 级，螺旋线总偏差 F_β 为 7 级，标注为：

6（F_α）、7（F_p、$7F_\beta$）GB/T 10095.1—2008

单元四 圆柱齿轮加工方法

齿轮加工方法有展成法和成形法。展成法主要应用在大批大量生产中，成形法主要应用于单件小批生产中。随着数控机床的高速发展，成形法迅速发展，应用也越来越广泛。齿轮加工按工艺方式分为铣齿、滚齿、插齿、剃齿、珩齿、磨齿等。

一、齿轮加工方法

（一）展成法

展成法加工齿轮如图 3-15 所示，是利用齿轮加工刀具与被加工齿轮的相互强制啮合运动而切出齿形的方法。展成法加工齿轮的基本原理是保持刀具和轮坯之间按渐开线齿轮啮合的运动关系来进行切齿，即利用共轭齿廓互为包络线的原理来加工齿轮。这种方法是比较完善的齿轮加工方法，其生产效率高、加工精度高。展成法常用的刀具有齿轮插刀、齿条刀、滚刀等。加工齿轮时只要刀具和被加工齿轮的模数及压力角相等，则不论被加工齿轮的齿数是多少，都可以用同一把刀具加工，给生产带来了很大的方便，故展成法得到了广泛的应用。插齿和滚齿是展成法。

展成法加工的特点是能连续分度，加工精度高，生产效率高。

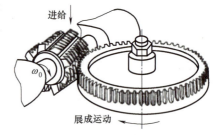

图 3-15 展成法加工齿轮

（二）成形法

成形法加工齿轮如图 3-16 所示，成形法是用与被加工齿轮的齿槽完全相符的成形铣刀切出齿形的方法。成形铣刀制成被加工齿轮的齿槽形状，称为模数铣刀或齿轮铣刀。用于卧式铣床的是盘形模数铣刀，用于立式铣床的是指状模数铣刀。铣齿属于成形法。

成形法的特点是设备简单，刀具成本低。由于每切一个齿，均需要消耗重复切入、切出、退出和分度等辅助时间，其所以生产效率低。由于成形铣刀的齿形及分度均有误差，所以其加工的齿轮精度较低，标准公差一般为 IT11~IT9，一般用于单件、小批量生产。

图 3-16　成形法加工齿轮

二、齿轮加工方式

（一）铣齿

铣齿是在铣床上利用成形铣刀加工齿槽的加工方式。普通铣齿加工由于要利用分度头进行分度，精度较低，其齿轮的精度等级一般能达到 9 级，表面粗糙度 Ra 为 $6.3\mu m$。而数控铣床由于能够精密分度以及高速切削，铣齿精度可达 7 级，表面粗糙度 Ra 为 $3.2\mu m$。铣齿的基本要求为保证齿形准确和分齿均匀。分齿均匀由分度装置保证，齿形准确主要由铣刀轮廓保证。图 3-17 所示为铣齿加工示意图，图 3-17a 所示为在卧式铣床上利用盘形铣刀加工齿轮，图 3-17b 所示为利用指状铣刀在立式铣床上加工齿轮。

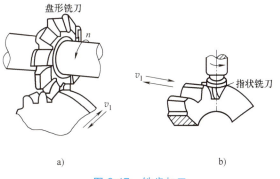

图 3-17　铣齿加工

1. 铣齿加工原理

为了减少铣刀的品种数量，生产中在加工齿轮模数 m、压力角 α（我国国家标准规定压力角为 20°）相同时，对一定齿数范围内的齿轮，一般配备一组刀具，为 8~15 把铣刀。8 把铣刀为一组的各号铣刀加工齿轮的齿数见表 3-9。

表 3-9　8 把铣刀为一组的各号铣刀加工齿轮的齿数范围

刀号	1	2	3	4	5	6	7	8
加工齿数范围	12~13	14~16	17~30	26~34	31~35	35~54	55~134	135 以上

图 3-18 所示为在普通卧式铣床上铣削加工直齿圆柱齿轮，在加工前需要安装刀具、工件，调整分度头。

2. 铣齿加工的工艺特点

1）铣齿加工精度较低，普通铣床为 8 级，数控铣床为 7 级。
2）铣齿加工效率不高。
3）铣齿加工齿轮齿面的表面粗糙度 Ra 为 $6.3~3.2\mu m$。
4）不同齿数、相同模数和压力角的齿轮需要配备不同的刀具。

5）适用于单件生产及精度要求不高的齿轮加工。

（二）插齿

插齿是在插床上加工齿轮的加工方式，如图3-19所示。插齿刀形状具有渐开线外轮廓，与直齿圆柱齿轮相似，具有前角和后角，形成切削刃。插齿时，插齿刀与齿坯严格按定比传动进行啮合，插齿刀做上下往复运动，是切削运动的主运动；插齿刀、齿坯的圆周转动和插齿刀沿齿坯轴线方向的垂直运动是切削运动的进给运动。为了防止插齿刀退刀时插伤已加工表面，在退刀时，齿坯还须做短距离的让刀运动。

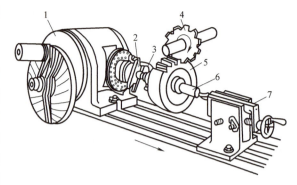

图3-18　普通卧式铣床铣削直齿圆柱齿轮
1—分度头　3—拨块　3—卡箍　4—盘形铣刀
5—工件毛坯　6—心轴　7—尾座

1. 插齿的加工原理

插齿的加工原理相当于一对圆柱齿轮的啮合传动过程。插齿刀实质上就是一个磨有前、后角并具有切削刃的齿轮。插齿时，插齿刀沿工件轴向做直线往复运动，以完成切削主运动。

2. 插齿加工工艺特点

1）插齿齿形精度比滚齿高，尺寸公差等级可达IT7~IT6。

2）齿面的表面粗糙度值小，Ra为3.2~1.6μm，因为其参与包络的切削刃数多。

3）运动精度低于滚齿。

4）齿向偏差比滚齿大：由于插齿刀往复运动频繁，主轴与套筒易磨损，所以主轴轴线与工作台轴线的平行度误差加大。

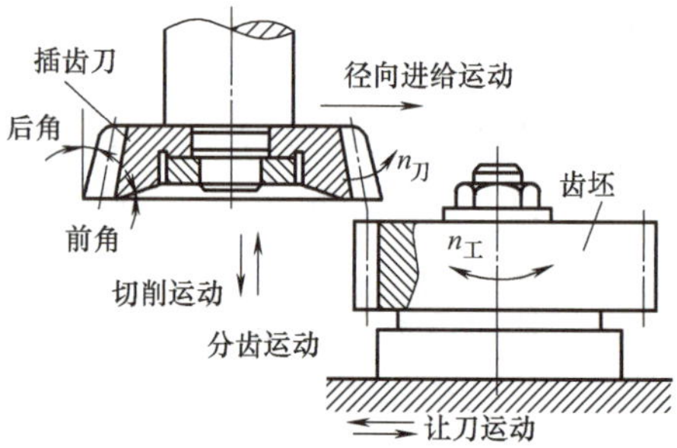

图3-19　插齿加工示意图

5）插齿的生产效率比滚齿低。

6）插齿可加工内齿轮、多联齿轮、齿条等滚齿无法加工的齿轮。图3-20所示为三联齿轮，中间最大齿轮可以滚齿加工，但左右两端的齿轮由于与大齿轮相距较近，滚齿加工会发生刀具干涉现象，只能插齿加工。

3. 插齿运动

插齿的展成运动是插齿刀与被加工齿轮之间的啮合传动，其切削运动包含以下内容。

（1）主运动　插齿刀的上下往复直线运动为主运动，其中插齿刀向下运动为工作行程，向上运动为返回行程。主运动的速度以每分钟往复次数表示，单位为次/min。

图3-20　三联齿轮

（2）分齿运动　插齿刀与工件分别绕自身轴线回转的啮合运动为分齿运动。在分齿运动中，插齿刀往复一次，工件在分度圆上所转过的弧长称为圆周进给量，其大小影响切削效率和齿面的表面粗糙度。

(3) 径向进给运动　插齿刀每往复一次，刀架带动插齿刀向工件中心径向进给一次，直到插齿刀切至齿的全部深度后，工件再回转一次，完成全部齿轮的插制。

(4) 让刀运动　为了避免插齿刀返回行程中后刀面与工件已加工表面产生摩擦，在插齿刀向上运动时，工件应做离开刀具的让刀运动；插齿刀在工作行程时，工作台再恢复原位。

(三) 滚齿加工

滚齿加工是在滚齿机上加工齿轮的加工方式。滚齿生产效率较高，是应用最广的加工方式。滚齿所用刀具是滚刀，其齿数不一，加工压力角和模数相同的齿轮时，只用同一模数的滚刀即可。这一方法减少了齿轮加工刀具的数量和加工成本，在齿轮加工中应用广泛。

1. 滚齿加工原理

滚齿加工利用的是展成法原理。滚齿时，切削齿坯的刀具称为滚刀，用滚刀来加工齿轮相当于一对交错轴的螺旋齿轮啮合。在这对啮合的齿轮副中，一个齿数很少，只有一个或几个，其螺旋角较大，演变成蜗杆形状，为了形成切削刃，在该齿轮垂直于螺旋线的方向开出容屑槽，再磨前、后刀面，形成切削刃和刀具的前角、后角，这样就形成滚刀。

滚刀与齿坯按啮合传动关系做相对运动，在齿坯上切出齿槽，形成渐开线齿面，如图 3-21 所示。在滚齿过程中，分布在螺旋线上的滚刀各刀齿相继切出齿槽中一薄层金属。因此，滚齿加工时齿面的成形方法是展成法，成形运动是由滚刀的旋转运动和工件的旋转运动组成的复合运动（$B_{11}+B_{12}$），这个复合运动称为展成运动。当滚刀与工件连续啮合运动时，就在工件的整个圆周上依次切出了所有齿槽。在此过程中，齿面的形成与齿轮分度是同时进行的，因而展成运动就是分度运动。

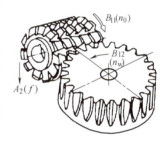

图 3-21　滚齿加工

2. 滚齿运动

(1) 主运动　滚刀的旋转运动。

(2) 进给运动

1) 圆周进给运动：工件的旋转，保证圆周方向依次切出每个齿廓的齿槽。

2) 径向进给运动：工作台的水平移动，保证切出全齿高。

3) 垂直进给运动：滚刀做旋转运动时，还沿工件轴线方向做直线运动切出全齿长。

(3) 滚齿的特点

1) 解决了成形法加工的齿形误差，精度比铣齿高。

2) 由于连续切削，无空行程，生产效率高。

3) 由于容屑槽数量有限，滚刀每转切削的刀齿数有限，加工表面粗糙度值大于插齿加工。

4) 主要用于直齿圆柱齿轮、斜齿圆柱齿轮、蜗轮的加工，不能加工内齿轮和多联齿轮。

5) 加工尺寸公差等级为 IT7，表面粗糙度 Ra 为 $6.3\mu m$。

3. 滚刀

滚刀是滚齿机滚齿的刀具，外形呈蜗杆状，如图 3-22 所示。为了形成切削刃和前、后刀面，在滚刀的圆周上等分地开有若干平行于滚刀轴线的容屑槽，经过铲背使刀齿形成正确

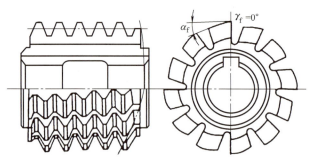

图 3-22 滚刀

的齿形和后角，经过刃磨就形成了滚刀。

滚刀有渐开线蜗杆、阿基米德蜗杆和法向直廓蜗杆三种基本形式。渐开线蜗杆制造困难，生产中应用较少，阿基米德蜗杆与渐开线蜗杆非常近似，只是它的轴向截面内的齿形是直线，这种蜗杆滚刀便于制造、刃磨和测量，因而应用较广；法向直廓蜗杆的理论误差略大，加工精度较低，生产中应用较少，一般只用于粗加工、大模数和多头滚刀。

模数为 1~10mm 的标准齿轮滚刀多为高速钢整体制造，大多数的标准齿轮滚刀为了节约材料和便于热处理，一般用镶齿式，其切削性能好、寿命长。目前，硬质合金滚刀和高速钢滚刀利用涂层技术，提高了切削速度延长了刀具寿命，应用广泛。

（1）滚刀的外径　滚刀的外径尺寸影响齿轮孔径、齿数的合理性、切削的平稳性、滚刀精度、寿命、制造工艺性、加工齿数的表面粗糙度等。

（2）对滚刀的长度要求

1）能完整包络出齿轮的齿廓。

2）滚刀两端边缘的刀齿不应超荷过多。

（3）滚刀的头数

1）多头滚刀：效率高，但由于螺旋升角大、制造误差大、加工精度低，用于粗加工。

2）单头滚刀：效率低，加工精度高，用于精加工。

（4）滚刀的精度　分为 AAA 级、AA 级、A 级、B 级和 C 级。

4. 滚齿加工特点

1）滚齿加工的通用性较好，既可以加工圆柱齿轮，又可以加工蜗轮；既可加工渐开线齿形，又可加工圆弧、摆线等齿形；既可加工大模数齿轮，又能加工大直径齿轮。

2）滚齿可直接加工 8~7 级精度的齿轮，也可用作 7 级以上齿轮的粗加工及半精加工。

3）滚齿加工可以获得较好的表面质量。普通滚齿机加工的齿面表面粗糙度 Ra 为 6.3μm，数控滚齿机加工的齿面的表面粗糙度 Ra 为 3.2μm。

4）滚齿可以获得较高的运动精度，但因滚齿时齿面是由滚刀的刀齿包络而成的，参加切削的刀齿数有限，因而齿面的表面粗糙度值较大。

（四）剃齿加工

剃齿是齿轮精加工方法之一，剃齿公差等级一般可达到 IT7~IT6，齿轮表面粗糙度 Ra 为 0.8~0.3μm。剃齿是在剃齿机上进行切削加工，生产效率高，剃削加工一个中等尺寸的齿轮仅仅需要几分钟，甚至更短时间。因此，剃齿工艺广泛应用于批量生产和大量生产未经淬火的、精度要求较高的齿轮。

1. 剃齿原理

剃齿是根据在一对轴线交叉的螺旋齿轮啮合过程中，沿齿向存在相对滑动而建立的一种加工方法。如图 3-23 所示，齿轮 1 为螺旋角等于 β_1 的左旋齿轮，齿轮 2 为螺旋角等于 β_2 的右旋齿轮，两齿轮的轴交角为 ε。设齿轮 1 为主动齿轮，当其带动齿轮 2 旋转时，两者在啮合点 P 的圆周速度分别为 v_1 和 v_2，圆周速度 v_1 和 v_2 都可分解成齿轮的法向分量（v_{1n} 和 v_{2n}），由于啮合时法向分量必须相等，即 $v_{1n}=v_{2n}$），且 v_1 和 v_2 间又有一夹角，所以两个切向分量不等，齿面间逐渐产生相对滑动。

将主动齿轮换成盘形剃齿刀，它类似一个螺旋齿轮，在表面上插有许多小槽，形成切削刃和容屑槽。当剃齿刀和被加工齿轮啮合时，利用齿面间的相对滑动，梳形切削刃在齿轮的齿面上即切下微细的切屑，切削速度就是齿面间的滑动速度 v_p，且 ε 越大，切削速度越快。

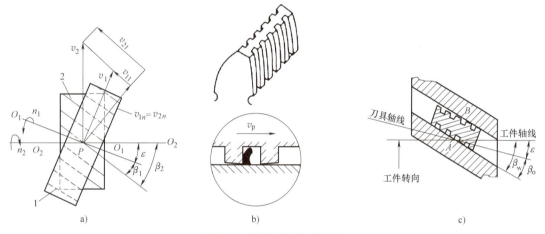

图 3-23 剃齿原理与剃齿刀

综上所述，用盘形剃齿刀剃齿的过程是剃齿刀与被加工齿轮在轮齿双面紧密啮合的自由展成运动中，实现微细切削的过程。剃齿的基本条件是剃齿刀与齿轮轴线必须构成轴交角，剃齿的基本运动是剃齿刀的高速正、反转。

剃齿过程中还需要一些其他的运动，这些运动与采用的剃齿方法有关。常用剃齿加工方法有轴向剃齿法、对角剃齿法、切向剃齿法。

2. 剃齿的加工质量

剃齿是一种利用剃齿刀与被加工齿轮做自由啮合进行展成加工的加工方式。剃齿刀与被加工齿轮之间没有强制性的啮合运动，所以剃齿对齿轮运动精度提高不多，但对工作平稳性和接触精度都有较大的提高，并且能显著地改善齿轮的表面质量。

3. 保证剃齿质量应注意的问题

1) 剃前齿轮的材料。剃前齿轮硬度在 20~30HRC 时，剃齿刀矫正误差的能力最强。如果齿轮材质不均匀，会引起滑刀或啃刀，影响剃齿的齿形及表面粗糙度。

2) 剃前齿轮的精度。剃齿是一种高生产效率的精加工方法，因此剃前齿轮应具有较高的加工精度，通常剃齿后的精度只能较剃前提高一级，但不能修正齿轮公法线。

3）剃齿余量。剃齿余量的大小对剃齿质量和生产效率均有较大的影响，剃齿模数与余量对照表见表 3-10。

表 3-10　剃齿模数与余量对照表　　　　　　　　（单位：mm）

模数	1~1.75	2~3	3.35~4	4~5	5.5~6
余量	0.07	0.08	0.09	0.1	0.11

4. 剃齿刀的选用

剃齿刀分为通用和专用两类。无特殊要求时，尽量选用通用剃齿刀。剃齿刀的制造精度分 A、B 两级，分别用于加工公差等级 IT6~IT7 的齿轮。剃齿刀的分度圆螺旋角有 5°、10° 和 15° 三种，其中 5° 和 15° 应用最广，15° 多用于加工直齿圆柱齿轮，5° 多用于加工斜齿轮和多联齿轮中的小齿轮。剃斜齿轮时的轴交角不宜超过 10°，否则效果不好。

（五）珩齿

1. 珩齿的原理与特点

珩齿是对热处理后的齿轮进行光整加工的加工方式。珩齿的运动关系及所用机床和剃齿相同，不同的是珩齿所用的刀具（珩轮）是含有磨料的塑料螺旋齿轮，其切削是在珩轮与齿轮的自由啮合过程中，靠齿面间的压力和相对滑动来进行的。

珩齿与剃齿相比较，有以下特点。

1）珩齿后齿面表面质量好。珩齿速度一般为 1~3m/s，磨粒的粒度细，因此珩齿过程实际上为一低速磨削、研磨、抛光的综合过程，齿面不会产生烧伤和裂纹。

2）珩齿后齿面的表面粗糙度值减小。珩轮齿面上均匀密布着磨粒，珩齿后齿面切痕很细，且产生交叉网纹，使表面粗糙度值明显减小。

3）珩齿修正误差能力低。因珩轮本身有一定的弹性，不能在珩齿过程中强行切除存在误差部分的金属，所以珩齿的修正能力不如剃齿。

2. 珩齿的方式

珩齿时，珩轮与工件齿面间需施加一定压力，按照施加压力方法的不同，珩齿分为定隙珩齿、变压珩齿、定压珩齿。

3. 珩齿的应用

由于珩齿修正误差的能力差，目前珩齿主要用于去除热处理后的氧化皮及毛刺，使表面粗糙度 Ra 从 1.6μm 左右下降至 0.4μm 以下。为了保证齿轮的精度要求，必须提高珩齿前齿轮的加工精度，减少热处理变形。因此，珩齿前加工多采用剃齿，如果磨齿后还需进一步降低表面粗糙度值，也可采用珩齿使表面粗糙度值进一步降低到 Ra0.1μm。

珩齿由于具有表面粗糙度值小、生产效率高、成本低、设备简单、操作方便等一系列优点，所以是一种很好的齿轮光整加工方法，一般可加工 IT8~IT6 公差等级的齿轮。

（六）磨齿

磨齿是现有齿轮加工方式中加工精度最高的一种。磨齿公差等级可达 IT3，表面粗糙度 Ra 为 0.8~0.3μm。磨齿对磨齿前齿轮误差或热处理变形具有较强的修整能力，但磨齿后齿轮的齿形、齿距和齿间仍会产生一些误差。对于硬齿面的高精度齿轮，磨齿是目前唯一能够采用的加工工艺。磨齿最大的缺点是生产效率低、加工成本较高。

1. 磨齿的原理和方法

磨齿和切齿一样有成形法和展成法两种方法。成形法是一种用成形砂轮磨齿的方法，生产效率比展成法高，但由于砂轮修整比较费时，砂轮磨损后会产生齿形误差等原因，使其使用受到限制，但成形法是磨内齿的唯一方法。

生产中多采用展成法磨齿，展成法是利用齿轮和齿条啮合原理进行加工的方法。这种方法是将砂轮的工作面构成假想为齿条的单侧或双侧表面，在砂轮与工件的啮合运动中，砂轮的磨削平面包络出齿轮的渐开线齿面。根据所用砂轮形状不同，常采用以下几种磨齿机磨齿。

图3-24所示为蜗杆砂轮磨齿机的工作原理，其与滚齿机的工作原理相似。该机床生产效率高，但砂轮修整困难，加工齿轮的公差等级一般为IT6～IT5，适用于中小模数齿轮的成批和大量生产。

图3-25所示为碟形砂轮磨齿机的工作原理。碟形砂轮磨齿机是用两个碟形砂轮代替假想齿条的3个齿侧面。磨削时，工件转动，同时做直线移动，如同齿轮在齿条上滚动。每磨完一齿后，工件还需分度。此机床加工精度较高，可磨出公差等级IT5以上的齿轮，是各类磨齿机中磨齿精度最高的一种。其缺点是砂轮刚度差，磨削用量受到限制，所以生产效率较低。

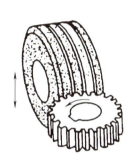

图3-24 蜗杆砂轮磨齿机的工作原理

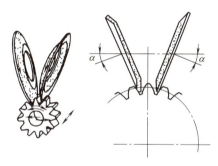

图3-25 碟形砂轮磨齿机的工作原理

2. 磨齿中的几个工艺问题

（1）砂轮的选择　磨齿砂轮的选择对磨齿质量和生产效率均有较大的影响。由于所磨齿轮材料多为淬硬的碳素钢或合金钢，所以砂轮磨料一般采用白刚玉。砂轮粒度和硬度的选择较复杂，对于碟形砂轮和大平面砂轮，磨齿时由于散热条件及刚度均较差，所以粒度应较粗（一般为F46～F60），硬度应较小；锥面砂轮刚度较好，磨齿时可湿磨，散热条件较好，所以可选用较细粒度（一般为F60～F80），硬度也稍大；蜗杆砂轮因磨削时展成速度较快，粒度要细一些，当模数 $m=1\sim 5\mathrm{mm}$ 时，砂轮粒度为F80～F180，且模数越小，粒度越细，硬度越大。砂轮结合剂一般均为陶瓷结合剂。

（2）磨齿余量　磨齿余量的大小直接影响磨齿效率和质量。磨齿余量的大小主要取决于齿轮尺寸、磨齿前加工精度和热处理变形。高频淬火变形小，磨齿余量可小；渗碳+淬火变形大，磨齿余量应大些。对于中等尺寸的淬火齿轮，磨齿余量一般取0.3mm左右。

（3）磨齿时切削用量的选择　磨齿的切削用量包括磨削速度、磨削深度、纵向进给量和展成进给量等。磨削速度一般为 30m/s。磨削深度是指一次磨削中齿面法向切入的深度，粗磨时可大些，精磨时要小些，碟形和大平面砂轮磨齿时较小（一般粗磨为 0.03~0.05mm，精磨为 0.01~0.03mm）。纵向进给量是指砂轮沿工件轴向的进给量，碟形砂轮磨齿时粗进给为 3~8mm/双行程，精进给时为 1~3mm/双行程；蜗杆砂轮磨齿时为 0.5~3mm/r。

单元五　典型齿轮零件加工工艺分析

一、直齿圆柱齿轮加工工艺分析

工艺任务单

产品名称：汽车变速器直齿圆柱齿轮；
零件功用：与齿轮啮合，传递运动与动力；
材料：20CrMnTi；
生产类型：大批量生产；
热处理：齿面渗碳+淬火，深度为 0.5~0.8mm，使硬度达到 56~63HRC。
工艺任务：
1) 根据图样（图 3-26）标注及技术要求，确定零件主要加工表面的加工方案，选择合适的机械装备，确定装夹方式，拟订加工路线；
2) 编制加工工艺文件。

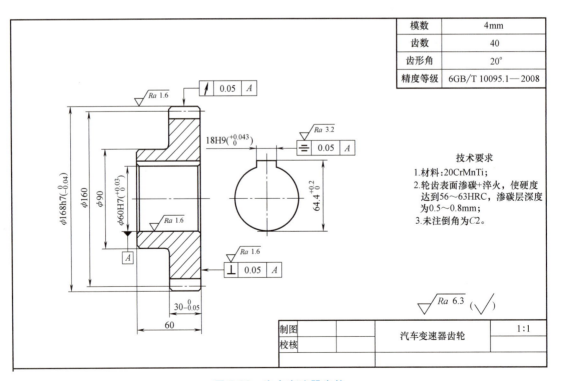

图 3-26　汽车变速器齿轮

(一)分析零件图,确定主要加工表面的加工方案与加工装备

由零件图可以看出,φ60H7 内孔、φ168h7 外圆以及轮齿是主要加工表面,两个端面、φ90mm 外圆、键槽等是次要加工表面。其中 φ60H7 内孔、φ168h7 外圆、φ90mm 外圆以及两端面利用数控车床车削加工;键槽采用插床加工;齿轮加工方案根据齿轮精度要求确定,具体见表 3-11。

表 3-11 汽车变速器齿轮主要加工表面的加工方案与装备

序号	加工部位	标准公差等级或公差值	$Ra/\mu m$	加工方案	加工装备
1	φ60H7 内孔	IT7	1.6	粗镗——精镗	CK6140
2	φ168h7 外圆	IT7	1.6	粗车——精车	CK6140
3	φ90mm 外圆	—	6.3	粗车——精车	CK6140
4	端面垂直度公差	0.05mm		由装夹方法与加工方式保证	CK6140
5	键槽 18H9	IT9	3.2	插键槽	B5033
6	键槽对称度公差	0.05mm	—	由装夹方法与加工方式保证	B5033

(二)确定毛坯

根据图样上的技术要求,材料是 20CrMnTi 低碳合金钢,工件生产批量是大批量,为了减少切削用量,降低生产成本,齿轮毛坯选择模锻毛坯,这种毛坯精度较高,能有效减少切削量,提高生产效率。

(三)确定热处理方法

零件的热处理方法较为复杂,要经过以下步骤:

1)正火处理,在粗加工前进行正火处理,其目是均匀齿坯内部组织,消除锻造应力,改善可加工性,正火后保证硬度达到 170~300HBW,能在切削机床上很好地切除多余金属,获得良好的切削效果和加工效率。

2)渗碳过程,提高齿轮表面含碳量,保证淬火后硬度达到 56~63HRC,提高齿轮耐磨性和接触疲劳强度,心部硬度达到 30~45HRC,具有足够的强度和韧性。

3)低温回火,低温回火温度一般为(180±10)℃,目的是消除内应力,改善内部组织,使得渗碳层抗弯强度和塑性得到提高。

(四)基准与装夹方式

依据粗加工、精加工方法的不同,装夹方式也不一样,根据零件图的标注与技术要求,不同工序采用以下方法装夹。

1)粗车工序:以外圆轴线和一端面为基准,因工件毛坯是模锻件,外圆不太规整,为了不影响自定心卡盘的定心精度,因此粗车采用单动卡盘装夹。

2)精车工序:以内孔轴线和一端面为基准装夹工件,由于内孔在精车外圆之前先进行了精镗,所以用专用夹具心轴装夹,不影响内孔表面,同时可以获得较好的同轴度。

3)插键槽工序:以内孔轴线和一端面为基准,用自定心卡盘装夹。

(五)划分加工阶段、确定加工顺序

根据图样要求,该齿轮精度要求较高,加工过程分为毛坯锻造阶段、热处理阶段、粗加工阶段、精加工阶段。热处理分为粗加工之前的正火处理,精车外圆、加工内键槽和滚齿之后的化学热处理。粗加工主要是粗车和粗镗以及滚齿。精加工包括精镗内孔、精车外圆和磨

齿。由于齿面热处理后表面硬度高，不宜剃齿，所以选择磨齿。齿轮加工顺序如下：

锻造毛坯→正火→粗车、粗镗→精镗、精车→插键槽→滚齿→渗碳→淬火+低温回火→磨齿→去毛刺→检验。

（六）编制工艺

1. 编制工艺过程卡

编制工艺过程卡主要是为方便生产管理人员管理生产，只涉及零件加工的工序、工步、工艺装备，不涉及切削用量及具体的操作过程，详见表3-12。

表3-12　汽车变速器齿轮机械加工工艺过程卡

工序号	工序名	工步	工序（步）内容	工艺装备		
				机床	刀具	夹具
1	铸造	—	金属模锻造毛坯 $\phi 174mm \times 31mm + \phi 96mm \times 31mm$（通孔 $\phi 54mm$）	—	—	—
2	热处理	—	正火处理	—	—	—
3	粗车	1	以右端外圆和右端面定位装夹工件，找正夹紧，车平左端面，保证总长61.5mm	CK6140	车刀	单动卡盘
		2	粗车左端外圆直径，留余量0.5mm	CK6140	车刀	单动卡盘
		3	调头，以 $\phi 90mm$ 外圆为基准装夹，找正夹紧，车平端面，保证总长61mm	CK6140	车刀	单动卡盘
		4	粗车右端外圆，留余量0.5mm	CK6140	车刀	单动卡盘
4	粗镗	—	以大端外圆及右端面定位，装夹工件，粗镗内孔，留余量0.5mm	CK6140	镗刀	自定心卡盘
5	精镗	—	精镗内孔至尺寸要求	CK6140	镗刀	自定心卡盘
6	精车	1	以内孔及左端面定位装夹工件，精车右端面，保证长度尺寸60.5mm，保证右端面表面粗糙度 Ra 为 $1.6\mu m$，保证垂直要求	CK6140	车刀	心轴
		2	精车外圆 $\phi 90mm$、$\phi 168mm$ 至图中规定尺寸，同时保证径向圆跳动公差要求，保证 $\phi 168mm$ 外圆表面粗糙度 Ra 为 $1.6\mu m$	CK6140	车刀	心轴
		3	调头装夹，精车左端面，保证总长60mm	CK6140	车刀	心轴
7	插键槽	—	插键槽至图中规定尺寸	B5033	插刀	专用夹具
8	滚齿	—	以内孔轴线和左端面为基准装夹工件，滚齿	YDE3130CNC	滚刀	心轴
9	渗碳	—	包裹齿轮其他部位，渗碳，保证渗碳深度为0.5~0.8mm	—	—	—
10	热处理	—	淬火+低温回火，保证齿面硬度为56~63HRC	—	—	—
11	磨齿	—	磨齿，保证齿轮精度等级	YK7330	砂轮	心轴
12	钳工	—	去毛刺	—	—	—
13	检验	—	检验合格入库	—	—	—

2. 编写工序卡

在精车齿轮时有三个重要工步，为精车外圆和左、右两个端面，保证右端面对孔轴线的垂直度公差、总长60mm、外圆尺寸精度和径向圆跳动公差。为了保证以上内容，以装夹方式保证精车时的几何公差要求，通过机床和刀具以及切削参数保证加工精度。具体情况见表3-13。

表 3-13 汽车变速器齿轮机械加工工序卡

××车间	汽车变速器齿轮机械加工工序卡		产品型号		零件图号		共 页	第 页
			产品名称	汽车变速器齿轮	零件名称	齿轮	件数	
			工序名称	精车	工序号	6	毛坯种类	锻造毛坯
			设备名称	数控车床	设备型号	CK6140	设备编号	
							表面硬度	≥380HBW
			夹具编号		夹具名称	心轴	切削液	
			工位器具编号		工位器具名称		工序工时（分）	
							准终	单件

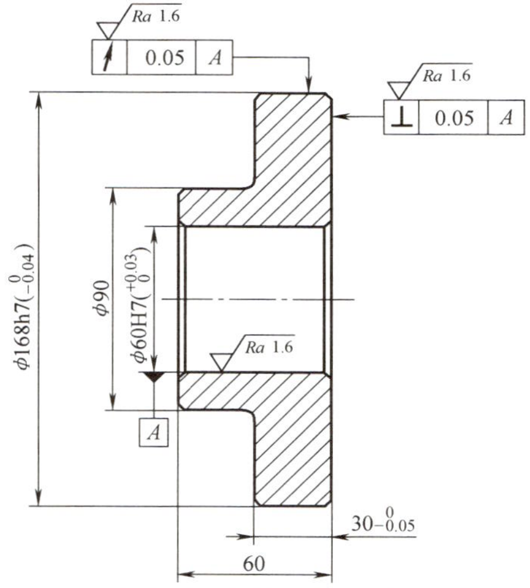

工步号	工步内容	主轴转速/ (r/min)	切削速度/ (m/min)	进给量/ (mm/r)	背吃刀量/ mm	进给次数	工步工时	
							机动	辅助
1	以内孔及左端面定位装夹工件，精车右端面，保证长度尺寸 60.5mm，保证右端面表面粗糙度 Ra 为 1.6μm，保证垂直度要求	1800	949~339	0.1	0.1	5		
2	精车外圆 ϕ90mm，精车 ϕ168mm 至图中规定尺寸，同时保证径向圆跳动公差要求，保证 ϕ168mm 外圆表面粗糙度 Ra 为 1.6μm	1800	508~949	0.1	0.1	5		
3	调头装夹，精车左端面，保证总长 60mm	1800	504	0.1	0.1	5		

				设计（日期）	校对（日期）	审核（日期）	标准化（日期）	会签（日期）
标记	处数	更改文件号	签字	日期	标记	处数	更改文件号	签字	日期

（七）工艺分析

1. 尺寸精度

齿轮零件的线性尺寸精度要求不高，外圆、内孔直径和齿轮两个端面总长尺寸在加工过程中，直接由数控车床和刀具保证。键槽宽度与深度尺寸精度要求不高，在加工过程中由插床和刀具保证。除此之外，还有齿距积累误差、公法线长度误差，要用专业量仪进行测量。

2. 几何精度

齿轮零件的几何公差一般有齿顶圆径向圆跳动公差、齿轮两端面轴向圆跳动公差或者与轴线的垂直度公差、齿轮内孔键槽对称度公差等。内孔键槽对称度公差的检测方法参照法兰盘零件。齿顶圆径向圆跳动公差主要反映齿轮的几何偏心或齿坯安装偏心的影响，是由径向偏心引起的，是齿轮中心线相对于心轴的回转中心线位置的平移，是心轴误差、安装间隙以及其他一些误差综合影响的结果。

3. 表面粗糙度

齿轮表面质量要求不高，表面粗糙度最小值 Ra 为 $1.6\mu m$，是外圆和内孔和右端面，在数控车床上利用高转速和少的切削用量能够保证，键槽 18H9 表面粗糙度 Ra 为 $3.2\mu m$，在插床上加工能够保证。

二、直齿锥齿轮加工工艺分析

工艺任务书

产品名称：直齿锥齿轮；

零件功用：与锥齿轮啮合，传递运动与动力；

材料：45 钢；

生产类型：单件生产；

热处理：调质处理，硬度为 28~32HRC。

工艺任务：

1）根据图样（图 3-27）标注及技术要求，确定零件主要表面加工方案，选择合适的机械装备，确定装夹方式，拟订加工路线；

2）编制工艺过程卡。

按照汽车变速器齿轮零件图工艺设计步骤对直齿锥齿轮零件图进行分析，了解其结构特点，拟订齿轮加工方法，其工艺设计步骤如下。

（一）分析零件图，确定主要加工表面加工方案与加工装备

通过零件图可以发现 $\phi 88.5h8$ 外圆、$\phi 34H7$ 内孔是锥齿轮的主要加工表面，外径和内径通过前面的学习，能确定加工方案，齿轮加工根据精度等级，选择刨齿+磨齿，达到齿面表面粗糙度和精度要求。

（二）确定毛坯

零件生产规模为单件生产。零件加工工艺设计必须从实际出发，节约资源，降低成本，提高生产效率，在保证产品质量的前提下，获取最高利润。锥齿轮的材料是 45 钢，最大直径为 $\phi 88.5mm$，因此选择 45 钢棒料，规格为 $\phi 95mm \times 41mm$。

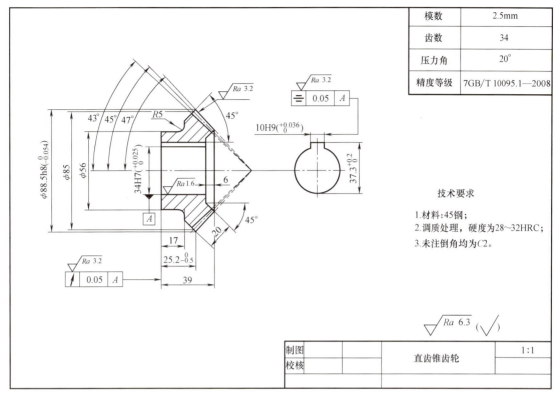

图 3-27　直齿锥齿轮零件图

（三）确定热处理方案

根据图样中技术要求和选择的材料，热处理为调质处理，硬度为 28~32HRC，安排在齿轮粗加工之后进行。

（四）基准与装夹方式

由于毛坯采用 φ95mm×41mm 45 钢棒料，因此粗车定位基准采用外圆轴线，用自定心卡盘装夹；精车以内孔轴线定位，用心轴装夹；滚齿和剃齿均以内孔轴线为基准，用心轴装夹工件。

（五）划分加工阶段，确定加工顺序

备料→车平端面→钻孔→粗车→粗镗内孔→调质处理→精镗内孔→精车→插键槽→刨齿→磨齿→去毛刺→检验。

（六）编制工艺文件

编制直齿锥齿轮的机械加工工艺过程卡，见表 3-14。

表 3-14　直齿锥齿轮机械加工工艺过程卡

工序号	工序名	工步	工序（步）内容	工艺装备		
				机床	刀具	夹具
1	备料	—	45 钢棒料，规格为 φ95mm×41mm	—	—	—
2	钻孔	—	钻 φ28mm 通孔	CK6140	麻花钻	自定心卡盘
3	热处理	—	调质处理	—	—	—

(续)

工序号	工序名	工步	工序(步)内容	工艺装备		
				机床	刀具	夹具
4	粗车	1	以左端外圆和左端面定位装夹工件,找正夹紧,车平端面,保证总长 40.5mm	CK6140	车刀	自定心卡盘
		2	粗车右端外圆至直径为 ϕ89.5mm,长度为 14.5mm	CK6140	车刀	自定心卡盘
		3	调头装夹,找正夹紧,车平端面,保证总长为 40mm	CK6140	车刀	自定心卡盘
		4	粗车右端外圆,各部均留余量 0.5mm	CK6140	车刀	自定心卡盘
5	粗镗	—	粗镗内孔,留余量 0.5mm	CK6140	镗刀	自定心卡盘
6	精镗	—	精镗内孔至尺寸要求	CK6140	镗刀	自定心卡盘
7	精车	1	以内孔及右端面定位装夹工件,精车左端面,保证长度尺寸为 39.5mm,保证左端面表面粗糙度 Ra 为 3.2μm,保证轴向圆跳动公差要求	CK6140	车刀	心轴
		2	精车外圆 ϕ56mm 以及 45°外锥面至图中尺寸要求	CK6140	车刀	心轴
		3	调头装夹,精车右端,保证总长 39mm	CK6140	车刀	心轴
		4	车右端外圆 43°外锥面、45°内锥面至要求	CK6140	车刀	心轴
8	插键槽	—	插键槽至图中规定尺寸	B5032	插刀	专用夹具
9	铣齿	—	以内孔轴线和左端面为基准装夹工件,铣齿	XK6132	铣刀	心轴
10	热处理	—	齿面表面淬火,保证齿面硬度为 50~55HRC	—	—	—
11	磨齿	—	磨齿,保证齿轮精度等级	YK7220	砂轮	心轴
12	钳工	—	去毛刺	—	—	—
13	检验	—	检验合格入库	—	—	—

技 能 训 练

一、任务单

产品名称:直齿圆柱齿轮;
零件功用:连接轴,传递运动与动力;
材料:45 钢;
生产类型:单件生产;
热处理:调质处理 28~32HRC。
要求:
1)根据图样(图 3-28),确定工件的定位基准;
2)按照图样要求,选择刀具、量具及其他附件;
3)根据图样要求编制工艺过程卡;
4)以小组为单位,用试切法完成零件加工。

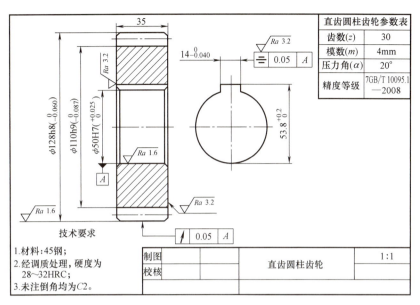

图 3-28 直齿圆柱齿轮零件图

二、实施条件

1) 场地：机械加工实训中心或数控中心（含插床、数控铣床、数控车床或普通车床）。
2) 毛坯：45 钢棒料，规格为 $\phi 135mm \times 38mm$。
3) 设备、工具及材料清单：详见表 3-15。

表 3-15 设备、工具及材料准备清单

序号	名称	数量	序号	名称	数量
1	数控车床或普通车床	若干	14	镗刀	若干
2	滚齿机	若干	15	弹簧或强力铣夹头刀柄	若干
3	数控铣床	若干	16	夹簧	若干
4	4mm 滚刀	若干	17	游标卡尺	若干
5	平行垫铁	若干套	18	千分尺	若干
6	压板及螺栓	若干	19	中心钻	若干
7	扳手	若干	20	外圆车刀	若干
8	铜棒	若干	21	麻花钻	若干
9	中齿扁锉	若干	22	百分表	若干
10	三角锉	若干	23	齿轮铣刀	若干
11	热处理设备	若干	24	插床	1 台套
12	机用虎钳	若干	25	插刀	若干
13	磁力表座	若干	26	万能测齿仪	1 台套

三、实训学时

实训时间为8学时，具体安排见表3-16。

表3-16 实训时间安排表

序号	实训内容	学时数	备注
1	工艺设计	1	两个工艺文件
2	车削加工	2	—
3	滚齿或铣齿	2	—
4	热处理	1	—
5	插键槽	1	—
6	检验	1	编制检验报告

四、评价标准

考核总分为100分，其中职业素养与操作规范占总分的20%，作品占总分的80%。职业素养与操作规范、作品两项均需合格，总成绩才评定为合格。职业素养与操作规范评分细则见表3-17，作品评分细则见表3-18。

表3-17 职业素养与操作规范评分表

姓名				班级与学号		
零件名称						
序号	考核项目	考核点	配分	评分细则		得分
1	纪律	服从安排，工作态度好，清扫场地	10	不服从安排，不清扫场地，扣10分		
2	安全意识	安全着装，操作按安全规程	10	1)不安全着装，扣5分 2)操作不按安全规程，扣5分		
3	职业行为习惯	按6S标准执行并制订工作程序、工作规范和工艺文件；爱护设备及工具；保持工作环境清洁有序，文明操作	20	1)工具摆放不整齐，没保持工作环境清洁，扣5分 2)完成任务后不清理工位扣5分 3)有不爱护设备及工具的行为扣10分		
4	设备保养与维护	及时进行设备清洁、保养、维护，关机后机床停放位置合理	20	1)对设备清洁、保养与维护不规范，扣10分 2)关机后机床停放位置不合理，扣10分		
5	加工前准备	按规范清点图样、刀具、量具、毛坯	15	未规范清点图样、刀具、量具、毛坯等，每项扣3分		
6	工、量、刃具选用	工、量、刃具选择正确	5	工、量、刃具选择不当，扣5分		
7	加工过程	操作过程符合规范	20	1)夹紧工件时敲击扳手，扣3分 2)机床变速操作步骤不正确，扣5分 3)工件安装定位、夹紧不正确，扣2分 4)打刀一次扣10分		
8	人伤械损事故	出现人伤械损事故		整个测评成绩记0分		
		合计	100		职业素养与操作规范得分	
		监考员签字：				

表 3-18 作品评分表

姓名			班级与学号			
零件名称						
序号	考核项目	考核点	配分	评分标准	检测结果	得分
1	工艺文件编写（共20分，每个10分）	正确编制表头信息	1×2	表头信息编制不正确，每少填一项扣0.5分，扣完为止		
		工艺过程完善	2×2	工艺过程不完善，每少一项必须安排的工序扣0.5分，扣完为止		
		工序、工步的安排合理	2×2	1）工序安排不合理，每处扣0.5分 2）工件安装定位不合适，扣0.5分 3）夹紧方式不合适扣0.5分 所有项目扣完为止		
		工艺内容完整，描述清楚、规范，符合标准	3×2	1）文字不规范、不标准、不简练，扣0.5分 2）没有夹具及装夹的描述，扣0.5分 3）没有校准方法、找正部位的表述，扣0.5分 4）没有加工部位的表述，扣0.5分 5）没有使用设备、刀具、量具的规定，每项扣0.5分 所有项目扣完为止		
		工序简图表达正确	2×2	1）没有工序图扣0.5分 2）工序图表达不正确，每项扣0.5分 所有项目扣完为止		
2	外观形状（10分）	外轮廓	5	轮廓尺寸与图形不符，每处扣1分		
		碰伤或划伤	5	工件碰伤或划伤一处扣1分		
3	尺寸精度（35分）	内孔 $\phi 50H7(^{+0.025}_{0})$	8	超差0.01mm扣2分		
		外径 $\phi 128h8(^{0}_{-0.060})$	7	超差0.01mm扣2分		
		齿轮精度	20	每处超差扣1分		
4	表面粗糙度值（10分）	$Ra1.6\mu m$ 两处	10	每处降一级扣3分		
5	几何精度（20分）	对称度公差0.05mm	10	超差0.01mm扣2分		
		圆跳动公差0.05mm	10	超差0.01mm扣2分		
6	其他（5分）	未注公差	5	超差无分		
		合计	100		作品得分	
		指导教师签字：				

五、工艺设计

(一) 分析图样、确定主要表面加工方案与加工装备

1. 尺寸精度要求

2. 几何精度要求

3. 表面粗糙度要求

根据以上分析，填写表 3-19。

表 3-19　加工方案和加工装备

加工表面	尺寸精度要求	表面粗糙度 $Ra/\mu m$	加工方案	加工装备

（二）确定定位基准与装夹方法

1. 粗基准

2. 精基准

3. 装夹方法

（三）确定毛坯与热处理方式

1. 毛坯

2. 热处理方式

（四）拟订加工顺序

（五）编制工艺文件

1. 工艺过程卡（表 3-20）

表 3-20 工艺过程卡

序号	工序名	工步号	工步内容	机械装备			工序简图
				机床	夹具	刀具	

2. 工序卡

（1）工序尺寸计算

（2）确定切削用量

工序卡见表3-21。

表 3-21 工序卡

机械加工工序卡	产品型号		零件图号			共 页	第 页
	产品名称		零件名称			材料牌号	
		车间	工序号	工序名称		每台件数	
		毛坯种类	毛坯外形尺寸	每毛坯可制件数		同时加工件数	
		设备名称	设备型号	设备编号		切削液	
		夹具编号	夹具名称			工序工时（分）	
		工位器具编号	工位器具名称			准终	单件
工步号	工步内容	工艺装备	主轴转速/ (r/min)	切削速度/ (m/min)	进给量/ (mm/r)	背吃刀量/ mm	进给次数	工步工时
		机床	夹具	刀具				机动	辅助
						设计日期	校对日期	审核日期	标准化	会签（日期）
标记	处数	更改文件号	签字	日期	标记	处数	更改文件号	签字	日期

（六）工艺分析
1. 线性尺寸检测

2. 几何精度检测

3. 工艺改进方法建议

习 题

1. 圆盘类零件有何结构特征？有哪些技术要求？
2. 圆盘类零件在加工时，定位方式有哪些？
3. 圆盘类零件主要加工表面有哪些？各用哪些机床加工？
4. 齿轮精度包含哪些基本内容？
5. 齿轮加工方法有哪些？各有何特点？
6. 常用的齿轮材料有哪些？有哪些对应的热处理方法？
7. 分别写出 6~7 级精度的硬齿面和软齿面齿轮的齿形加工方案。

项目四

叉架类零件加工工艺与常用装备

【项目导读】

本项目主要介绍叉架类零件的结构特征，根据零件图中的技术要求，进一步学会零件图样分析方法，找出零件主要加工表面和次要加工表面，确定加工方案，选择加工装备，合理确定毛坯、热处理工艺，划分加工阶段，拟订加工顺序，确定定位方法和装夹方式，确定切削用量，编制工艺文件，并对工艺进行分析，确定最终加工工艺方案。前面介绍了外圆、内孔的加工方案与加工装备，下面将详细介绍平面的加工方案与加工装备，以案例的方式说明叉架类零件的工艺工装制订的思路与方法，具体包含以下内容。

1）叉架类零件概述；
2）叉架类零件主要表面的加工；
3）叉架类零件工装；
4）典型叉架类零件加工工艺分析；
5）技能训练。

学生通过对本项目内容的学习，将了解叉架类零件加工工艺的分析方法，掌握叉架类零件表面的加工方法、工艺特点与所对应的工艺装备；通过对典型叉架类零件的加工工艺分析，掌握叉架类零件图样分析方法，能够确定主要加工表面的加工方案与加工装备，确定定位方法和热处理方法，拟订加工顺序，计算工序尺寸，编制工艺文件，进行工艺分析；通过技能训练，进一步提升学生对叉架类零件进行工艺分析的能力与加工操作能力。

单元一 叉架类零件概述

一、叉架类零件的作用、分类与结构特点

叉架类零件主要指杆类及叉类零件，如机床拨叉、发动机连杆、铰链杠杆等，它们广泛应用于金属切削机床、内燃机、轻工和纺织机械中。杆类零

13. 叉架类零件概述

件中的连杆、手柄常用于机器及仪器中传递摆动或回转运动;叉类零件中的拨叉和铰链叉架,前者可用于机床变速箱中,用来改变轴上滑移齿轮或离合器的位置,以达到变速或操纵离合器的目的,后者用于轴上滑动齿轮或离合器,以实现变速的目的。图 4-1 所示为叉架类零件。

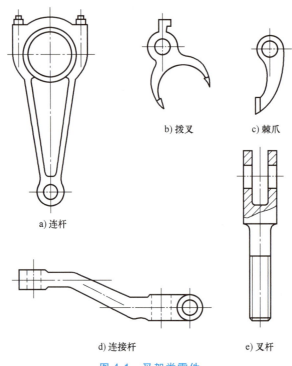

图 4-1 叉架类零件

叉架类零件结构上的共同特点是形状很不规则,一般为细长杆件,且多为中小型零件,加工表面较多且不连续,装配基准多为孔,加工精度要求较高。由于其杆身细长,刚度较差,在装夹时应注意,以免引起变形。外形复杂、不易定位;大、小头由细长的杆身连接,弯曲刚度差,易变形;尺寸精度、几何精度及表面质量要求较高等这些特点,决定了加工叉架类零件存在一定的难度。所以,在确定叉架类零件的工艺过程中应注意定位基准的选择,以减小定位误差;夹紧力方向和夹紧点的选择要尽量减小夹紧变形;对于主要加工表面应粗、精加工分阶段进行,以减小变形对加工精度的影响。为了方便加工,叉架类零件在结构上常设计有工艺凸台、中心孔等作为装夹的辅助基准。

二、叉架类零件的主要技术要求

零件的技术要求按其功用和结构的不同而有较大的差异。根据叉架类零件的工作特点,其主要技术要求一般有以下几点:

1) 叉架类零件中常用的杆类及叉类零件上的主要孔是装在轴上的,它是零件的设计基准,对孔的加工精度、孔与孔以及孔与其他表面之间的相互位置精度有较高的要求。一般孔的尺寸公差等级为 IT10~IT7;主要孔和辅助孔有孔距的要求;两孔轴线要求平行;端面要求与孔垂直。

2）工作表面的表面粗糙度 Ra 一般都小于 $1.6\mu m$；为了延长拨叉的使用寿命，两侧作用面通常还需淬硬至 40~50HRC。

叉架类零件的用途、工作条件和结构的差异很大，下面仅以连杆与拨叉作为代表，说明其加工工艺过程和加工方法。

三、叉架类零件的材料、毛坯与热处理

叉架类零件的毛坯多为锻件或精密铸件。

为保证叉架类零件正常工作，要求选用的材料必须具有足够的疲劳强度等力学性能，杆类及叉类零件为受力零件，有些还需承受交变的冲击载荷。根据其不同的工作条件可以选用合适的材料及毛坯种类。一般情况下，可选用碳素结构钢、35钢、45钢或40Cr等；在一些要求不高的情况下，也可采用灰铸铁或可锻铸铁。

铸件在毛坯铸造、焊接成形后需进行退火处理；钢制叉架类零件一般采用锻造毛坯，要求金属纤维沿杆身方向分布，并与外形轮廓相适应，不得有咬边、裂纹等缺陷。用中碳钢制造的重要叉架类零件，如内燃机的连杆、气门摇臂等，应进行调质或正火处理，以使材料具有良好的综合力学性能和可加工性。有的叉架类零件的毛坯要求经过喷丸强化处理，重要的叉架类零件还需进行硬度检验以及磁力探伤或超声波探伤检测。

单元二 叉架类零件主要表面的加工

一、叉架类零件平面的加工方法

叉架类零件结构形状比较复杂，且一般加工的表面并不是很多，但各表面间有一定的位置精度要求，在加工过程中要注意定位基准的选择。叉架类零件较多地选择孔及其端面作为定位基准，这就涉及平面的加工。下面介绍叉架类零件平面的常用加工方法：刨削、铣削、磨削、光整加工等，刨削和铣削常用作平面的粗加工和半精加工，而磨削则用作平面的精加工；刮研、研磨、超精加工等做为光整加工方法。

（一）刨削

刨削（图 4-2）是平面加工的主要方法之一。常见的刨床有牛头刨床、龙门刨床和插床等。刨削是单件小批量生产的平面加工最常用的加工方法，加工表面公差等级一般可达 IT9~IT7，表面粗糙值 Ra 为 $12.5~1.6\mu m$，直线度可达 $0.04~0.12mm/m$。

刨削可以在牛头刨床或龙门刨床上进行，刨削的主运动是变速往复直线运动。因为在变速时有惯性，限制了切削速度的提高，并且在回程时不切削，所以刨削加工生产效率低。但刨削所需的机床、刀具结构简单，制造安装方便，调整容易，通用性强，因此在单件、小批生产中特别是加工狭长平面时被广泛应用。

（二）铣削

铣削是平面加工中应用最普遍的一种加工方法，

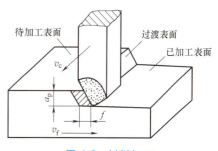

图 4-2 刨削加工

常以铣削加工代替刨削加工,即"以铣代刨",可以实现不同类型表面的加工。铣削是指使用旋转的多刃刀具切削工件,是高效率的加工方法。工作时,刀具旋转(作主运动),工件移动(做进给运动),工件也可以固定,但此时旋转的刀具还必须移动(同时完成主运动和进给运动)。铣削用的机床有卧式铣床和立式铣床,也有大型的龙门铣床。这些机床可以是普通机床,也可以是数控机床,用旋转的铣刀作为刀具进行切削加工。铣削加工可对工件进行粗加工和半精加工,尺寸公差等级可达 IT9~IT7,表面粗糙度 Ra 可达 12.5~0.8μm。

(1) 铣削的工艺特征　铣刀的每一个刀齿相当于一把车刀,一把铣刀可多齿同时参与切削,就其中一个刀齿而言,其切削加工特点与车削加工基本相同;但就整体刀具的切削过程,又有其特殊之处。

(2) 铣削用量及选择　图 4-3 所示为铣削用量。

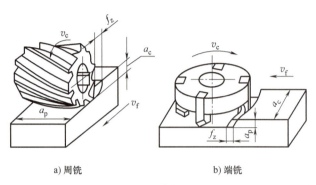

图 4-3　铣削用量

1) 铣削速度:铣刀主运动的线速度。

$$v_c = \frac{\pi d_0 n}{1000}$$

式中　v_c——铣削速度(m/min);
　　　d_0——铣刀直径(mm);
　　　n——主轴转速(r/min)。

2) 进给量:工件相对铣刀在进给方向上的相对位移量,可分别用 3 种方法表示,即每转进给量 f、每齿进给量 f_z、进给速度 v_f。进给速度是单位时间内工件与铣刀沿进给方向的相对位移量,用 v_f 表示,单位为 mm/min。通常情况下,铣床加工时的进给量均指进给速度。

3) 铣削深度 a_p:平行于铣刀轴线方向测量的切削层尺寸。

4) 铣削宽度 a_c:垂直于铣刀轴线并垂直于进给方向测量的切削层尺寸。

铣削用量的选择原则:在保证加工质量的前提下,充分发挥机床工作效能和刀具切削性能。在工艺系统刚性允许的条件下,首先应尽可能选择较大的铣削深度 a_p 和铣削宽度 a_c,其次选择较大的每齿进给量 f_z,最后根据所选定的铣刀使用寿命计算铣削速度 v_c。

(3) 铣削方式及其合理选用　采用合适的铣削方式可减小振动,使铣削过程平稳,并可提高工件表面质量,延长铣刀使用寿命,提高铣削生产效率。

1) 周铣和端铣。用分布于铣刀圆柱表面上的切削刃进行的铣削称为周铣,用分布于铣刀平面上的切削刃进行的铣削称为端铣。

在平面铣削中,端铣基本上代替了周铣,但周铣可以用于加工成形表面和组合表面。

2) 顺铣和逆铣。铣削时,铣刀切入工件时的切削速度方向和工件的进给方向相同,这种铣削方式称为顺铣。铣削时,铣刀切出工件时的切削速度方向与工件的进给方向相反,这种铣削方式称为逆铣,如图 4-4 所示。

顺铣和逆铣铣削方式的比较及选用:

① 方向不同。

顺铣：铣刀的旋转方向与工件的进给方向相同。

逆铣：铣刀的旋转方向与工件的进给方向相反。

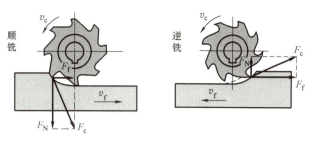

图 4-4　顺铣和逆铣

② 铣削范围不同。

顺铣范围：工件表面无硬皮，机床进给机构无间隙时，应选择顺铣。

逆铣范围：工件表面有硬皮，机床进给机构有间隙时，常采用逆铣。

③ 优点不同。

顺铣优点：零件表面质量好，刀齿磨损小。

逆铣优点：刀齿切入加工表面，不会塌陷；机床进给机构的间隙不会引起振动和爬行。

顺铣、逆铣并不是靠刀具在工件的左右边来区分的。

（三）磨削

磨削是利用高速旋转的砂轮等磨具加工工件表面的切削加工方法。平面磨削与其他表面磨削一样，具有切削速度高、进给量小、尺寸精度易于控制及能够获得较小的表面粗糙度值等特点，加工尺寸公差等级一般可达 IT7~IT5，表面粗糙度 Ra 可达 $1.6 \sim 0.2 \mu m$。平面磨削的加工质量比刨削和铣削加工都要高，而且还可以加工零件的淬硬表面，因而常用于零件的半精加工和精加工。用砂轮外圆表面磨削称为周边磨削（平磨），一般使用卧轴平面磨床，如用成形砂轮也可加工各种成形面；用砂轮端面磨削称为端面磨削（端磨），一般使用立轴平面磨床。

（1）平磨　磨削时砂轮与工件接触面小、发热少、散热快，排屑与冷却条件好，工件受热变形小，且砂轮磨损均匀，所以加工精度较高，表面质量较好，通常适用于加工精度要求较高的零件。但平磨时砂轮主轴处于水平位置，呈悬臂状态，刚性较差，不能采用较大的磨削用量，因而生产效率较低。图 4-5a、b 所示为平磨。

（2）端磨　端磨时磨头轴伸出长度短，刚性好，磨头主要承受进给力，弯曲变形小，因此可采用较大的磨削用量；砂轮与工件接触面积大，同时参加磨削的磨粒多，故生产效率高，但散热和冷却条件差，脱落的磨粒及磨屑从磨削区排出比较困难，工件热变形大，表面易烧伤，且砂轮端面沿径向各点的线速度不等，使砂轮磨损不均匀，故磨削精度较低。图 4-5c、d 所示为端磨。

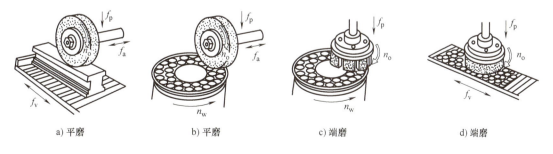

a）平磨　　b）平磨　　c）端磨　　d）端磨

图 4-5　平磨与端磨

（四）平面的光整加工

光整加工是指不切除或从工件上切除极薄材料层，以减小工件表面粗糙度值的加工方法。对于尺寸精度和表面质量要求很高的零件，一般都要进行光整加工。平面的光整加工方法有很多，一般有刮研、研磨、超精加工和抛光等。

（1）刮研　刮研平面用于未淬火的工件，能获得较高的形状和位置精度，因此能减小相对运动表面间的磨损和增强零件接合面间的接触刚度。其加工尺寸公差等级可达 IT7 以上，表面粗糙度 Ra 为 $0.8 \sim 0.1 \mu m$。刮研表面质量是用单位面积上接触点的数目来评定的，粗刮为 $1 \sim 2$ 点$/cm^2$，半精刮为 $2 \sim 3$ 点$/cm^2$，精刮为 $3 \sim 4$ 点$/cm^2$。

（2）研磨　研磨加工是应用较广的一种光整加工方法，加工后尺寸公差等级可达 IT5，表面粗糙度 Ra 可达 $0.1 \sim 0.06 \mu m$，既可加工金属材料又可以加工非金属材料。

研磨是将磨料及其附加剂涂于或嵌在研磨工具的表面，在一定的压力下压向被研磨工件，并借助工具与工件表面间的相对运动，从被研磨工件表面除去极薄的材料层，从而使工件获得极高的精度和较小的表面粗糙度值的一种工艺方法，其原理如图 4-6 所示。

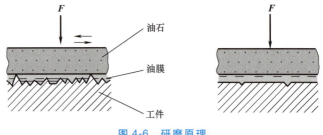

图 4-6　研磨原理

（3）抛光　抛光是在高速旋转的抛光轮上涂以磨膏，对工件表面进行光整加工的方法。抛光轮一般是用毛毡、橡胶、皮革、布或压制纸板做成的，磨膏由磨料（氧化铬、氧化铁等）、油酸和软脂等配制而成的。

抛光时，将工件压于高速旋转的抛光轮上，在磨膏的作用下，工件表面产生一层极薄的软膜，可以用比工件材料软的磨料切除，而不会在工件表面留下划痕，加上高速摩擦，使工件表面产生高温，表层材料被挤压而发生塑性流动，这样可填平表面原来的微观不平，获得很光亮的表面（呈镜面状）。

二、叉架类零件的定位基准与装夹方法

叉架类零件常为异形工件，不同的叉架零件在结构和形状上有较大的差异，其一般结构的共同特点是：外形相对复杂，大、小头端一般为内圆表面，中间有细长的杆身，两端孔中心线有的相互平行，有的成一定的角度。

叉架类零件的工艺特点决定了叉架类零件在机械加工时有一定难度，主要体现在定位与装夹上。在确定叉架类零件的工艺过程中应注意定位基准的选择，一方面要使装夹方便，另一方面要尽量减小定位误差，夹紧点的选择和夹紧力方向要达到尽量减小夹紧变形对工件加工精度的影响。在有些情况下，为方便定位装夹，一些叉架类零件在结构设计中需增加装夹的辅助基准，常用的有工艺凸台和中心孔等。

（一）定位基准

由叉架类零件的结构特点可知，多数叉架类零件可选择端面作为定位基准，或选择端面与孔组合定位。

1）连杆加工的关键是保证大、小头孔本身的精度及其轴线之间的平行度；螺栓孔本身

的精度及其两轴线的平行度和对基准的垂直度。由于连杆不规则的结构形状，使其刚性较差，容易产生变形，所以加工时应正确地选择定位基准。

2) 拨叉加工中定位基准的选择是影响拨叉加工质量的关键因素。内孔是拨叉零件的设计基准和装配基准，加工精度要求较高，工作表面对基准孔中心有较高的垂直度要求，为保证主要表面间的相互位置精度要求，常选择内孔为加工基准。

（二）装夹方法

若叉架类零件仅以端面进行定位，可选择螺旋压板进行压紧；若以端面与孔组合定位，可以选择带有螺纹的销与压板组合进行压紧。由于叉架类零件在结构和形状上比较复杂，因此大多数叉架类零件一般均需进行专用夹具的设计。

单元三　叉架类零件工装

一、叉架类零件加工刀具的选择

叉架类零件的主要加工表面为平面和孔，加工平面的常用方法有刨削、铣削和磨削等，可选择的刀具为铣刀（刨刀）和砂轮。对孔的加工主要选择定尺寸刀具（钻头、扩孔钻、铰刀），对于一些较大孔可以利用镗床进行加工，选择的加工刀具为镗刀。

平面的加工常用的铣刀种类很多，按齿背形式可分为尖齿铣刀和铲齿铣刀两大类。尖齿铣刀应用广泛，齿背经铣削而成，后刀面是简单平面，用钝后重磨后刀面即可，加工平面及沟槽的铣刀一般都设计成尖齿的。铲齿铣刀与尖齿铣刀的主要区别是有铲制而成的特殊形状的后刀面，用钝后重磨前刀面，经铲制的后刀面可保证铣刀在其使用的全过程中廓形不变。图4-7所示为两种铣刀齿背形式。

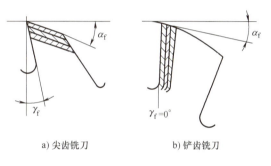

a) 尖齿铣刀　　b) 铲齿铣刀

图4-7　两种铣刀齿背形式

二、叉架类零件加工夹具的选择

（一）铣削加工的常用装夹方法

铣削加工是最常用的平面加工方法，也常用于键槽、齿轮以及各种成形面的加工。在铣床上加工工件时，一般采用以下几种装夹方法。

（1）直接装夹在铣床工作台上　大型工件常直接装夹在工作台上，用螺柱、压板压紧，如图4-8a所示。此种方法需用百分表、划针等找正加工面和铣刀的相对位置。

（2）用机用虎钳装夹工件　对于形状简单的中、小型工件，一般可用机用虎钳装夹，如图4-8b所示，使用时需保证机用虎钳在机床中的正确位置。

（3）用分度头装夹工件　对于需要分度的工件，一般可直接用分度头装夹，如图4-8c所示。不需分度的工件，用分度头装夹加工也很方便。

（4）用V形块装夹工件（图4-8d）　这种方法一般适用于轴类零件，除了具有较好的

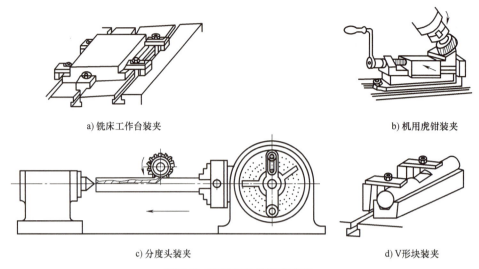

图 4-8 铣削工件的装夹方法

a) 铣床工作台装夹　　b) 机用虎钳装夹　　c) 分度头装夹　　d) V形块装夹

对中性外，还可承受较大的切削力。

（5）用专用夹具装夹工件　专用夹具定位准确、夹紧方便，效率高，一般适用于成批、大量生产。

（二）铣床夹具的主要类型

在铣削加工时，往往把夹具安装在铣床工作台上，工件连同夹具随工作台做进给运动。根据铣削时的进给方式，通常可将铣床夹具分为下列两种类型。

（1）直线进给式铣床夹具　这类夹具安装在铣床工作台上，随工作台一起做直线进给运动。按一次装夹工件数目的多少，可将其分为单件夹具和多件夹具。在中小批量生产中使用单件夹具较多，而加工大批量的中小型零件时，多件夹具应用更广泛。图 4-9 所示为双工位直线进给式铣床夹具。

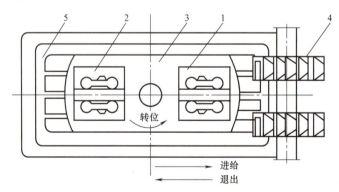

图 4-9　双工位直线进给式铣床夹具

1、2—夹具　3—双工位转台　4—铣刀　5—工作台

（2）圆周进给式铣床夹具　这类夹具常用于具有回转工作台的铣床上，加工过程中，夹具随回转工作台做连续的圆周运动，能在不停车的情况下装卸工件。图 4-10 所示为圆周进给式铣床夹具，工件 1 装夹在沿回转工作台 3 圆周位置依次安装的夹具上，铣刀 2 不停地

铣削，回转工作台 3 做连续的回转运动，将工件依次送入夹具，此例是用一把铣刀加工的。根据加工要求，也可用两把铣刀同时进行粗、精加工，故生产效率高，适用于大批大量生产中小型零件的加工。

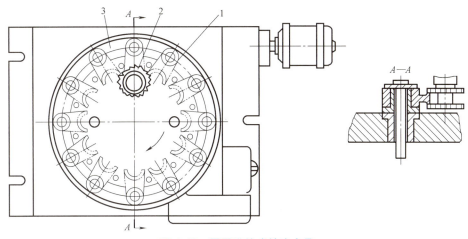

图 4-10　圆周进给式铣床夹具

1—工件　2—铣刀　3—回转工作台

（三）杠杆类斜面零件铣床夹具的结构分析

图 4-11 所示为杠杆拨动件零件图，工件形状不规则。图 4-12 所示为成批生产该零件的单件铣床夹具。

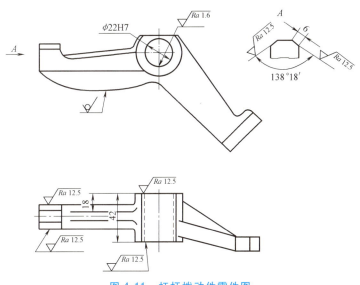

图 4-11　杠杆拨动件零件图

（1）定位分析　工件以精加工过的 $\phi 22H7$ 孔和端面在定位销 9 上定位，限制工件的五个自由度；以圆弧面在可调支承 6 上定位，限制工件的转动自由度，从而实现了工件的完全定位。

（2）夹紧机构分析　工件的夹紧以压板 10 为主，其结构如图 4-12 中的 $A—A$ 剖视图所示。另外，在接近加工表面处采用浮动的辅助夹紧机构，当拧紧该机构的螺母时，卡爪 2 和 3 相向移动，同时将工件夹紧。在卡爪 3 的末端开有三条轴向槽，形成三片簧瓣，继续拧紧螺母，锥套 5 即迫使簧瓣胀开，使其锁紧在夹具中，从而增强夹紧刚度，以免铣削时产生振动。

（3）夹具与机床的安装　夹具体的底面 A 放置在铣床工作台面上，夹具通过两个定位键 8 安装在工作台 T 形槽内，这样铣床夹具就与铣床保持了正确的位置。因此，铣床夹具底面 A 和定位键的工作面 B 是铣夹具与铣床的接合面。定位元件工作面 B 与铣床夹具面 A 的精度是影响安装误差 ΔA 的因素。该夹具定位销 9 的轴线应垂直于定位键的 B 面，定位销 9 的台肩平面应垂直于底面 A，它们的精度均影响夹具的安装误差。

（4）尺寸分析　夹具上的对刀块 7 是确定铣刀加工位置的元件，即对刀块的位置体现了刀具的位置，因此，对刀块与定位元件的精度是影响调整误差 ΔT 的因素。该夹具中对刀块 7 与定位销 9 的轴线的距离 18±0.1mm 和 3±0.1mm，即是影响调整误差的因素。

定位元件的精度即 $\phi 22 \frac{H7}{f7}$、36±0.1mm 等尺寸是影响定位误差 ΔD 的因素。

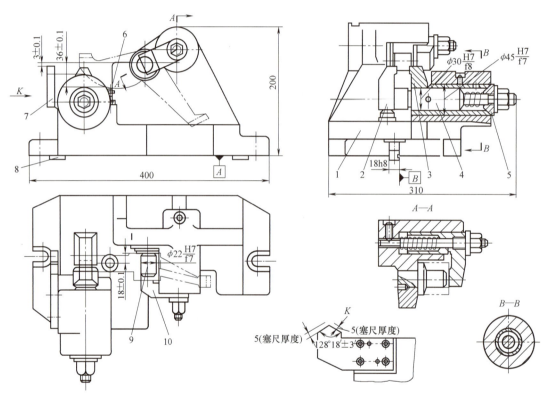

图 4-12　单件铣床夹具

1—夹具体　2、3—卡爪　4—套筒杆　5—锥套　6—可调支承　7—对刀块　8—定位键　9—定位销　10—压板

单元四　典型叉架类零件加工工艺分析

一、连杆概述

（一）连杆的功用和结构特点

（1）连杆的功用　连杆是活塞式内燃机运动机构中的一个重要零件。杆大头通过轴瓦

与曲柄的曲轴销相连，小头通过衬套十字头销（或活塞销）与十字头（或活塞）相连，从而将曲轴的旋转运动转变为十字头或活塞的直线往复运动。在其工作过程中，连杆在空间做转动与平移合成的平面运动，沿杆身轴线交替地传递很大的拉伸或压缩力，所以它受到的是往复作用的交变应力。

（2）连杆的结构特点　连杆通常由大头、小头及杆身三部分所组成。连杆小头一般为整体结构，内孔压入青铜衬套，以减少小头与活塞销的磨损，同时也便于修理和更换。

连杆大头通常做成剖分式结构，内孔装有轴瓦，轴瓦有厚壁和薄壁两种形式。当用厚壁轴瓦时，必须在连杆大头的剖分面上加一组垫片，以补偿轴磨损及调整轴瓦与曲柄销之间的配合间隙。当用薄壁轴瓦时，因无垫片，故套筒刚度较高，但薄壁轴瓦本身的刚度较小，受力后易产生变形，其变形大小取决于连杆大头孔的加工精度。因此，在使用薄壁轴瓦时，应提高连杆大头孔的尺寸精度、形状精度和位置精度。

由于连杆受力较为复杂，其摆动所产生的惯性力随着距小头中心的距离的增加而加大，因此连杆体的截面也随之增大。连杆体截面的形状有圆形、扁形、环形及工字形等。其中工字形截面的连杆体在同样强度和刚度条件下重量最轻，通常用模锻或铸造加工而成。模锻的工字形截面连杆以及其他自锻造的连杆材料一般采用优质碳素钢，如45钢等。锻造后应经正火处理以改善其综合力学性能，提高持久强度和使用寿命。为保证连杆大、小头轴瓦的工作表面获得充分的润滑，要求杆身上钻有直通油孔，并在大、小头孔中加工出油槽。图4-13所示为连杆的典型结构。

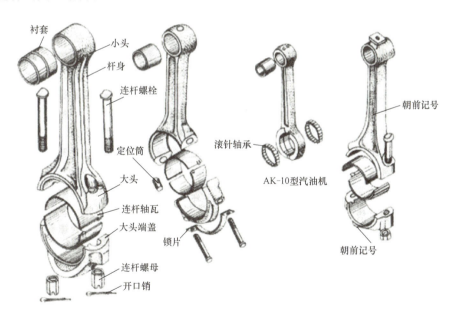

图4-13　连杆的典型结构

（二）连杆的主要技术要求

连杆的加工质量将直接影响机器的正常运转，如果加工精度不高，将会使大头轴瓦与曲柄销、小头衬套与十字头销（或活塞销）、十字头与滑板（或活塞与气缸）等之间的摩擦条件恶化，磨损加剧、寿命缩短、功率损失增加，甚至发生机械冲击而损坏整台机器。因此连杆加工过程中必须符合以下主要技术要求：

1）为了保证轴瓦和衬套在大、小头孔中的配合均匀，其大、小头孔加工公差等级不应低于IT7；当采用薄壁轴瓦时，对于中、小型连杆的大头孔，公差等级不得低于IT6，其表面粗糙度 Ra 要求为 $1.6\sim0.8\mu m$。

另外，连杆大、小头孔中心线的平行度及圆柱度公差不应低于IT7；大、小头孔轴线对其端面的垂直度公差不应低于IT6。如果其位置公差过大，不仅会引起十字头在滑道上（或活塞在气缸内）歪斜，以造成不均匀磨损，而且也将加剧连杆的大头孔与曲轴的曲柄销边缘的磨损。

2）连杆两螺栓孔尺寸公差等级不应低于IT7，表面粗糙度 Ra 应 $\leqslant 1.6\mu m$；其中心线的平行度公差不应低于IT6，两轴线对其支承平面的垂直度公差应不低于IT6。否则将会引起连杆盖与连杆体装配时沿剖分面产生错位而使大头轴瓦与曲柄销配合不良，造成不均匀磨损，从而使螺栓承受较大的弯曲应力。

3）连杆体与连杆盖的剖分面对大头孔中心线的平行度公差不应大于IT6级，以保证其装配良好。此外，无论使用什么材料和加工方法，所得到的连杆毛坯都不应有砂眼、疏松、裂纹及其他影响强度的缺陷。若毛坯为锻件，其锻造比应不小于2，且必须进行正火处理。

（三）连杆的材料与毛坯

（1）连杆的材料　连杆工作时，由于作用于活塞顶部的燃气压力的作用，产生很大的压应力和纵向弯曲应力；同时活塞组和连杆本身的惯性力又在连杆内造成纵向拉应力和横向弯曲应力，以及连杆往复运动产生急剧变化的交变载荷。因此，要求制造连杆的材料必须有足够的强度和刚度，尤其是要有较高的疲劳强度。

转速较低的发动机的连杆主要用35钢、40钢制造，也有的采用45钢制造。连杆螺栓常采用35CrMo、40Cr制造。中、高速柴油机的连杆杆身和端盖一般采用40Cr、40CrMo、42CrMo、45Cr、40CrMnMo等制造。连杆螺栓用20CrNi、18CrNiWA、20CrMoTi、40Cr等中碳合金钢制造。

连杆小头的衬套或轴承常采用青铜制造，或采用钢壳（10钢、15钢）在其内表面上浇注耐磨合金，常用的有ZCuSn10Pb1、ZCuSn6Pb6Zn3青铜。连杆大头轴瓦材料除了不用青铜以外，其他与小头轴承相同。

（2）连杆的毛坯　连杆毛坯的制造方法依其尺寸大小、材料及生产批量而定。

小批量生产的发动机连杆毛坯都采用自由锻，为了得到圆柱形的杆身，锻造时可采用垫模，连杆大、小头孔在锻造时冲出。自由锻毛坯的余量非常大，机械加工时，要耗费大量工时和金属材料，其优点是锻造设备简单。成批生产的中、小型工字形断面的连杆毛坯，都采用模锻。模锻的分模面在工字形的纵向中垂面上，与自由锻相比，其劳动生产率提高约10倍，可节约一半左右钢材，但需要较大的锻造设备。大头可拆式连杆的大头毛坯常采用铸造或模锻来制造，这样可免除大头非配合面的机械加工，从而大大减少机械加工的工作量。

由于连杆大头端盖是剖分的，因此连杆的毛坯锻造工艺有两种，即将连杆本体与端盖分开锻造和整体锻造。分开锻造的连杆端盖金属纤维是连续的，因此有较高的强度；而整体锻造的连杆，切断后金属纤维不连续，因此连杆端盖的强度减弱，容易变形。但由于整体锻造可以提高材料的利用率，减少接合面的加工余量，并只需要一套锻模一次锻成，便于组织生产,所以尽管其有上述缺点,只要不受连杆端盖形状和锻造设备的限制,连杆尽可能采用整体锻造。

锻造的毛坯应进行热处理和毛坯检验。用碳钢锻造的毛坯应进行正火处理,粗加工后退火;合金钢的毛坯通常在正火后进行粗加工,而后还要进行工序间热处理,如调质处理等工序。

二、连杆加工工艺分析

工艺任务单

产品名称:连杆;
零件功用:将直线运动转变成旋转运动,传递动力;
毛坯:45 钢;
热处理:调质处理;
生产批量:大批量生产。
工艺任务:
1)根据图样(图 4-14~图 4-16)标注及技术要求,确定零件主要表面加工方案,选择合适的机械装备,确定装夹方式,拟订加工路线;
2)编制加工工艺文件。

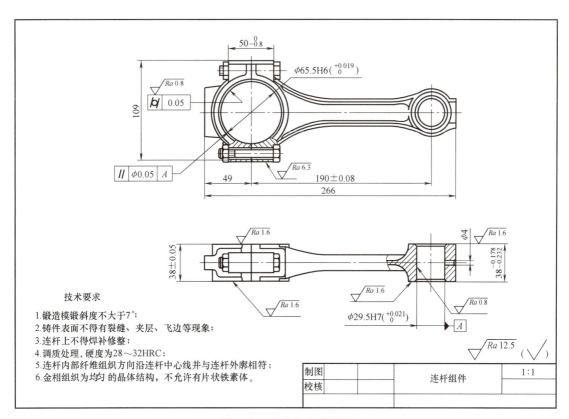

图 4-14 连杆组件装配图

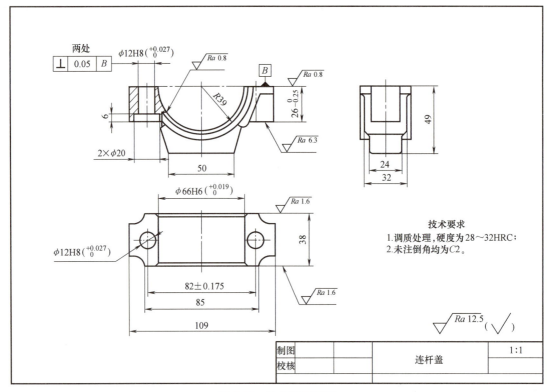

图 4-15 连杆盖零件图

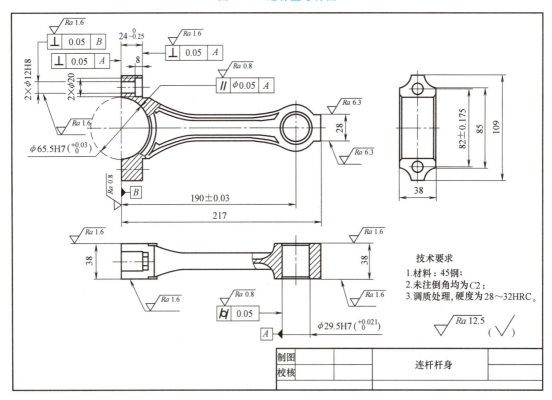

图 4-16 连杆杆身零件图

(一) 零件图、零件技术要求分析

连杆由连杆杆身和连杆盖装配而成。连杆杆身又分为连杆大头和连杆小头,连杆大头是分开的,通过连杆螺栓连接起来。连杆大头孔与曲轴轴颈的轴瓦配合,连杆小头孔与活塞销配合。连杆的外形轮廓是不规则的表面。

连杆组件材料为45钢。

1）该连杆先整体加工主要表面,然后分割开,再重新组装,镗削和磨削连杆大头孔,其外形可不再加工。

2）连杆大头孔尺寸公差等级为IT6,圆柱度公差为0.05mm;连杆小头孔公差等级为IT7,圆柱度公差为0.05mm。

3）连杆大、小头孔轴线平行度公差为0.05mm。

4）连杆杆身分割面、连杆盖分割面对连杆螺栓孔的垂直度公差为0.05mm;连杆杆身大、小头孔的平行度公差为0.05mm。

(二) 定位基准的选择

连杆加工工艺过程大部分工序都采用统一的定位基准:一个端面、小头孔,这样有利于保证连杆的加工精度,而且端面的面积大,定位也较稳定。其中,小头孔作为定位基准,也符合基准重合原则。

(三) 加工阶段的划分和加工顺序的安排

由于连杆本身的刚度差,切削加工时产生残余应力,易导致变形。因此,在安排工艺过程时,应把各主要表面的粗加工、精加工工序分开。这样,粗加工产生的变形就可以在半精加工中得到修正;半精加工中产生的变形可以在精加工中得到修正,最后达到零件的技术要求。

在工序安排上先加工定位基准,如端面加工的铣磨工序放在孔加工的前面,然后再加工孔,符合先面后孔的工序安排原则。

(四) 确定合理的夹紧方法

连杆的杆身细长,刚度差,易变形,所以应该合理确定夹紧力的方向、作用点及大小,一般应使夹紧力的方向与连杆端面平行或垂直作用于大头端面上。

在粗铣、精铣两平面的工序中夹紧力方向与端面平行,在夹紧力作用的方向上,连杆大头与小头的刚度好,变形小。在加工大、小头孔工序中,夹紧力垂直作用于大头端面,并由定位元件直接承受,这样可避免连杆产生弯曲或扭转变形,以保证所加工孔的精度。

(五) 连杆的加工工艺过程要点分析

1）连杆毛坯为模锻件,外形不需要加工,但划线时要照顾毛坯尺寸,以保证加工余量对称、均匀,如果单件生产,也可采用自由锻毛坯,但对连杆外形要进行加工。

2）该工艺过程适用于连杆大批量生产的加工条件。

3）铣连杆两大平面时应多翻转几次,以消除平面翘曲。

4）平行于连杆大、小头孔轴线的两端面是重要的定位基准面。

5）连杆螺栓孔有较高的精度要求,既有尺寸公差,也有几何公差要求,要先加工分割面,保证分割面精度要求,然后以此为基准装夹工件,钻、扩、铰连杆螺栓孔。

6）连杆大头孔的加工,由于孔径较大,采用粗镗→半精镗→精镗→磨削方法保证精度;连杆小头孔采用钻→粗镗→半精镗→精镗→磨削方法。

7) 连杆大头孔圆柱度误差的检验,用百分表,在大头孔内分三个断面测量其内径,每个断面测量两个方向,三个断面测量的最大值与最小值之差的一半即为圆柱度误差。

8) 连杆大、小头孔平行度误差的检验,将连杆大、小头孔穿入专用心轴,在平台上用等高V形块支承连杆大头孔心轴,测量小头孔心轴在最高位置时两端的差值,其差值的一半即为平行度误差。

(六) 编制连杆机械加工工艺过程卡

编制连杆机械加工工艺过程卡,见表4-1。

表4-1 连杆机械加工工艺过程卡

序号	工序名称	工步	工序(步)内容	工艺装备 机床	夹具	刀具
1	锻造	—	模锻坯料	锻压机	—	—
2	热处理	—	正火处理	—	—	—
3	清理	—	清除毛刺、飞边,涂漆	—	—	—
4	划线	—	划杆身中心线,大、小头孔中心线(中心距加大3mm以留出切割连杆杆身与连杆盖的加工余量)	—	—	—
5	粗铣	1	选择连杆大头、小头表面质量较好的面(图4-14中主视图的前或后表面)定位装夹工件,铣连杆大头、小头对应的另一平面	X5032	专用夹具	铣刀
5	粗铣	2	换面装夹,铣连杆大、小头另一表面,留余量1mm	X5032	专用夹具	铣刀
6	热处理	—	调质处理28~32HRC	—	—	—
7	精铣	1	以连杆大头及小头端面(图4-14主视图的前或后表面)定位装夹工件,精铣连杆大、小头表面,保证$Ra1.6\mu m$	X5032	专用夹具	铣刀
7	精铣	2	换面装夹,铣连杆大、小头另一表面,保证尺寸38mm、$Ra1.6\mu m$,保证中心线对称,并做标记,以此表面作为基面(下同)	X5032	专用夹具	铣刀
8	钻	—	以连杆基面定位装夹工件,钻小头孔至$\phi 25mm$	Z3050	专用夹具	麻花钻
9	粗镗	1	以连杆基面定位装夹工件,粗镗大头孔,留余量5mm,考虑分割尺寸	X5032	专用夹具	镗刀
9	粗镗	2	以基面定位,按线找正,粗镗小头孔,留余量2mm,保证190mm尺寸	X5032	专用夹具	镗刀
10	铣	1	以连杆基面及大头孔定位装夹工件,铣连杆大头尺寸109mm的一侧面(图4-16中主视图上、下表面)	X6032	专用工装	铣刀
10	铣	2	换面装夹工件,铣连杆大头尺寸109mm的另一表面,保证总体高度109mm	X6032	专用工装	铣刀
10	铣	3	以基面及小头孔定位装夹工件,按线切开连杆大头	X6032	专用夹具	锯片铣刀
11	钳工	—	给连杆杆身及连杆盖编号,分别打标记字头	—	—	—

(续)

序号	工序名称	工步	工序(步)内容	工艺装备		
				机床	夹具	刀具
12	铣	1	以连杆杆身分割面和基面定位装夹工件,铣连杆小头最右端面,见光即可	X5032	专用夹具	铣刀
		2	以刚刚铣好的面和基面定位装夹工件,铣连杆杆身分割面,保证总体长度尺寸217.25mm	X5032	专用夹具	铣刀
		3	以分割面和基面定位装夹工件,铣分割面对应的表面(安装连杆螺栓头这一面),保证尺寸24.25mm	X5032	专用夹具	铣刀
13	磨	—	以基面和一侧面(指尺寸为109mm的上或下表面,下同)定位装夹工件,磨连杆大头分割面,保证尺寸24mm及公差和217mm,保证$Ra0.8\mu m$	M7032	专用夹具	砂轮
14	连杆杆身连杆螺栓孔加工	1	以分割面和一侧面定位装夹工件,钻连杆螺栓孔至$\phi 10$mm	Z3050	专用夹具	麻花钻
		2	钻另一螺栓孔至$\phi 10$mm,保证中心距尺寸82mm及其公差	Z3050	专用夹具	麻花钻
		3	以分割面和一侧面定位装夹工件,锪连杆螺栓孔$\phi 20$mm至尺寸	Z3050	专用夹具	锪孔钻
		4	锪另一连杆螺栓孔$\phi 20$mm至尺寸	Z3050	专用夹具	锪孔钻
		5	以分割面和一侧面定位装夹工件,扩连杆杆身螺栓孔,留余量0.2mm	Z3050	专用夹具	扩孔钻
		6	扩连杆杆身另一连杆螺栓孔,留余量0.2mm	Z3050	专用夹具	扩孔钻
		7	以分割面和一侧面定位装夹工件,铰一端$\phi 12$mm孔至图样尺寸,保证垂直度要求	Z3050	专用夹具	铰刀
		8	铰另一端$\phi 12$mm孔至图样尺寸,保证垂直度要求	Z3050	专用夹具	铰刀
15	铣	1	以连杆盖分割面和基面定位装夹工件,铣连杆盖最下端面(图4-15主视图),见光即可	X5032	专用夹具	铣刀
		2	以连杆盖分割面和基面定位装夹工件,铣分割面对应表面(安装连杆螺栓头或者螺母),保证表面粗糙度$Ra6.3\mu m$	X5032	专用夹具	铣刀
		3	以刚刚铣削的表面和基面定位装夹工件,铣分割面,保证总体高度尺寸至49.25mm	X5032	专用夹具	铣刀
16	磨	—	以连杆盖安装连杆螺栓的表面和基面定位装夹工件,磨分割面,保证尺寸26mm及公差和$Ra0.8\mu m$,保证总体尺寸49mm	M7032	专用夹具	砂轮
17	连杆盖连杆螺栓孔加工	1	以连杆盖分割面和一侧面(图4-15中主视图左端面或右端面)定位装夹工件,钻连杆螺栓孔至$\phi 10$mm	Z3050	专用夹具	麻花钻
		2	钻另一连杆螺栓孔至$\phi 10$mm,保证尺寸82mm及公差	Z3050	专用夹具	麻花钻
		3	以连杆盖分割面和一侧面(图4-15中主视图左端面或右端面)定位装夹工件,锪连杆螺栓孔$\phi 20$mm至尺寸	Z3050	专用夹具	锪孔钻
		4	锪另一连杆螺栓孔$\phi 20$mm至尺寸	Z3050	专用夹具	锪孔钻

（续）

序号	工序名称	工步	工序(步)内容	工艺装备		
				机床	夹具	刀具
17	连杆盖连杆螺栓孔加工	5	以连杆盖分割面和一侧面（图4-15中主视图左端面或右端面）定位装夹工件，扩连杆杆身螺栓孔，留余量0.2mm	Z3050	专用夹具	扩孔钻
		6	扩连杆盖另一端螺栓孔，留余量0.2mm	Z3050	专用夹具	扩孔钻
		7	以连杆盖分割面和一侧面（图4-15中主视图左端面或右端面）定位装夹工件，铰一端φ12mm孔至图样尺寸，保证垂直度要求	Z3050	专用夹具	铰刀
		8	铰另一端连杆螺栓孔φ12mm至图样尺寸，保证垂直度要求	Z3050	专用夹具	铰刀
18	钳	—	用专用连杆螺栓将连杆杆身和连杆盖组装成连杆组件，其拧紧力矩为100~120N·m			
19	半精镗	1	以基面和一侧面定位装夹工件，粗镗大头孔，留余量1mm	镗床	专用夹具	镗刀
		2	以基面和一侧面定位装夹工件，粗镗小头孔，留余量1mm	镗床	专用夹具	镗刀
20	精镗	1	以基面和一侧面定位装夹工件，精镗大头孔，留余量0.15mm	镗床	专用夹具	镗刀
		2	以基面和一侧面定位装夹工件，精镗小头孔，留余量0.15mm	镗床	专用夹具	镗刀
21	磨	1	以基面和一侧面定位装夹工件，磨连杆小头孔至尺寸	M1432	专用夹具	砂轮
		2	以小头孔和基面定位装夹工件，磨连杆大头孔至尺寸，保证尺寸190mm及公差，保证两孔的平行度公差	M1432	专用夹具	砂轮
22	检验	—	检查各部尺寸及精度	—	—	—
23	探伤	—	无损探伤、硬度检验	—	—	—
24	入库	—	组装入库	—	—	—

（七）编制工序卡

将工艺文件的内容填入一定格式的工序卡，即成为生产准备和施工依据的工艺文件。机械加工工序卡是在机械加工工艺过程卡的基础上，更详细地说明了零件在某道工序的具体要求，是用来具体指导工人操作的工艺文件。在这种工艺文件上要画工序简图，说明该工序每一工步的内容、工艺参数、操作要求以及所用的设备及工艺装备，一般用于大批大量生产的零件。

连杆的连杆螺栓孔加工比较复杂，连杆盖螺栓孔机械加工工序卡，见表4-2。

（八）连杆的检验

1. 线性尺寸的检测

连杆需检测的线性尺寸较多，关键是连杆大头、小头孔径及连杆螺栓孔的检测。检测孔径，小批量生产一般用内径千分尺，大批量生产时一般用塞尺，其余尺寸检测较为简单。

2. 平行度和垂直度误差检测

（1）平度度误差检测　大、小头孔中心线平行度公差是连杆非常重要的位置公差。连杆

表 4-2 连杆盖螺栓孔机械加工工序卡

××车间		连杆盖螺栓孔机械加工工序卡		产品型号		零件图号			共 页	第 页
				产品名称		零件名称	连杆盖		件数	
		工序名称	连杆	工序号	17	毛坯种类	锻造毛坯		表面硬度 ≥28HRC	
		连杆盖连杆螺栓孔加工		设备型号 Z3050		设备编号 专用设备			切削液	
				夹具编号		夹具名称 专用钻夹具			工序工时（分）	
				工位器具编号		工位器具名称			准终 单件	

工步号	工步内容	主轴转速/ (r/min)	切削速度/ (mm/s)	进给量/ (mm/r)	背吃刀量/ mm	进给次数	工步工时	
							机动	辅助
1	以连杆盖分割面和一侧面（图4-15中主视图左端面或右端面）定位装夹工件，钻连杆螺栓孔至 φ10mm	600	300	0.2	5	2		
2	钻另一连杆螺栓孔至 φ10mm（图4-15中主视图左端面或右端面）定位装夹工件，钻连杆螺栓孔至 φ10mm，保证尺寸82mm及公差	600	300	0.2	5	2		
3	以连杆盖分割面和一侧面（图4-15中主视图左端面或右端面）定位装夹工件，锪连杆螺栓孔 φ20mm 至尺寸	600	600	0.1	5	2		
4	锪另一连杆螺栓孔 φ20mm 至尺寸	600	600	0.1	5	2		
5	以连杆盖分割面和一侧面（图4-15中主视图左端面或右端面）定位装夹工件，扩连杆杆身螺栓孔，留余量0.2mm	800	800	0.1	0.9	2		
6	扩另一连杆螺栓孔，留余量0.2mm	800	800	0.1	0.9	2		
7	以连杆盖分割面和一侧面（图4-15中主视图左端面或右端面）定位装夹工件，铰一端 φ12mm 孔至图样尺寸，保证垂直度要求	800	500	0.2	0.1	2		
8	铰另一端连杆螺栓孔 φ12mm 至图样尺寸，保证垂直度要求	800	500	0.2	0.1	2		

		设计（日期）	校对（日期）	审核（日期）	标准化（日期）	会签（日期）
标记	处数	更改文件号	签字	日期		
标记	处数	更改文件号	签字	日期		

大、小头孔中心线的平行度误差检测，可采用千分表、心轴、平台检测的方法。如图4-17所示，在大、小头孔中插入专用心轴，大头孔的心轴放在等高垫铁上，用千分表在大头心轴的左右两端测量，使大头孔中心线与平台平行。移动小头孔心轴上的千分表，其指针左右摆动的差值即是大、小头孔中心线的平行度误差。

（2）垂直度误差检测　连杆螺栓孔轴线与分割面垂直度误差的检测如图4-18所示，须制做专用垂直度检验棒，其直径公差分三个尺寸段制做，配以不同公差的螺栓孔，检查其接触面积，一般在90%以上为合格。或配用塞尺检测，塞尺厚度的一半为垂直度误差值。

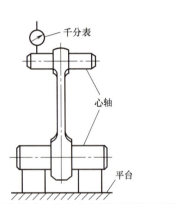

图4-17　连杆大、小头中心线平行度误差检测

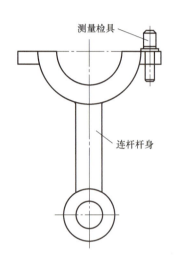

图4-18　螺栓孔轴线与分割面垂直度误差检测

三、拨叉的加工工艺分析

（一）拨叉的功用、结构特点

拨叉是机器中常用的零件，主要在变速机构、操纵机构和支承结构中用于拨动传动零件。其功能是通过摆动或移动，实现机构的各种不同的动作，如离合器的开合、快慢档速度的变换等。

拨叉的结构形状多样，差别较大，但都是由支承部分、工作部分和套筒部分组成的，其多为不对称结构，具有凸台、凹坑、铸（锻）造圆角、起模斜度等常见结构。由于工作位置的特殊性，导致拨叉的加工表面较多且不连续。一般拨叉的装配基准为孔，其加工精度要求较高；工作表面杆身细长，刚度较差，易变形。

（二）拨叉的主要技术要求

依据拨叉在机械结构中的用途不同，其技术要求也有所不同。一般来说，其主要技术要求有：

1）基准孔的尺寸公差等级为IT9~IT7，形状精度一般控制在孔径公差之内，表面粗糙度Ra为3.2~0.8μm。

2）工作表面对基准孔的相对位置精度（如垂直度等）为（0.05~0.15）mm/100mm，工作表面的尺寸公差等级为IT10~IT5，表面粗糙度Ra为6.3~1.6μm。

(三) 拨叉的材料、毛坯及热处理

拨叉多为铸件或锻件，常用的材料为20钢、30钢、铸钢灰铸铁或可锻铸铁。近年来采用球墨铸铁代替钢材，降低了材料消耗和毛坯制造成本。

拨叉毛坯在单件小批量生产时，可以采用焊接成形、自由锻或木模铸造；大批量生产时，一般采用模锻或金属型铸造。具有半圆孔的拨叉，其毛坯可两件连在一起铸造，也可单件铸造。

铸件毛坯在铸造后需进行退火处理，以消除铸造内应力，改善材料的金属组织和可加工性。焊接成形的拨叉，也应进行退火处理，以消除焊接应力，保证零件以后不产生变形。用中碳钢制造的重要拨叉，应进行调质或正火处理，以使材料具有良好的综合力学性能和可加工性。

(四) 拨叉加工的工艺特点

拨叉是变速操纵机构中用来移动多联齿轮或离合器，从而实现速度变换的主要零件。拨叉的结构形状复杂，刚度差，易变形，给定位、夹紧、机械加工带来了很大困难，因此加工时要充分注意。首先，加工拨叉时的定位基准选择非常重要，应尽可能选择零件的装配基准作为定位基准，以使其他工作表面和轮廓相对装配基准处于正确的位置。其次，夹紧力的大小、方向、作用点要合理，必要时可增加辅助支承、辅助夹紧，尽可能使定位面和夹紧点靠近加工面，以提高工件的刚度，减小振动。最后，粗、精加工要分开，要合理地选择加工方法和安排加工顺序。

工艺任务单

产品名称：拨叉；

零件功用：连接零件，传递转矩；

材料：ZG310-570；

热处理：退火处理；

生产类型：大批量生产。

工艺任务：

1）根据图样（图4-19）标注及技术要求，确定零件主要表面加工方案，选择合适的机械装备，确定装夹方式，拟订加工路线；

2）编制加工工艺文件。

(一) 零件图、零件技术要求分析

1）图4-19所示为拨叉零件，其由左端圆柱体和右端不完整的半圆形结构组成，右端半圆半径为20mm，其端面与孔中心相距2mm。

2）零件材料为ZG310-570铸钢，毛坯是铸件，由于零件尺寸较小，可以采用金属型铸造，两件合铸。金属型铸造零件表面质量较好，生产效率高，切削量比砂型铸造少。R20mm孔在铸造毛坯时可以铸出，加工时采用粗镗、半精镗和精镗方法，然后分割R20mm孔，这样可以减少制造成本，提高加工效率。

3）铸造毛坯在切削加工前需要退火处理，消除铸造热应力。

4）拨叉右端两侧面对基准孔轴线A的垂直度公差为0.15mm。

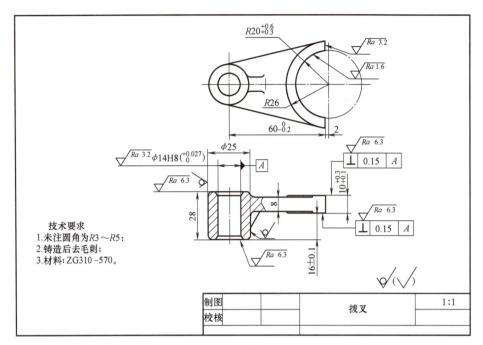

图 4-19 拨叉零件图

5) $\phi 14\text{mm}$ 孔公差等级为 IT8，表面粗糙度 Ra 为 $3.2\mu\text{m}$，可采用钻、扩、铰的方式加工。

（二）定位基准的选择

1) 粗加工时，以 $R26\text{mm}$ 外圆及一个 $R26\text{mm}$ 前端面（图 4-19 主视图）定位装夹工件。

2) 半精加工时，以 $R20\text{mm}$ 内孔及其上端面（图 4-19 俯视图）定位装夹工件。

3) 精加工时，以 $\phi 14\text{mm}$ 内孔及下端面（图 4-19 俯视图）定位装夹工件。

（三）加工阶段的划分和加工顺序的安排

（1）预先热处理　由于是铸造毛坯，在切削加工前一般要进行退火处理，以消除铸造热应力，稳定内部组织。

（2）按照加工原则加工　拨叉零件的加工主要是平面和内孔的加工，按照加工原则，一般先面后孔，先粗基准后精基准。

（3）拨叉加工过程的三个阶段

1) 粗加工阶段。粗加工阶段包括以下内容：$R26\text{mm}$ 外圆前、后端面的粗车加工；$\phi 25\text{mm}$ 圆柱体上、下表面的粗铣；$\phi 14\text{mm}$ 内孔的钻、扩加工。

2) 半精加工阶段。只有 $\phi 14\text{mm}$ 内孔需要半精加工，主要加工内孔的内倒角。

3) 精加工阶段。包括 $\phi 14\text{mm}$ 内孔的铰削加工、$R26\text{mm}$ 前、后两个端面的精车以及 $\phi 14\text{mm}$ 内孔两端面的精铣。

（四）装夹方法

拨叉形状复杂，不好装夹，由于毛坯是金属型紧密铸造，所以外形形状和表面质量较好，粗镗 $R20\text{mm}$ 内孔时采用自定心卡盘自动定心装夹 $R26\text{mm}$ 外圆方式，车削加工 $R26\text{mm}$ 前、后端面（图 4-19 主视图）和镗 $R20\text{mm}$ 内孔。

粗铣 $\phi25$mm 孔上、下两端面（图 4-19 俯视图）时，采用专用铣夹具装夹工件进行铣削加工。

加工 $\phi14$mm 内孔时，采用专用钻夹具装夹工件，这样可以减少辅助时间，提高生产效率。

精车 $R26$mm 外圆前、后端面（图 4-19 俯视图），以两个已经铰削加工的两 $\phi14$mm 内孔定位，采用专用车床夹具装夹工件进行精车加工。

（五）主要表面加工方法

1. 孔的加工

$R20$mm 内孔尺寸精度要求不高，但表面粗糙度 Ra 为 $1.6\mu m$，采用粗镗、精镗方法保证。$\phi14$H8 内孔表面粗糙度 Ra 为 $3.2\mu m$，精度要求较高，由于尺寸较小，采用钻——扩——铰方式加工，最后尺寸精度由定尺寸铰刀保证，既可保证尺寸精度又可以保证表面粗糙度。

2. 面的加工

$R26$mm 外圆前、后端面（图 4-19 主视图）表面粗糙度 Ra 为 $6.3\mu m$，但其有垂直度要求，还有 $10^{+0.3}_{+0.1}$mm 尺寸要求，采用粗车、精车方式保证，垂直度公差采用装夹方法保证，以精加工后的 $\phi14$H8 孔定位装夹工件精车此两个表面。$\phi25$mm 孔的上、下表面（图 4-19 俯视图），采用粗铣——精铣方式加工，可以保证尺寸 28mm、16 ± 0.1mm 及 $Ra6.3\mu m$。$R20$mm 右端面（图 4-19 主视图），保证内孔精度后用片状铣刀分割，一分为两个拨叉，然后铣端面即可保证技术要求。

（六）编制拨叉零件机械加工工艺过程卡

编制拨叉零件机械加工工艺过程卡，见表 4-3。

表 4-3 拨叉零件机械加工工艺过程卡

工序号	工序名	工步号	工序（工步）内容	工艺装备		
				机床	夹具	刀具
1	铸造	—	精密铸造，两件合铸	—	—	—
2	热处理	—	退火处理	—	—	—
3	划线	—	划各端面及三个孔线			
4	粗车	1	以 $R26$mm 大外圆及后端面（图 4-19 主视图）定位装夹工件，车前端面，见光即可	CK6140	自定心卡盘	车刀
		2	粗镗 $R20$mm 孔，留余量 1mm	CK6140	自定心卡盘	镗刀
		3	调头装夹，按线找正，车后端面，保证尺寸 10mm 至 11mm，留精车余量 1mm	CK6140	自定心卡盘	车刀
5	粗铣	1	以 $R20$mm 内孔及上端面（图 4-19 俯视图）定位装夹工件，粗铣 $\phi25$mm 下端面（图 4-19 俯视图），保证尺寸 16 ± 0.1mm 至 16.5mm，留余量 0.5mm	HMC1290	专用夹具	面铣刀
		2	调头装夹工件，铣 $\phi25$mm 另一端面，保证尺寸 28mm 至 29mm，高度方向共留余量 1mm	HMC1290	专用夹具	面铣刀
6	孔的粗加工	1	以 $R20$mm 内孔及上端面（图 4-19 俯视图）定位装夹工件，钻两个 $\phi10$mm 孔，保证孔距尺寸 60mm 及公差要求	HMC1290	专用夹具	麻花钻花
		2	扩两孔至 $\phi13.8$mm、留精加工余量 0.2mm	HMC1290	专用夹具	扩孔钻

(续)

工序号	工序名	工步号	工序(工步)内容	工艺装备 机床	工艺装备 夹具	工艺装备 刀具
7	孔的半精加工	1	倒角(两个孔内倒角)	HMC1290	专用夹具	麻花钻花
		2	调头装夹,倒角(两个孔内倒角)	HMC1290	专用夹具	麻花钻花
8	孔的精加工	1	铰一个孔至图中尺寸要求	HMC1290	专用夹具	铰刀
		2	铰另一孔至图中尺寸要求	HMC1290	专用夹具	铰刀
9	钳工	—	去毛刺			
10	精镗	—	以 $R26$mm 大外圆及后端面(图 4-19 主视图)定位装夹工件,精镗 $R20$mm 孔至尺寸,保证 $Ra1.6\mu m$	CK6140	专用夹具	镗刀
11	精车	1	以两 $\phi 14H8$ 内孔及上端面(图 4-19 俯视图)定位装夹工件,精车对应的下表面,保证 $Ra6.3\mu m$、16 ± 0.1,保证垂直度公差	CK6140	专用夹具	车刀
		2	调头装夹,精车上表面(图 4-19 俯视图),保证尺寸 $10^{+0.3}_{+0.1}$mm,$Ra6.3\mu m$,保证垂直度公差	CK6140	专用夹具	车刀
12	精铣	1	以 $\phi 14H8$ 内孔及上端面(图 4-19 俯视图)定位装夹工件,精铣 $\phi 25$mm 下端面,保证 $Ra6.3\mu m$	HMC1290	专用夹具	面铣刀
		2	调头装夹,精铣上端面,保证 $Ra6.3\mu m$,保证尺寸 28mm	HMC1290	专用夹具	面铣刀
13	铣	1	以 $\phi 14H8$ 内孔及上端面(图 4-19 俯视图)定位装夹工件,切割工件成两件	X6132	专用夹具	锯片铣刀
		2	以 $\phi 14H8$ 内孔及上端面(图 4-19 俯视图)精铣 $R20$mm 孔端面,保证距中心偏移 2mm,$Ra3.2\mu m$	X6132	专用夹具	铣刀
14	钳工	—	去毛刺			
15	检验	—	检测各部尺寸,合格入库			

技 能 训 练

一、任务单

产品名称：三孔连杆；

零件功用：连接轴,传递运动与动力；

材料：45 钢；

生产类型：单件生产；

热处理：调质处理至表面硬度 28~32HRC。

要求：

1) 根据图样（图 4-20），确定工件的定位基准；

2) 按照图样要求，选择刀具、量具及其他附件；

3) 根据图样要求填写工艺过程卡以及一个重要工序的工序卡；

4) 以小组为单位，用试切法完成零件加工。

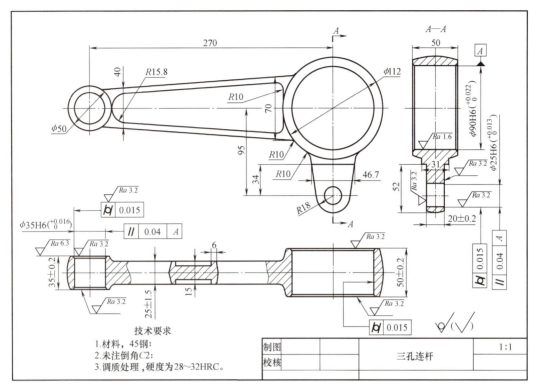

图 4-20 三孔连杆零件图

二、实施条件

1) 场地：机械加工实训中心或数控中心（含普通车床或数控车床、插床、数控铣床）。
2) 工具及耗材清单：详见表 4-4。
3) 毛坯：45 钢，锻造毛坯。
4) 设备、工具及材料准备清单见表 4-4。

表 4-4 设备、工具及材料准备清单

序号	名称	数量	序号	名称	数量
1	镗床	若干	13	镗刀	若干
2	数控铣床	若干	14	弹簧或强力铣夹头刀柄	若干
3	组合夹具	若干	15	夹簧	若干
4	平行垫铁	若干	16	游标卡尺	若干
5	压板及螺栓	若干	17	千分尺	若干
6	扳手	若干	18	中心钻	若干
7	铜棒	若干	19	外圆车刀	若干
8	中齿扁锉	若干	20	麻花钻	若干
9	三角锉	若干	21	百分表	若干
10	热处理设备	若干	22	齿轮铣刀	若干
11	机用虎钳	若干	23	插床	1 台套
12	磁力表座	若干	24	插刀	若干

三、实训学时

实训时间为 8 学时，具体安排见表 4-5。

表 4-5　实训时间安排表

序号	实训内容	学时数	备注
1	工艺设计	2	两个工艺文件
2	铣削加工	2	
3	镗孔	2	
4	热处理	1	
5	检验	1	

四、评价标准

考核总分为 100 分，其中职业素养与操作规范占总分的 20%，作品占总分的 80%。职业素养与操作规范、作品两项均需合格，总成绩才评定为合格。职业素养与操作规范评分细则见表 4-6，作品评分细则见表 4-7。

表 4-6　职业素养与操作规范评分表

姓名			班级与学号		
零件名称					
序号	考核项目	考核点	配分	评分细则	得分
1	纪律	服从安排，工作态度好；清扫场地	10	不服从安排，不清扫场地，扣 10 分	
2	安全意识	安全着装，操作按安全规程	10	1）不安全着装，扣 5 分 2）操作不按安全规程，扣 5 分	
3	职业行为习惯	按 6S 标准执行工作程序、工作规范、工艺文件；爱护设备及工具；保持工作环境清洁有序，文明操作	20	1）工具摆放不整齐，没保持工作环境清洁，扣 5 分 2）完成任务后不清理工位扣 5 分 3）有不爱护设备及工具的行为扣 10 分	
4	设备保养与维护	及时进行设备清洁、保养与维护，关机后机床停放位置合理	20	1）对设备清洁、保养与维护不规范，扣 10 分 2）关机后机床停放位置不合理，扣 10 分	
5	加工前准备	按规范清点图样、刀具、量具、毛坯	15	未规范清点图样、刀具、量具、毛坯等，每项扣 3 分	
6	工、量、刃具选用	工、量、刃具选择正确	5	工、量、刃具选择不当，扣 5 分	
7	加工过程	操作过程符合规范	20	1）夹紧工件时敲击扳手扣 3 分 2）机床变速操作步骤不正确扣 5 分 3）工件安装定位、夹紧不正确扣 2 分 4）打刀一次扣 10 分	
8	人伤械损事故	出现人伤械损事故		整个测评成绩记 0 分	
合计			100	职业素养与操作规范得分	
监考员签字：					

表 4-7 作品评分表

姓名			班级与学号			
零件名称						
序号	考核项目	考核点	配分	评分标准	检测结果	得分
1	工艺文件编写（共20分，每个10分）	正确填写表头信息	1×2	表头信息填写不正确，每少填一项扣0.5分，扣完为止		
		工艺过程完善	2×2	工艺过程不完善，每少一项必须安排的工序扣0.5分，扣完为止		
		工序、工步的安排合理	2×2	1）工序安排不合理，每处扣0.5分 2）工件安装定位不合适，扣0.5分 3）夹紧方式不合适，扣0.5分 所有项目扣完为止		
		工艺内容完整，描述清楚、规范，符合标准	3×2	1）文字不规范、不标准、不简练，扣0.5分 2）没有夹具及装夹的描述，扣0.5分 3）没有校准方法、找正部位的表述，扣0.5分 4）没有加工部位的表述，扣0.5分 5）没有使用设备、刀具、量具的规定，每项扣0.5分 所有项目扣完为止		
		工序简图表达正确	2×2	1）没有工序图扣0.5分 2）工序图表达不正确，每项扣0.5分 所有项目扣完为止		
2	外观形状（10分）	外轮廓	5	轮廓尺寸与图形不符，每处扣1分		
		碰伤或划伤	5	工件碰伤或划伤一处扣1分		
3	尺寸精度（36分）	内径 $\phi 90H6(^{+0.022}_{0})$	12	超差0.01mm扣2分		
		内径 $\phi 35H6(^{+0.016}_{0})$	12	超差0.01mm扣2分		
		内径 $\phi 25H6(^{+0.013}_{0})$	12	每处超差扣1分		
4	表面粗糙度（10分）	$Ra1.6\mu m$ 一处	10	每处降一级扣3分		
		$Ra3.2\mu m$ 八处				
5	几何精度（20分）	平行度公差0.04mm两处	12	超差0.01mm扣2分		
		圆柱度公差0.015mm	8	超差0.01mm扣2分		
6	其他（4分）	未注公差	4	超差无分		
		合计	100			
				指导教师签字：	作品得分	

五、工艺设计

（一）分析图样、确定主要表面加工方法与装备

1. 尺寸精度要求

2. 形位精度要求

3. 表面粗糙度要求

根据以上分析，填写表4-8。

表4-8 加工方案和加工装备

加工表面	尺寸精度要求	表面粗糙度 $Ra/\mu m$	加工方案	加工装备

（二）确定定位基准与装夹方法

1. 粗基准

2. 精基准

3. 装夹方法

（三）确定毛坯与热处理方式

1. 毛坯

2. 热处理方式

（四）拟订加工顺序

（五）编制工艺文件

1. 工艺过程卡（表 4-9）

表 4-9 工艺过程卡

序号	工序名	工步号	工步内容	机械装备			工序简图
				机床	夹具	刀具	

2. 工序卡

(1) 工序尺寸计算

（2）确定切削用量

工序卡见表4-10。

表4-10 工序卡

机械加工工序卡	产品型号		零件图号				共 页	第 页
	产品名称		零件名称		工序号	工序名称	材料牌号	
	车间	毛坯种类	毛坯外形尺寸		每毛坯可制件数		每台件数	
		设备名称	设备型号		设备编号		同时加工件数	
		夹具编号	夹具名称			切削液		
		工位器具编号	工位器具名称		工序工时（分）			
					准终	单件		

工步号	工步内容	工艺装备			主轴转速/ (r/min)	切削速度/ (m/min)	进给量/ (mm/r)	背吃刀量/ mm	进给次数	工步工时	
		机床	刀具	夹具						机动	辅助
						设计日期	校对日期	审核日期	标准化	会签（日期）	
标记	处数	更改文件号	签字	日期							
标记	处数	更改文件号	签字	日期							

（六）工艺分析
1. 线性尺寸检测

2. 几何精度检测

3. 工艺改进方法建议

习 题

1. 叉架类零件有哪些结构特点？叉架类零件的主要技术要求有哪些？
2. 试分析铣削和刨削的工艺特点和适用场合。
3. 简述平面铣削用量的选择原则。
4. 顺铣与逆铣两种铣削方式各有什么特点？各应用于什么场合？
5. 平面磨削和其他磨削方式相比，各有什么特点？各应用于什么场合？
6. 连杆类零件在选择定位基准时有什么特点？
7. 拨叉类零件在选择定位基准时有什么特点？
8. 如何确定车床夹具与机床间的安装？
9. 举例说明在一般车床夹具中影响加工精度的主要原因并进行分析。

项目五

箱体类零件加工工艺与常用装备

【项目导读】

本项目主要介绍箱体类零件的通用特性，箱体平面和箱体孔系的加工方法与装备，以及典型箱体类零件的机械加工工艺过程的制订。本项目具体包含下列内容。

1) 箱体类零件概述；
2) 箱体类零件孔系常用加工方法与装备；
3) 箱体类零件的装夹方法；
4) 典型箱体类零件加工工艺分析；
5) 技能训练。

学生通过对本项目内容的学习，可以了解箱体类零件加工工艺分析方法，掌握箱体类零件表面加工方法、工艺特点与所对应的工艺装备；通过对典型箱体类零件的加工工艺分析，掌握箱体类零件图样分析方法，确定主要加工表面的加工方案与加工装备，确定定位方法、热处理方法，拟订加工顺序，计算工序尺寸，编写加工工艺文件，进行加工工艺分析。通过技能训练，进一步掌握箱体类零件工艺文件的编制方法，学会箱体类零件的平面与孔系加工的操作技能，提升学生的职业素养。

单元一 箱体类零件概述

14. 箱体零件概述

一、箱体类零件的功用与结构特点

箱体类零件是箱体部件或机器的基础件，用于将箱体部件或机器上的轴、轴承、齿轮和套等零件装配成一个整体，并保持正确的相互位置关系，以传递转矩或改变转速来完成规定的运动。如机床主轴箱、机床进给箱、发动机气缸体、减速器箱体和水泵泵壳等，都属于箱体类零件。图 5-1 所示为几种常见的箱体类零件。其中，图 5-1a、b、d 所示均为整体式箱体，图 5-1c 所示为分离式箱体。整体式箱体进行整体铸造和加工，加工较困难，但装配精度高；分离式箱体的组成部分分开制造，便于加工和装配，但增加了装配工作量。

箱体基本上是由六个或五个平面组成的封闭式多面体。箱体的尺寸大小和结构形式随着机器的结构和箱体在机器中功用的不同有较大的差异。但从工艺上分析，它们仍有许多共同之处，其结构特点是：

（1）形状复杂　箱体通常作为装配的基础件，箱体上安装的零件或部件越多，箱体形状越复杂。由于安装时要有定位面、定位孔，还有固定用的螺纹孔，因此，为了支承零部件，箱体需要有足够的刚度，采用较复杂的截面形状和加强筋等；为了储存润滑油，需要具有一定形状的空腔，还要有观察孔、放油孔等；考虑到吊装、搬运，还必须有吊钩、凸耳等。

（2）体积较大　箱体内要安装和容纳有关的零部件，因此，必然要求箱体有足够大的体积。例如，大型减速器箱体长达 4~6m，宽为 3~4m。

（3）壁薄且厚薄不均，容易变形　箱体体积大，形状复杂，又要求减少质量，所以一般设计成腔形薄壁结构。但是，在铸造、焊接和切削加工过程中往往会产生较大的内应力，引起箱体变形。即使在搬运过程中，由于方法不当也容易引起箱体变形。

（4）有精度要求较高的孔和平面　这些孔大多是轴承的支承孔，平面大多是装配的基准面，它们在尺寸精度、表面质量、几何精度等方面都有较高要求，其加工精度将直接影响箱体的装配精度及使用性能。

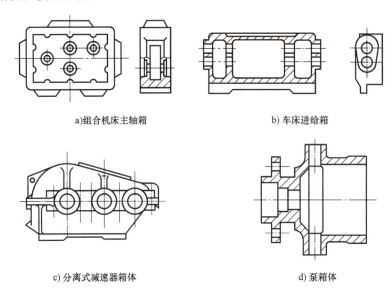

a) 组合机床主轴箱　　　　　b) 车床进给箱

c) 分离式减速器箱体　　　　d) 泵箱体

图 5-1　几种常见的箱体类零件

箱体类零件加工部位多，加工难度大。据统计资料表明，一般中型机床制造厂用于箱体类零件的机械加工工时占整个产品加工工时的 15%~20%。

二、箱体类零件的主要技术要求

箱体类零件的技术要求是根据箱体的工作条件和使用性能制定的。下面以图 5-2 所示的某车床主轴箱箱体为例，分析箱体类零件的精度要求。

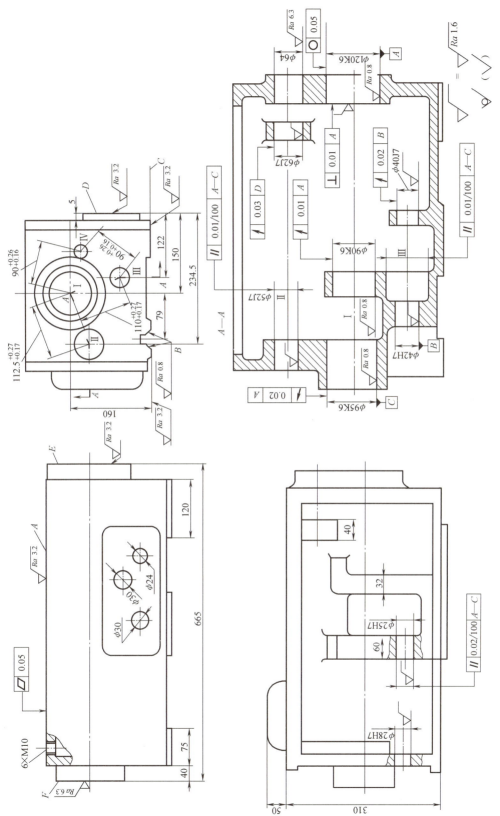

图 5-2 某车床主轴箱箱体简图

（一）主要加工平面的精度要求

箱体的主要加工平面一般是装配基面，装配基面的平面度会影响车床主轴箱与床身套筒的相互位置精度和接触刚度，加工过程中作为定位基面则会影响主要孔的位置精度。此外，箱体顶面的平面度是为了保证箱盖的密封性，防止工作时润滑油泄漏。当大批量生产中将箱体顶面用作定位基面加工孔时，对它的平面度的要求还要提高。

一般箱体主要加工平面的平面度公差为 0.1～0.04mm，表面粗糙度 Ra 为 3.2～0.8μm，各主要加工平面之间的垂直度、平行度公差为（0.1～0.03）mm/300mm。

（二）孔的精度要求

箱体上轴承支承孔的尺寸误差和几何误差会造成轴承与孔的配合不良。孔径过大，配合过松，主轴回转轴线不稳定，并降低了支承刚度，易产生振动和噪声；孔径过小会使配合过紧，轴承将因外圈变形而不能正常运转，缩短寿命。轴承支承孔不圆，也使轴承外圈变形而引起主轴径向跳动。因此，对孔的精度要求是很高的。

一般机床主轴箱的主轴支承孔尺寸公差等级为 IT6，圆度、圆柱度公差不超过孔径尺寸公差的一半，表面粗糙度 Ra 为 1.6～3.2μm。其余支承孔尺寸公差等级为 IT7～IT6，表面粗糙度 Ra 为 3.2～0.8μm，孔的几何精度未做规定，一般控制在尺寸公差范围内。

（三）孔与孔的位置精度要求

同一轴线上各孔的同轴度误差和孔端面对轴线的垂直度误差过大，会使轴和轴承装配到箱体内出现歪斜，从而造成主轴径向跳动和轴向窜动，加剧轴承磨损。孔系之间的平行度误差或垂直度误差还影响齿轮的啮合质量，引起振动和噪声。

一般机床主轴箱的孔系之间的孔距公差为 0.12～0.05mm；平行度公差应小于孔距公差，一般取孔距公差的 1/3～1/2；同一轴线上各孔的同轴度公差一般取最小孔尺寸公差的 1/2，或取 0.04～0.01mm。

（四）孔和主要加工平面的位置精度要求

孔和主轴箱安装基面的平行度公差决定了主轴和床身导轨的位置关系。一般规定主轴轴线对安装基面的垂直度公差和平行度公差为 0.1～0.04mm。在垂直和水平两个方向上，只允许主轴前端向上和向前偏。各支承孔与装配基准面之间应有一定的距离尺寸精度要求。

该车床主轴箱箱体的精度要求见表 5-1。

表 5-1 车床主轴箱箱体的精度要求

精度要素		尺寸精度	几何精度	表面粗糙度 Ra
主要加工平面的精度要求		未注公差	主要平面的平面度公差为 0.1～0.04mm，各主要平面之间的垂直度、平行度公差为(0.1～0.03)mm/300mm	3.2～0.8μm
孔的精度要求	主轴支承孔	IT6	圆度、圆柱度公差不超过孔径公差的一半	1.6～3.2μm
	其余支承孔	IT7～IT6	一般公差	3.2～0.8μm
孔与孔的位置精度要求	孔系之间	孔距公差一般为 0.05～0.012mm	平行度公差应小于孔距公差，一般在全长上取 0.01～0.04mm	—
	同轴线孔	—	同轴度公差一般为 0.01～0.04mm	—
孔和主要加工平面的位置精度要求		各支承孔与装配基准面之间应有一定的距离尺寸精度要求	主轴轴线对安装基面的垂直度公差和平行度公差为 0.1～0.04mm	—

三、箱体类零件的材料、毛坯

箱体类零件结构复杂，壁薄且不均匀，应选用易于成形的制造方法和材料。铸造适合生产形状复杂的零件，也不受零件壁厚影响，与一般锻件、焊接件相比，铸件尺寸精度较高，加工余量较小，可以节省金属消耗，减少切削加工费用。铸铁可加工性好，容易成形，成本低廉，而且具有良好的耐磨性和吸振性。因此，箱体零件一般选用各种牌号的灰铸铁，常用的牌号有HT150～HT400。精密箱体零件可选用耐磨铸铁。

某些负荷较大的箱体根据设计需要采用铸钢件毛坯。某些简易箱体或单件、小批量生产的箱体，为了缩短毛坯制造周期，采用钢板焊接结构。为了减轻质量，特定条件下也可采用铝合金或铝镁合金制做箱体毛坯，如航空发动机箱体和某些汽车发动机变速器箱体。

箱体类零件形状复杂，壁薄且不均匀，铸造毛坯时会产生较大的铸造应力。因此，为了消除铸造应力，减少变形，保证加工精度的稳定性，毛坯铸造后要安排人工时效处理。精度要求高或形状复杂的箱体还应在粗加工后再进行一次人工时效处理，以消除粗加工造成的内应力，提高加工精度的稳定性。对于特别精密的箱体，在机械加工过程中应安排较长时间的自然时效处理。有些精度要求不高的箱体，也可不安排人工时效处理，而是利用粗加工、精加工工序间的停放时间进行自然时效处理。

单元二　箱体类零件孔系常用加工方法与装备

箱体上若干有相互位置精度要求的孔的组合，称为孔系。孔系可以分为平行孔系、同轴孔系和交叉孔系，如图5-3所示。

孔系加工是箱体加工的关键。根据箱体加工批量的不同和孔系精度要求的不同，孔系加工所用的方法也不一样。

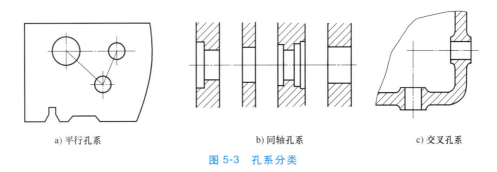

a) 平行孔系　　　　　　　b) 同轴孔系　　　　　　　c) 交叉孔系

图5-3　孔系分类

一、平行孔系加工

平行孔系是指既要求孔的轴线互相平行，又要求保证孔距精度的一些孔。保证平行孔系孔距精度和位置精度的方法有找正法、镗模法和坐标法。

（一）找正法

找正法是在通用机床（镗床、铣床）上，利用辅助工具来找正所要加工孔的正确位置的加工方法。找正法加工效率低，一般只适用于单件小批生产。找正法主要有以下几种。

1. 划线找正法

如图 5-3a 所示，加工前按照零件图在毛坯上划出各孔的位置轮廓线，然后按划线依次找正各孔的位置并进行加工的方法，称为划线找正法。由于存在划线、找线误差，获得的孔距精度不高，一般为±0.5mm。

划线找正法可结合试切法提高孔距精度，但由于仍存在测量找正误差，对工人技术水平要求较高，操作困难，故生产效率仍较低，多用于孔距精度要求不高，生产批量较小的箱体零件平行孔系的加工。

2. 心轴和量规找正法

如图 5-4a 所示，镗第一排孔时将心轴（或直接利用镗床主轴）插入主轴孔内，然后根据孔和定位基准的距离组合一定尺寸的量规来找正主轴位置，找正时用塞尺测定量规与心轴之间的间隙，以避免量规与心轴（或镗床主轴）直接接触而损伤量规。镗第二排孔时，如图 5-4b 所示，分别在机床主轴和已加工孔中插入心轴，采用同样的方法来找正主轴轴线的位置，以保证孔中心距的精度。这种找正法其孔距精度可达±0.03mm。

3. 样板找正法

样板找正法是利用精度很高的样板确定孔的加工位置的方法。如图 5-5 所示，用 10~20mm 厚的钢板制成样板，装在垂直于各孔的端面上（或固定于机床工作台上）。样板上的孔距精度较箱体孔系的孔距精度高（一般为±0.03mm），样板上的孔径较工件的孔径大，以便于镗杆通过。此法对样板上的孔径的要求不高，但要有较高的形状精度和较小的表面粗糙度值。

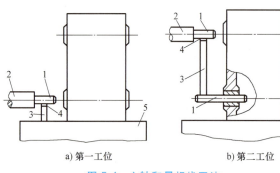

a) 第一工位　　　　b) 第二工位

图 5-4　心轴和量规找正法

1—心轴　2—镗床主轴　3—量规　4—塞尺　5—镗床工作台

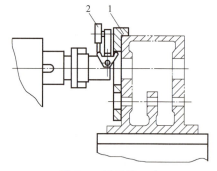

图 5-5　样板找正法

1—样板　2—千分表

当样板准确地装到工件上后，在机床主轴上装一个千分表，按样板找正机床主轴。找正后，即可换上镗刀加工。

此法加工孔系不易出差错，方便找正，孔距精度可达±0.05mm。这种样板的制造成本低，仅为镗模成本的 1/9~1/7，单件小批生产的大型箱体加工可用此法。

（二）镗模法

利用镗模加工孔系的方法，称为镗模法如图 5-6a 所示。工件 5 装夹在镗模上，镗刀杆 4 被支承在镗刀杆导套 6 中，导套的位置决定了镗刀杆的位置，装在镗刀杆上的镗刀 3 用于加工工件上相应的孔。

当用两个或两个以上的支承来引导镗刀杆时，镗刀杆与机床主轴必须浮动连接，如图 5-6b 所示。当采用浮动连接时，机床精度对孔系加工精度影响很小，因而可以在精度较

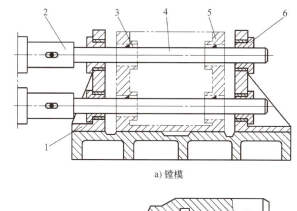

a) 镗模

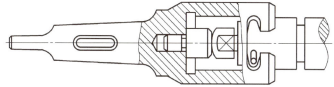

b) 镗刀杆与机床主轴浮动连接

图 5-6 用镗模加工孔系

1—镗模 2—活动套筒头 3—镗刀 4—镗刀杆 5—工件 6—镗刀杆导套

低的机床上加工出精度较高的孔系。

镗模法加工的孔距精度主要取决于镗模的制造精度和镗刀杆与导套的配合精度，一般可达±0.05mm。当从一端加工、镗刀杆两端均有导向支承时，孔与孔之间的同轴度和平行度公差可达 0.02~0.03mm；当分别由两端加工时，可达 0.04~0.05mm。

（三）坐标法

坐标法镗孔是在普通卧式镗床、坐标镗床或数控镗铣床等设备上，借助于精密测量装置，调整机床主轴与工件间在水平和垂直方向的相对位置，来保证孔距精度的一种镗孔方法。图 5-7 所示是在卧式镗铣床上用百分表和量规来调整主轴垂直和水平坐标位置。采用坐标法镗孔之前，必须把各孔距尺寸及公差换算成以主轴孔中心为原点的相互垂直的坐标尺寸及公差。目前许多工厂编制了主轴箱阶梯轴坐标计算程序，用计算机可很快完成该项工作。

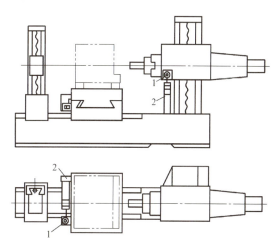

图 5-7 在卧式镗铣床上用坐标法加工孔系

1—百分表 2—量规

二、同轴孔系加工

成批生产中，箱体上同轴孔的同轴度几乎都由镗模来保证。单件小批生产中，其同轴度用下面几种方法来保证。

（一）利用已加工孔做支承导向

如图 5-8 所示，当箱体前壁上的孔加工好后，在孔内装一导向套，以支承和引导镗刀杆，加工后壁上的孔，从而保证两孔的同轴度。这种方法只适用于加工箱壁较近的孔。

（二）利用镗床后立柱上的导向套进行支承导向

利用镗床后立柱上的导向套进行支承导向时，镗刀杆由两端支承，刚度好。但此法调整麻烦，镗刀杆长、较笨重，故只适用于单件小批生产中大型箱体的加工。

（三）采用调头镗

当箱体的箱壁相距较远时，可采用调头镗。工件在一次装夹下，镗好一端孔后，将镗床工作台回转180°，调整工作台位置，使已加工孔与镗床主轴同轴，然后再加工另一端的孔。

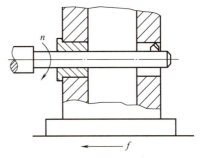

图 5-8 利用已加工孔导向

当箱体上有一较长并与所镗孔轴线有平行度要求的平面时，可用此平面作为工艺基面。镗孔前应先用装在镗刀杆上的百分表对此工艺基面进行找正，如图5-9a所示，使其和镗刀杆轴线平行，找正后加工孔 B。孔 B 加工后，回转工作台，并用镗刀杆上装的百分表沿此工艺基面重新找正，这样就可保证工作台准确地回转180°，如图 5-9b 所示。然后再加工孔 A，从而保证孔 A、B 同轴。若工件上无长的工艺基面，也可将直尺置于工作台上，此时直尺表面即为工艺基面，调整方法相同。

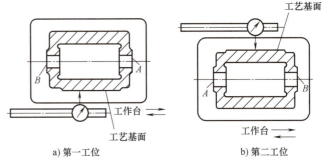

图 5-9 调头镗时工件的找正

三、交叉孔系加工

交叉孔系的主要技术要求是控制有关孔的垂直度误差，在普通镗床上主要靠机床工作台上的90°对准装置来控制。此装置是挡铁装置，结构简单，但对准精度低。近年来，由于数控机床的快速发展，交叉孔系的垂直精度得到了较大提升，如国产机床 KT6561，其定位精度为5″。

当有些镗床工作台90°对准装置精度很低时，可用心棒与百分表找正来提高其定位精度，即在加工好的孔中插入心棒，工作台转位90°，转动工作台用百分表找正，如图5-10 所示。

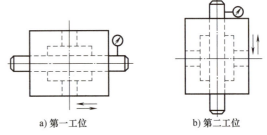

图 5-10 找正法加工交叉孔系

四、箱体孔系加工精度分析

（一）镗刀杆受力变形的影响

镗刀杆受力变形是影响镗孔质量的主要原因之一。尤其当镗刀杆与主轴刚性套筒连接且采用悬臂镗孔时，镗刀杆的受力变形最为严重，现以此为例进行分析。

悬臂镗刀杆在镗孔过程中,受到切削力矩 M、切削力 F_r 及镗刀杆自重 G 的作用。切削力矩 M 使镗刀杆产生弹性扭曲,主要影响工件的表面粗糙度和刀具的寿命;切削力 F_r 和自重 G 使镗刀杆产生弹性弯曲(挠曲变形),对孔系加工精度的影响严重,下面分析 F_r 和 G 的影响。

1. 由切削力 F_r 所产生的挠曲变形

镗孔过程中,假设作用在镗刀杆上的切削力 F_r 大小不变。相对于被加工孔表面,切削力 F_r 的方向随镗刀杆的旋转不断地改变。若由切削力 F_r 引起的刀尖径向位移为 f_F,则镗刀杆的中心偏离了原来的理想中心。但因切削力大小不变,刀尖的运动轨迹仍然呈正圆,所镗孔的直径比刀具调整尺寸减少了 $2f_F$,如图 5-11 所示。f_F 的大小与切削力 F_r 和镗刀杆的伸出长度有关,F_r 越大或镗刀杆伸出越长,则 f_F 就越大。

但应该指出,在实际生产中由于实际加工余量的变化和材质的不均匀,切削力 F_r 的大小是变化的,因此刀尖运动轨迹不可能是正圆。同理,在被加工孔的轴线方向上,由于加工余量和材质的不均匀,或者采用镗刀杆进给时,镗刀杆的挠曲变形也是变化的。

2. 由镗刀杆自重 G 所产生的挠曲变形 f_G

在镗孔过程中,镗刀杆自重 G 的大小和方向不变,因此,由它所产生的镗刀杆挠曲变形 f_G 的方向始终垂直向下,如图 5-12 所示。镗刀杆实际回转中心始终低于理想回转中心一个 f_G 值,刀尖的运动轨迹仍然呈圆形,且圆的大小基本不变。G 越大或镗刀杆悬伸越长,则 f_G 越大。

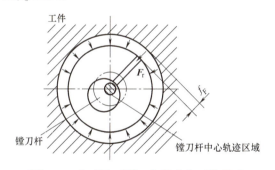

图 5-11 切削力对镗刀杆挠曲变形的影响

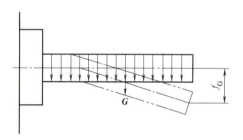

图 5-12 自重对镗刀杆挠曲变形的影响

高速镗削时,由于陀螺效应,由镗刀杆自重所产生的挠曲变形很小。低速精镗时,由切削力 F_r 所产生的挠曲变形 f_F 较小,相比之下自重 G 所产生的挠曲变形 f_G 较大,即自重 G 对孔加工精度影响较大。

3. 镗刀杆在自重 G 和切削力 F_r 共同作用下的挠曲变形

事实上,镗刀杆在每一瞬间所产生的挠曲变形,都是切削力 F_r 和自重 G 所产生的挠曲变形的合成,可见在 F_r 和 G 的综合作用下,镗刀杆的实际回转中心偏离了理想回转中心。由于材质不匀、加工余量的变化、切削用量的不一致以及镗刀杆伸出长度的变化,使镗刀杆的实际回转中心在切削过程中做无规律的变化,从而引起了孔系加工中的各种误差。对同一孔的加工,引起圆柱度误差;对同轴孔系加工,引起同轴度误差;对平行孔系加工,引起孔距误差和平行度误差。粗加工时,切削力大,这种影响比较显著;精加工时,削力小,这种影响也就比较小。

从以上分析可知，镗刀杆在自重和切削力作用下的挠曲变形，对孔的形状精度和相互位置精度都有显著的影响。因此，在镗孔中必须十分注意提高镗刀杆的刚度，一般可采取下列措施：

1）尽可能加粗镗刀杆直径，减少其悬伸长度。

2）采用导向装置，使镗刀杆的挠曲变形得以约束。

3）也可通过减小镗刀杆自重和减小切削力对挠曲变形的影响来提高孔系加工精度。当镗刀杆直径较大时（φ80mm以上），应加工成空心，以减轻重量；合理选择定位基准，使加工余量均匀；精加工时采用较小的切削用量，并使加工各孔所用的切削用量基本一致，以减小切削力的影响。

（二）镗刀杆与导向套的精度及配合间隙的影响

采用导向装置或镗模镗孔时，镗刀杆由导套支承，镗刀杆的刚度较悬臂镗时大大提高。此时，镗刀杆与导套的几何精度及其配合间隙，将成为影响孔系加工精度的主要因素之一，具体分析如下。

由于镗刀杆与导套之间存在一定的配合间隙，在镗孔过程中，当切削力大于镗刀杆自重时，刀具不管处在任何切削位置，切削力都可以推动镗刀杆紧靠在与切削位置相反的导套内表面上。这样，随镗刀杆的旋转，镗刀杆表面以一固定部位沿导套的整个内圆表面滑动。因此，导套的圆度误差将引起被加工孔的圆度误差，而镗刀杆的圆度误差对被加工孔的圆度误差没有影响。

精镗时，切削力很小，通常 $F_r<G$，切削力 F_r 不能抬起镗刀杆。随着镗刀杆的旋转，镗刀杆轴颈以不同部位沿导套内孔的下方摆动，如图 5-13 所示。显然，刀尖运动轨迹为一个圆心低于导套中心的非正圆，直接造成了被加工孔的圆度误差。此时，镗刀杆与导套的圆度误差也将反映到被加工孔上而引起圆度误差。当加工余量与材质不同或切削用量选取不一样时，使切削力发生变化，引起镗刀杆在导套内孔下方的摆幅也不断变化。这种变化对同一孔的加工，可能引起圆柱度误差；对不同孔的加工，可能引起相互位置的误差和孔距误差。所引起的这些误差的大小与导套和镗刀杆的配合间隙有关，配合间隙越大，在切削力作用下，镗刀杆的摆动范围越大，所引起的误差也就越大。

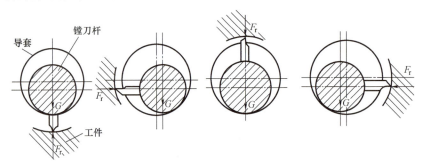

图 5-13 $F_r<G$ 时镗刀杆在导套下方摆动

综上所述，在有导向装置的镗孔中，为了保证孔系加工质量，除了要保证镗刀杆与导套本身必须具有较高的几何精度外，尤其要注意合理地选择导向方式和保持镗刀杆与导套合理配合的间隙，在采用前、后双导向支承时，应使前、后导向的配合间隙一致。此外，由于这种影响还与切削力的大小和变化有关，因此在加工工艺上应注意合理选择定位基准和切削用量，精加工时，应适当增加走刀次数，以保持切削力稳定，尽量减小切削力的影响。

（三）机床进给运动方式的影响

镗孔时常有两种进给方式：一是由镗刀杆直接进给；二是由工作台在机床导轨上进给。进给方式对孔系加工精度的影响与镗孔方式有关。当镗刀杆与机床主轴浮动套筒采用镗模镗孔时，进给方式对孔系加工精度无明显影响；而采用镗刀杆与主轴刚性套筒悬臂镗孔时，进给方式对孔系加工精度有较大的影响。

1. 悬臂镗镗刀杆进给方式

悬臂镗孔时，若以镗刀杆进给，如图 5-14a 所示，在镗孔过程中随着镗刀杆的不断伸长，刀尖处的挠曲变形量越来越大，使被加工孔越来越小，造成圆柱度误差；若用镗刀杆进给加工同轴线上的各孔，则造成同轴度误差。

2. 悬臂镗工作台进给方式

悬臂镗孔时，采用工作台进给，镗刀杆伸出长度不变，如图 5-14b 所示，在镗孔过程中，刀尖处的挠度值不变（假定切削力不变）。所以，被加工孔的孔径减小一个定值，同时孔的轴线直线性好。镗刀杆的挠曲变形对被加工孔的形状精度和孔系的相互位置精度均无影响。

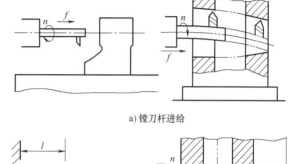

a）镗刀杆进给

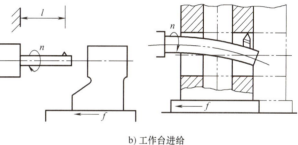

b）工作台进给

图 5-14　机床进给方式

此方式的缺点是：当用工作台进给时，机床导轨的直线度误差会使被加工孔产生圆柱度误差，使同轴线上的孔产生同轴度误差。机床导轨与主轴轴线的平行度误差使被加工孔产生圆度误差，不过在一般情况下圆度误差是极其微小的，可以忽略不计。

因此，在一般的悬臂镗孔中，特别是当孔深大于 200mm 时，大都采用工作台进给；但当加工大型箱体时，镗刀杆的刚度好，而用工作台进给十分沉重，易产生爬行，反而不如镗刀杆进给快，此时宜用镗刀杆进给；另外，当孔深小于 200mm 时，镗刀杆悬伸短，也可直接采用镗刀杆进给。

3. 单支承镗工作台进给方式

镗孔时，采用单支承镗工作台进给方式，镗刀杆悬伸长度要超过被加工孔长度的两倍，刀尖处的挠曲变形量比上述两种进给方式减小一半。此方式和悬臂镗工作台进给方式特征相同：被加工孔的轴线直线性好，孔径减小一个定值，如图 5-15 所示。

4. 单支承镗镗刀杆进给方式

此方式镗刀杆伸出长度不变。当刀尖处于镗刀杆支承和工件之间，切削力产生的挠度比单支承镗工作台进给小，所以抗振性好。但是由于镗刀杆进给，故镗刀在支承间的位置是变化的，因而镗刀杆自重造成的弯曲度就会影响工件孔轴线的直线度误差。所以尽管本方案镗刀杆变形比单支承镗工作台进给小，但轴线的弯曲不易进一步纠正，如图 5-16 所示。

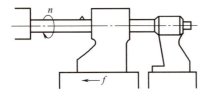
图5-15 单支承镗工作台进给

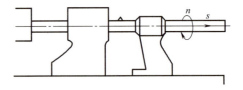
图5-16 单支承镗镗刀杆进给

5. 采用镗模加工

本方案和上述4个方案相比，其变形最小。但由于镗模和工件是以一个整体进给的，在镗削过程中，刀尖挠度为变值，加工出的孔的轴线是弯曲的，而轴线的弯曲不易纠正。采用镗模加工如图5-17所示。

6. 双支承镗工作台进给

采用双支承镗工作台进给时，镗刀杆的跨距比单支承镗镗刀杆进给方式大一倍，但因仅由工作台进给，双支承与刀具的相对位置关系未变，所以刀尖挠度为定值，加工出的孔的轴线是直的，如图5-18所示。

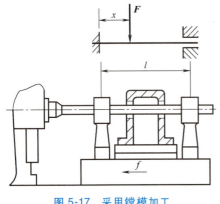
图5-17 采用镗模加工

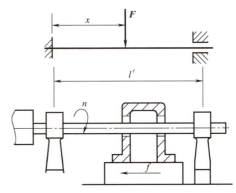
图5-18 双支承镗工作台进给

单元三　箱体类零件的装夹方法

一、箱体类零件定位基准的选择

箱体类零件定位基准的选择，直接关系到箱体上孔与孔之间、平面与平面之间、孔与平面之间的尺寸精度和位置精度是否能够满足要求。

（一）粗基准的选择

粗基准的作用主要是保证不加工面与加工面的位置关系，以及保证加工面的余量均匀。在选择粗基准时，通常应考虑表5-2中的要求。

1）在保证各加工表面均有余量的前提下，应使重要孔的加工余量均匀，孔壁的厚薄尽量均匀，其余部位均有适当的壁厚。

图5-19所示箱体铸造毛坯，尺寸H有公差$T_H = H_2 - H_1$，当第一道工序以下平面定位加工上平面，第二道工序再以上平面定位加工孔时，可能出现孔的加工余量不均匀，严重时出

现余量不足。因此，该箱体应选毛坯孔的中心线作为粗基准。

2）装入箱体内的回转零件（如齿轮、轴套等）应与箱壁有足够的间隙。

3）注意保持箱体必要的外形尺寸。

4）应保证定位稳定，夹紧可靠。

为了满足上述要求，通常选用箱体中重要孔的毛坯孔中心线作为粗基准。必要时再选箱体上与重要孔相距较远的孔中心线同时作为粗基准，以保证定位可靠。

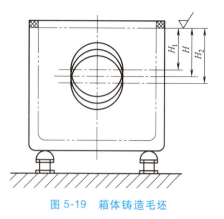

图 5-19 箱体铸造毛坯

（二）精基准的选择

为了保证箱体零件平面与平面、孔与孔、孔与平面之间的相互位置精度，箱体零件精基准选择常采用两个原则：基准重合原则和基准统一原则。

箱体类零件精基准的选择见表 5-2。

表 5-2 箱体类零件精基准的选择

选择原则	精基准	特点	应用场合
基准统一原则	箱体底面（或顶面）及其上两孔的中心线	采用相同的定位基准，避免基准转换带来的累积误差；整个加工工艺过程基准统一，夹具结构简单	大批量生产
基准重合原则	装配基准面	箱体上的装配基准一般为平面，而装配基准平面往往又是其他要素的设计基准，避免了基准不重合带来的定位误差，有利于保证箱体主要表面的相互位置精度	中、小批量生产

二、箱体类零件装夹

箱体类零件的装夹方式与生产方式和定位基准有关，详细情况见表 5-3。

表 5-3 箱体类零件的装夹

定位基准	生产方式及特点	装夹方式	装夹特点
重要孔中心线	大批量生产，毛坯精度高	直接用箱体上的重要孔在专用夹具上定位	工件安装迅速，生产效率高
	单件、小批及中批生产，毛坯精度较低	划线找正法：以主轴孔中心线为粗基准对毛坯进行划线和检查，必要时予以纠正	可以避免专用夹具装夹造成的箱体外形偏斜，甚至局部加工余量不够
箱体底面（或顶面）及其上两孔的中心线	大批量生产	一面两孔定位（图 5-20）	优点：定位基准统一，各工序夹具结构类似，夹具设计简单；当工件两壁的孔跨距大，需中间导向支承时，支承架可以方便地固定在夹具体上 缺点：基准不重合，精度不易保证；箱体口朝下，加工时无法观察加工情况和测量加工尺寸，也不便调整刀具

(续)

定位基准	生产方式及特点	装夹方式	装夹特点
设计基准 （装配基准面）	中、小批量生产	三面定位（图5-21）	优点：装夹可靠，基准重合，定位精度高，箱体口朝上，加工时便于观察、测量和调整 缺点：如需中间导向支承时，中间支承只能采用吊架从箱体顶面开口处伸入箱体内。每加工一个零件，吊架需装卸一次，增加了辅助时间，且吊架刚度差，制造和安装精度不高，影响了箱体的加工质量和生产效率

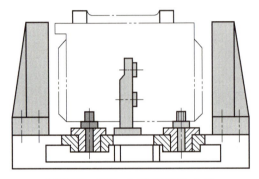

图 5-20　箱体一面两孔定位方式

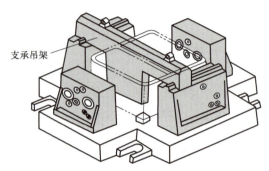

图 5-21　箱体三面定位方式

单元四　典型箱体类零件加工工艺分析

一、简单箱体零件加工工艺分析

工艺任务单

产品名称：简单箱体（图5-22）；

零件功用：支承阶梯轴；

材料：HT150；

热处理：时效处理；

生产类型：批量生产。

工艺任务：

1) 根据图样标注及技术要求，确定零件主要表面加工方案，选择合适的机械装备，确定装夹方式，拟订加工路线；

2) 编制加工工艺文件。

（一）分析图样，确定主要表面加工方案

由图5-22所示的简单箱体零件图可以看出，零件的主要加工表面是$2 \times \phi 52H7$内孔，零件的次要加工表面有$4 \times \phi 12mm$沉孔、M10螺纹孔、顶面、底面和左、右两端面。其中，$\phi 52H7$内孔在卧式加工中心加工后再在M1432磨床上磨削，4个均布的沉孔和M10螺纹孔利用立式加工中心加工。由于是大批量生产，根据生产要求，配套专用钻夹具装夹，进行钻孔、锪孔；顶面、左、右两端面和底面的粗铣采用数控铣床加工，顶面和底面的精铣在立式

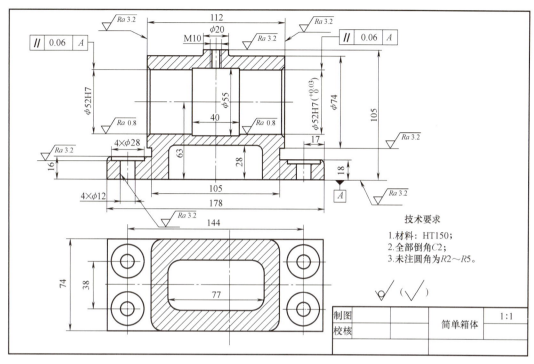

图 5-22 简单箱体零件图

加工中心上加工,左、右两端面的精铣在卧式加工中心上加工。简单箱体各加工表面的加工方案与装备见表 5-4。

表 5-4 简单箱体各加工表面的加工方案与装备

序号	加工部位	精度等级（或标准公差值）	表面粗糙度 $Ra/\mu m$	加工方案	加工装备
1	φ52H7 内孔	IT7	0.8	粗镗-精镗-磨削	卧式加工中心、M1432 磨床、专用夹具
2	φ12mm 内孔	—	3.2	钻孔-铰孔	VC600 立式加工中心、专用夹具
3	底面	—	3.2	粗铣-精铣	XK5032 铣床、VC600 立式加工中心、专用夹具
4	顶面	—	3.2	粗铣-精铣	XK5032 铣床、VC600 立式加工中心、专用夹具
5	左、右两端面	—	3.2	粗铣-精铣	XK5032 铣床、卧式加工中心、专用夹具
6	M10 螺纹孔	—	—	钻孔-攻螺纹	VC600 立式加工中心、专用夹具

（二）确定毛坯

由工艺任务单可知,该箱体材料为 HT150,因此毛坯选用铸造毛坯,生产批量要求是批量生产,毛坯重量不大,因此选用金属型铸造毛坯。这样生产效率高,毛坯表面质量高。

（三）确定热处理方法

由工艺任务单可知,该箱体的热处理为时效处理,主要是为了消除热应力,稳定组织。

（四）确定装夹基准与装夹方式

粗加工、精加工方法不同,装夹方式也不一样。根据该箱体零件技术要求,各工序采用以下方法装夹。

1) 铣工序：以面定位。粗铣底面时以顶面定位,粗铣顶面和端面时以底面定位。精铣底面时以顶面定位,再以底面定位精铣顶面。

2）钻、铰工序：以底面定位。

3）镗工序：以底面定位。

4）磨工序：以底面定位。

(五) 划分加工阶段、确定加工顺序

根据加工阶段划分要求和零件表面加工精度要求，根据该箱体零件的主要加工表面 2×ϕ52H7 内孔可划分为三个加工阶段：粗加工阶段（孔的粗镗）、半精加工阶段（孔的精镗）和精加工阶段（孔的磨削）。

该箱体零件结构简单，成批生产，根据切削加工顺序的安排原则（先面后孔，先基准后其他），并按照工序集中原则，确定其加工顺序为：

铸造毛坯→清砂→时效处理（退火）→铣削加工→钻孔→攻螺纹→锪孔→铰孔→镗孔→磨孔→检验。

(六) 编制工艺文件

1. 编制加工工艺过程卡

简单箱体零件的加工工艺过程卡，见表5-5。

表5-5 简单箱体零件机械加工工艺过程卡

工序号	工序名	工步	工序(步)内容	工艺装备		
				机床	刀具	夹具
1	铸造	—	金属型铸造毛坯	—	—	—
2	清砂	—		—	—	—
3	热处理	—	人工时效处理	—	—	—
4	油底漆	—		—	—	—
5	粗铣	1	以距底面高度为18mm的台面定位装夹工件,粗铣底面,留精铣余量1.5mm	XK5032铣床	面铣刀	专用夹具
		2	以底面定位装夹工件,粗铣顶面,留精铣余量1.5mm	XK5032铣床	面铣刀	专用夹具
		3	以底面定位装夹工件,粗铣左、右两端面,留精铣余量1.5mm	XK5032铣床	面铣刀	专用夹具
6	精铣	1	以顶面为基准装夹工件,精铣底面至图样要求,保证高度尺寸18mm	VC600立式加工中心	面铣刀	专用夹具
		2	以底面定位装夹工件,精铣顶面至图样要求,保证高度尺寸105mm	VC600立式加工中心	面铣刀	专用夹具
7	钻孔、铰孔	1	以底面定位装夹工件,钻4×ϕ12mm孔至ϕ11.8mm	VC600立式加工中心	ϕ11.8mm麻花钻	专用夹具
		2	以底面定位装夹工件,钻M10螺纹孔至ϕ8.5mm	VC600立式加工中心	ϕ8.5mm麻花钻	专用夹具
		3	攻M10螺纹孔	VC600立式加工中心	丝锥	专用夹具
		4	以底面定位装夹工件,锪4×ϕ28mm孔	VC600立式加工中心	ϕ28mm锪钻	专用夹具
		5	以底面定位装夹工件,铰4×ϕ12mm孔至图样要求	VC600立式加工中心	铰刀	专用夹具

项目五　箱体类零件加工工艺与常用装备

（续）

工序号	工序名	工步	工序(步)内容	工艺装备		
				机床	刀具	夹具
8	镗孔	1	以底面定位装夹工件,精铣右端面,保证表面粗糙度	卧式加工中心	面铣刀	专用夹具
		2	粗镗ϕ52mm 内孔至ϕ50mm	卧式加工中心	粗镗刀	专用夹具
		3	粗镗内孔ϕ55mm,保证长度 40mm	卧式加工中心	粗镗刀	专用夹具
		4	精镗ϕ52H7 内孔至ϕ51.75mm,留余量 0.25mm	卧式加工中心	精镗刀	专用夹具
		5	倒角	卧式加工中心	45°镗刀	专用夹具
		6	转台旋转 180°,精铣左端面,保证顶面长度尺寸 112mm	卧式加工中心	面铣刀	专用夹具
		7	倒角	卧式加工中心	45°镗刀	专用夹具
9	磨孔	1	以底面定位装夹工件,磨ϕ52H7 内孔至尺寸	M1432 磨床	砂轮	专用夹具
		2	调头旋转 180°,磨ϕ52H7 内孔至尺寸	M1432 磨床	砂轮	专用夹具
10	钳工	—	去毛刺			
11	检验	—	合格入库			

2. 编制加工工序卡

加工工序卡是为了约束加工人员严格按照工序卡规定的工步顺序、工艺装备、工艺参数、切削加工时间等进行加工。工序卡上的工序简图,是经过该工序后,零件的精度状态,一般情况下是比较重要的工序。图 5-22 所示的简单箱体零件加工过程中镗孔工序较为重要,因此编制镗孔工序卡,见表 5-6。

（七）工艺分析

1. 尺寸精度

图 5-22 所示的简单箱体,ϕ52H7 内孔精度要求最高,在卧式加工中心上利用编程控制刀路,容易保证,其余的长度尺寸、内孔尺寸、套筒孔尺寸和螺栓孔尺寸精度要求不高,容易保证。

2. 几何精度

简单箱体零件的几何公差只有一项,ϕ52H7 内孔的中心线与底面有平行度要求,基准要素是底面,因此在加工过程中必须先精加工底面,达到图样规定要求,然后以底面为基准装夹工件,加工 ϕ52H7 内孔,才能保证平行度,平行度公差 0.06mm 由专用夹具保证。

3. 表面粗糙度

简单箱体零件表面质量要求最高的表面粗糙度 Ra 为 $0.8\mu m$,是 ϕ52H7 内孔面,在卧式加工中心上利用高转速和少的切削用量能够保证。底面、顶面和左、右两端面表面粗糙度均为 $Ra3.2\mu m$,铣削加工能够保证;$4\times\phi$12mm 内孔面表面粗糙度 Ra 为 $3.2\mu m$,钻、铰加工能够保证;螺纹孔表面粗糙度 Ra 为 $3.2\mu m$,在钻孔过程中也能保证。

表 5-6 简单箱体机械加工工序卡

××车间	机械加工工序卡		产品型号		零件图号		共 页	第 页
			产品名称		零件名称	简单箱体	件数	
					工序号	8	毛坯种类	表面硬度 ≥280HBW
					设备名称 卧式加工中心	设备型号	铸造毛坯	
							设备编号	
					夹具编号	夹具名称 专用夹具	切削液	
					工位器具编号	工位器具名称	工序工时（分）	
							准终	单件

工步号	工步内容	主轴转速/（r/min）	切削速度/（m/min）	进给量/（mm/r）	背吃刀量/mm	进给次数	工步工时	
							机动	辅助
1	以底面定位装夹工件，精铣台端面，保证表面粗糙度							
2	粗镗 φ52mm 内孔至 φ50mm	2000	200	0.2	0.1	5		
3	粗镗内孔 φ55mm，保证长度 40mm	2000	200	0.25	0.1	5		
4	精镗 φ52H7 内孔至 φ51.75mm，留余量 0.25mm	2000	200	0.2	0.1	5		
5	倒角							
6	转台旋转 180°，精铣左端面，保证顶面长度尺寸 112mm	2000	200	0.25	0.3	5		
7	倒角							
		设计（日期）	校对（日期）	审核（日期）	标准化（日期）		会签（日期）	
标记	处数	更改文件号	签字	日期				
标记	处数	更改文件号	签字	日期				

4. 检测方法

（1）线性尺寸检测　简单箱体零件线性尺寸检测方法较为简单，除 $\phi52H7$ 内孔用内径百分表检测外，其余外径、内孔、长度、螺纹孔直径用千分尺或游标卡尺能满足测量要求。

（2）表面粗糙度检测　表面粗糙度可以用比较法检测，也可以用便携式表面粗糙度检测仪进行检测。

（3）平行度检测　如图 5-23 所示，在简单箱体 $\phi52H7$ 内孔中安装一根心轴，心轴与孔无间隙配合，然后利用磁性表座，安装一块百分表。将工件安装在三个千斤顶上，先调整千斤顶，用打表法使箱体底面与测量工作台平行，然后移动磁性表座，测量心轴两端最高点的高度差值 H。平行度误差为

$$\Delta = \frac{L_1}{L_2}H$$

式中　L_1——箱体上孔的长度；
　　　L_2——测量时两测量点之间的距离。

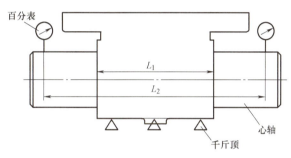

图 5-23　简单箱体平行度检测

二、减速器箱体加工工艺分析

减速器是一种由封闭在刚性壳体内的齿轮传动副、蜗杆传动副、齿轮-蜗杆传动副所组成的独立部件，常用做原动件与工作机之间的减速传动装置，在原动机和工作机或执行机构之间起匹配转速和传递转矩的作用。使用它的目的是降低转速，增加转矩。

减速器箱体是安装各阶梯轴的基础部件。由于减速器工作时各轴之间传递转矩时要产生比较大的反作用力，并作用在箱体上，因此要求箱体具有足够的刚度，以确保各阶梯轴的相对位置精度。一般为了制造与装配方便，减速器箱体常做成剖分式，分为箱盖和底座两部分。这种剖分式减速器箱体在矿山、冶金和起重运输机械中广泛应用。剖分式减速器箱体具有一般箱体零件的结构特点，壁薄、中空、形状复杂，结构表面多为平面和孔。

部分式减速器箱体零件的主要加工表面有：

（1）孔系加工　减速器箱体的孔与轴承外圈配合，精度要求较高，一般尺寸公差等级为 IT7，且有同轴度、垂直度和平行度要求。

（2）接合面的加工　箱盖与底座的接合面一般有平面度要求，表面粗糙度值较小。

（3）轴承端盖面的加工　一般在镗床上加工，利用一次安装，加工端面与轴承孔，保证孔与孔的同轴度，还可以保证端面与孔中心线的垂直度。

（4）螺栓孔系加工　箱盖与底座之间一般有 6 个以上螺栓套筒，底座上一般还有 6 个

左右的地脚螺栓套筒孔。这些孔之间都要求保证中心距。

减速器箱体机械加工工艺过程分析如下:

工艺任务单

产品名称:齿轮减速器箱体;

零件功用:支承阶梯轴;

材料:HT200;

热处理:时效处理;

生产类型:批量生产。

工艺任务:

1)根据图样(图5-24~图5-26)标注及技术要求,确定零件主要表面加工方案,选择合适的机械装备,确定装夹方式,拟订加工路线;

2)编制工艺文件。

(一)零件工艺性分析

(1)底座和箱盖 部分式减速器箱体的切削加工面较多,有接合面、轴承支承孔、油孔、螺栓孔等,尺寸精度和相互位置精度有一定要求。接合面的加工一般不困难,但轴承支承孔的加工精度高,而且要保证孔与孔、孔与平面之间的相互位置精度,这是加工的关键。

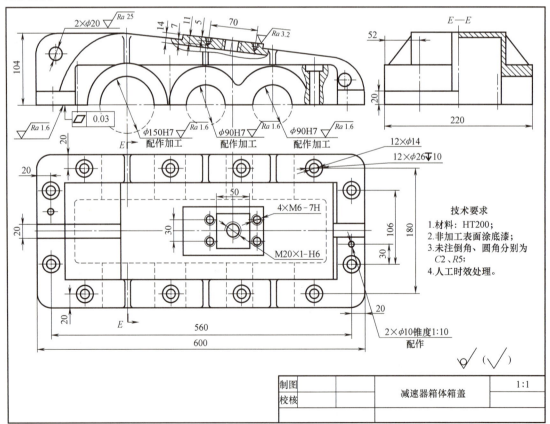

图5-24 减速器箱体箱盖

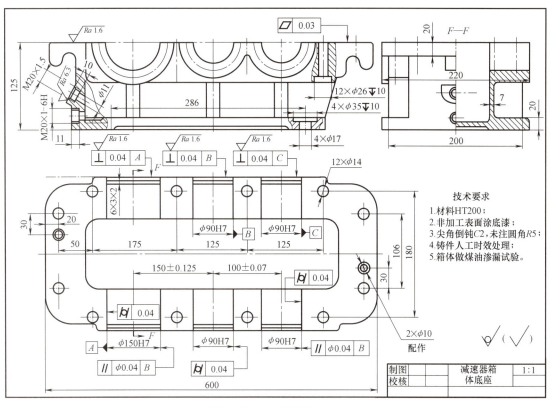

图 5-25 减速器箱体底座

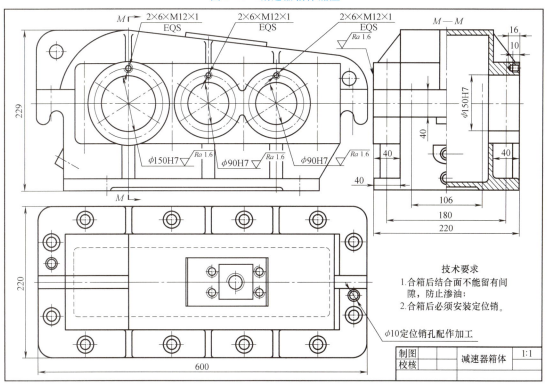

图 5-26 减速器箱体

从图 5-24 和图 5-25 可以看出，减速器箱体有如下技术要求：
1) ϕ150mm、两 ϕ90mm 三孔中心线的平行度公差为 ϕ0.04mm；
2) ϕ150mm、两 ϕ90mm 三孔的圆柱度公差为 0.04mm；
3) 底座、箱盖的接合面的平面度公差为 0.03mm；
4) 轴承孔端面对轴承孔中心线的垂直度公差为 0.04mm；
5) 铸件人工时效处理；
6) 材料：HT200；
7) 底座做煤油渗漏实验。

(2) 部分式减速器箱体的主要技术要求 部分式减速器箱体除了图上标注的技术要求，还有以下技术要求：
1) 接合面对底座的平行度误差不超过 0.5mm/100mm；
2) 轴承支承孔的尺寸公差为 H7，表面粗糙度 Ra 值小于 1.6μm，圆柱度公差不超过孔径公差的一半，孔距精度误差为 ±0.125～0.07mm。

（二）剖分式减速器箱体加工的工艺特点

剖分式减速器箱体虽然遵循一般箱体的加工原则，但是由于结构上的可剖分性，因而在工艺路线的拟订和定位基准的选择方面均有其特点。

(1) 加工阶段的划分 剖分式减速器箱体的整个加工过程分为两个阶段。第一阶段先对底座和箱盖分别进行加工，主要完成接合面、轴承孔端面、紧固孔和定位孔的加工，为箱体的合装做准备；第二阶段在合装好的箱体上加工孔及其端面。在两个阶段之间安排钳工工序，将箱盖和底座合装成箱体，并用两销定位，使其保持一定的位置关系，以保证轴承孔的加工精度和拆装后的重复定位精度。

(2) 定位基准的选择

1) 粗基准的选择。剖分式减速器箱体最先加工的是底座和箱盖的接合面。剖分式减速器箱体一般不能以轴承孔的毛坯面作为粗基准，而是以凸缘的不加工面为粗基准，即箱盖和底座均以凸缘面为粗基准。这样可以保证凸缘厚薄均匀，减小箱体合装时接合面的变形。

2) 精基准的选择。剖分式减速器箱体的接合面与底面（装配基准）有一定的尺寸精度和相互位置精度要求；轴承孔轴线应在接合面上，与底面也有一定的尺寸精度和相互位置精度要求。为了保证以上几项要求，加工底座的接合面时，应以底面为精基准，使接合面加工的定位基准与设计基准重合；箱体合装后加工轴承孔时，仍以底面为主要定位基准，并与底面上的两定位孔组成典型的"一面两孔"定位方式。这样，轴承孔的加工，其定位基准既符合基准统一原则，又符合基准重合原则，有利于保证轴承孔轴线与接合面的重合度，以及装配基面的尺寸精度和平行度。

（三）编制工艺过程卡

减速器箱盖和箱体机械加工工艺过程卡见表 5-7～表 5-9。

表 5-7 减速器箱盖机械加工工艺过程卡

工序	工序名称	工步号	工序内容	工艺装备		
				机床	刀具	夹具
1	铸造	—		—	—	—

（续）

工序	工序名称	工步号	工序内容	工艺装备		
				机床	刀具	夹具
2	清砂	—	清除浇注系统、冒口、型砂、飞边等	—	—	—
3	热处理	—	人工时效处理	—	—	—
4	涂漆	—	非加工表面涂防锈漆	—	—	—
5	划线	—	划分割面加工线。划 $\phi 150$mm、两 $\phi 90$mm 三个轴承孔加工线；划接合面加工线			
6	刨	—	以分割面为装夹基准，按划线找正，夹紧工作，刨削顶部斜面，保证厚度尺寸 7mm	刨床	刨刀	专用夹具
7	刨	—	以已加工顶部斜面为定位基准，装夹工件，刨削分割面，保证分割面厚度尺寸 20.5mm，留 0.5mm 磨削余量	刨床	刨刀	专用夹具
8	连接螺栓孔的加工	1	以分割面为基准装夹工件，钻 12×$\phi 14$mm 通孔	Z3050	麻花钻	专用夹用
		2	以分割面为基准装夹工件，锪 12×$\phi 26$mm 孔至规定尺寸	Z3050	锪钻	专用夹具
9	顶部斜面螺孔加工	1	以分割面为基准装夹工件，钻 4 个 $\phi 5.1$mm 孔，深度为 11mm	Z3050	麻花钻	专用夹具
		2	攻 M6-7H 内螺纹至图中规定尺寸	Z3050	丝锥	专用夹具
10	划线	—	划窥视孔位置线			
11	窥视孔螺纹加工	1	以分割面为基准装夹工件，按划线位置钻通孔 $\phi 19$mm	Z3050	麻花钻	专用夹具
		2	攻 M20×1-6H 内螺纹至图中规定尺寸	Z3050	丝锥	专用夹具
12	钻孔	—	以分割面为基准装夹工件，钻两 $\phi 20$mm 起吊孔	Z3050	麻花钻	专用夹具
13	磨削	—	以顶斜面和以侧面定位，装夹工件，磨削分割面，保证厚度尺寸 20mm、$Ra1.6\mu m$ 和平面度公差。	M7132	砂轮	专用夹具
14	检验	—	检验各部尺寸及精度	—	—	—

表 5-8 减速器底座机械加工工艺过程卡

工序	工序名称	工步号	工序内容	工艺装备		
				机床	刀具	夹具
1	铸造	—				
2	清砂	—	清除浇注系统、冒口、型砂、飞边等	—	—	—
3	热处理	—	人工时效处理	—	—	—
4	涂漆	—	非加工表面涂防锈漆	—	—	—
5	划线	—	划分割面加工线。划孔 $\phi 150$mm、两 $\phi 90$mm 三个轴承孔端面加工线、底面线，注意壁厚均匀			
6	刨削	1	以底面定位，按划线找正，装夹工件，刨削分割面，保证分割面厚度为 20.5mm，留 0.5mm 磨削余量	刨床	刨刀	专用夹具
		2	以分割面定位装夹工件，刨削底面，保证尺寸 125.5mm（工艺尺寸）	刨床	刨刀	专用夹具
7	地脚螺栓孔加工	1	以分割面为基准装夹工件，钻底面 4 个 $\phi 17$mm 定位螺栓孔	Z3050	麻花钻	专用夹具
		2	锪 $\phi 35$mm 沉头孔，深 10mm	Z3050	锪钻	专用夹具

(续)

工序	工序名称	工步号	工序内容	工艺装备		
				机床	刀具	夹具
8	连接螺栓孔的加工	1	以分割面为基准装夹工件,钻12×φ14mm通孔	Z3050	麻花钻	专用夹具
		2	以分割面为基准装夹工件,锪 12×φ26mm 孔、深 10mm	Z3050	锪钻	专用夹具
9	测油孔加工	1	以底面定位装夹工件,钻φ11mm测油孔	Z3050	麻花钻	专用夹具
		2	锪孔至 M20 螺纹加工尺寸	Z3050	锪钻	专用夹具
		3	攻螺纹 M20 至规定尺寸	Z3050	丝锥	专用夹具
10	放油孔加工	1	以底面定位装夹工件,钻削放油螺孔	Z3050	麻花钻	专用夹具
		2	锪孔至 M20×1.5 螺孔加工规定尺寸	Z3050	锪钻	专用夹具
		3	攻 M20×1.5 螺纹至规定尺寸	Z3050	丝锥	专用夹具
11	磨削	—	以底面定位装夹工件,磨削分割面,保证总体高度125mm 保证表面粗糙度 $Ra1.6\mu m$ 和平面度公差 0.03mm	M7132	砂轮	专用夹具
12	钳工	—	箱体底部用煤油做渗漏实验	—	—	—
13	检验	—	检验各部尺寸及精度	—	—	—

表 5-9 减速器箱体机械加工工艺过程卡

工序	工序名称	工步号	工序内容	工艺装备		
				机床	刀具	夹具
1	钳工	—	将箱盖、箱体对准合箱,用 12 个 M12 螺栓、螺母紧固	—	—	—
2	钳工	—	划线,确定两定位销孔位置线	—	—	—
3	定位孔加工	1	钻 2×φ9.8mm 孔	Z3050	麻花钻	专用夹具
		2	铰 2×φ10mm、锥度 1:10 锥孔至规定尺寸	Z3050	铰刀	专用夹具
4	钳工	—	将箱盖、箱体做标记并编号	—	—	—
5	粗铣	1	以底面定位,找正、装夹工件,铣削一端面,见光即可	X6132	铣刀	专用夹具
		2	掉头装夹,铣另一端面,保证宽度尺寸 222mm,留 2mm 余量	X6132	铣刀	专用夹具
6	粗镗	1	以底面定位,加工过的端面找正装夹工件,镗杆上安装两把同规格的镗刀,粗镗中间 φ90mm 孔,留余量 1~1.5mm	镗床	镗刀	专用夹具
		2	以底面定位和加工过的端面找正装夹工件,镗杆上安装两把同规格的镗刀,粗镗孔 φ150mm,保证中心距尺寸 150±0.125mm。留余量 1~1.5mm	镗床	镗刀	专用夹具
		3	以底面定位和加工过的端面找正装夹工件,镗杆上安装两把同规格的镗刀,粗镗右边孔 φ90mm,留余量 1~1.5mm。保证中心距尺寸 100±0.07mm	镗床	镗刀	专用夹具
7	钳工	—	松开 12 个连接螺栓,拆开箱盖	—	—	—

（续）

工序	工序名称	工步号	工序内容	工艺装备		
				机床	刀具	夹具
8	铣油槽	1	以底面和端面定位装夹工件，铣 ϕ150 内孔油槽 3×2，注意精镗余量	X5032	铣刀	专用夹具
		2	以底面和端面定位装夹工件，铣中间 ϕ90 孔油槽 3×2，注意精镗余量	X5032	铣刀	专用夹具
		3	以底面和端面定位装夹工件，铣右边 ϕ90 孔油槽 3×2，注意精镗余量	X5032	铣刀	专用夹具
9	钳工	—	合箱，定位销定位，紧固 12 个 M12 螺栓	—	—	—
10	精镗	1	以底面定位和加工过的端面（减速器箱零件图主视图前后表面）找正装夹工件，镗杆上安装同样规格的两把镗刀，精镗中间 ϕ90mm 孔至图中规定尺寸，保证圆柱度和 $Ra1.6\mu m$	镗床	镗刀	专用夹具
		2	以中间 ϕ90mm 内孔和底面定位装夹工件，精镗 ϕ150mm 至图中规定尺寸，保证两孔轴心线的平行度公差、圆柱度公差和 $Ra1.6\mu m$	镗床	镗刀	专用夹具
		3	以中间 ϕ90mm 内孔和底面定位装夹工件，精镗右边 ϕ90mm 孔至图中规定尺寸，保证两孔轴心线的平行度公差、圆柱度和 $Ra1.6\mu m$	镗床	镗刀	专用夹具
11	铣	1	以 ϕ150mm 内孔和底面定位装夹工件，精铣前、后端面（减速器底座零件图中的主视图），保证轴心线与端面的垂直度公差和 $Ra1.6\mu m$，保证总体尺寸 220mm	镗床	面铣刀	专用夹具
		2	以中间 ϕ90mm 内孔和底面定位装夹工件，精铣前、后端面（减速器底座零件图中的主视图），保证端面与轴心线的垂直度公差和 $Ra1.6\mu m$，保证总体尺寸 220mm	镗床	面铣刀	专用夹具
		3	以右端 ϕ90mm 内孔和底面定位装夹工件，精铣前、后端面（减速器底座零件图中的主视图），保证端面与轴心线的垂直度公差和 $Ra1.6\mu m$，保证总体尺寸 220mm	镗床	面铣刀	专用夹具
12	法兰盘连接螺栓孔加工	1	以底面和端面（上道工序加工的面）定位装夹工件，钻 ϕ150mm 端面两个法兰盘上的 12 个连接螺纹孔至 ϕ11mm	Z3050	麻花钻	专用夹具
		2	钻中间孔 ϕ90mm 端面两个法兰盘上的 12 个连接螺纹孔至 ϕ11mm，深度为 11mm，60°均布	Z3050	麻花钻	专用夹具
		3	钻右端孔 ϕ90mm 端面两个法兰盘上的 12 个连接螺纹孔至 ϕ11mm，深度为 11mm，60°均布	Z3050	麻花钻	专用夹具
		4	以底面定位装夹工件，攻 ϕ150mm 端面两个法兰盘 12 个连接螺纹孔 M12×1 至规定尺寸	Z3050	丝锥	专用夹具
		5	攻丝中间孔 ϕ90mm 端面两个法兰盘 12 个连接螺纹孔 M12×1 至规定尺寸	Z3050	丝锥	专用夹具
		6	攻丝右端孔 ϕ90mm 端面两个法兰盘 12 个连接螺纹孔 M12×1 至规定尺寸	Z3050	丝锥	专用夹具
13	钳工	—	去毛刺，合箱，装定位销，紧固	—	—	—
14	检	—	检查各部尺寸及精度，合格入库	—	—	—

（四）工艺分析

1）减速器箱体箱盖、底座主要加工部分是分割面、轴承孔、通孔和螺纹孔，其中轴承孔要在合箱后进行镗削加工，以确保三个轴承孔中心线与分割面的位置以及三孔中心线的平行度和中心距。

2）减速器箱体壁薄，容易变形，在加工前要进行人工时效处理，以消除铸造内应力，加工时要注意夹紧位置和夹紧力的大小，以防止零件变形或因脆性而报废。

3）如果磨削加工分割面达不到平面度要求时，可采用箱盖与底座对研的方法。最终安装使用时，一般加密封胶密封。

4）减速器箱盖和底座不具有互换性，所有每装配一套必须钻铰定位销，做标记和编号。

5）减速器若批量生产，可采用专业镗模或专用镗床，以保证加工精度，提高生产效率。

6）三孔平行度和圆柱度主要由设备精度来保证，工件一次装夹，主轴不移动，靠移动工作台来保证三孔中心距。

7）三孔平行度误差的检测，可用三根心轴分别装入三个轴承孔中，测量三根心轴两端的距离差，即可得出平行度误差。

8）三孔的圆柱度误差也可用三根心轴进行检测，也可以用三坐标仪检测。

9）箱盖、底座的平行度误差，可将工件放置在工作台上，用百分表检测。

10）一般孔的位置，靠钻模和划线来保证。

技 能 训 练

一、任务单

产品名称：锥齿轮箱；
零件功用：支承齿轮轴；
材料：HT200；
热处理：时效处理；
生产批量：批量生产。
要求：
1）根据图样（图5-27），确定工件的定位基准；
2）按照图样要求，选择刀具、量具及其他附件；
3）根据图样要求填写工艺过程卡以及一个重要工序的工序卡；
4）以小组为单位，用试切法完成零件加工。

二、实施条件

1）场地：机械加工实训中心或数控中心（含普通车床或数控车床、插床、数控铣床）。

2）毛坯：铸造毛坯。

3）工具及耗材清单：详见表5-10。

项目五 箱体类零件加工工艺与常用装备

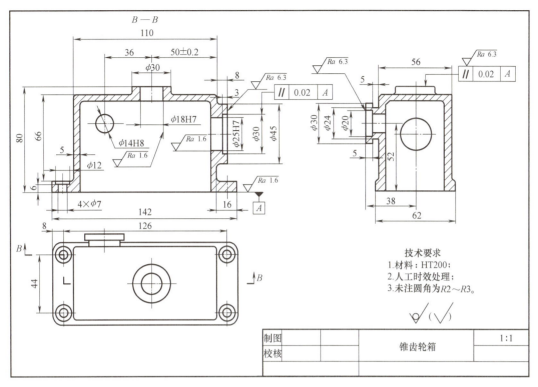

图 5-27 锥齿轮箱零件图

表 5-10 设备、工具及材料准备清单

序号	名称	数量	序号	名称	数量
1	镗床	若干	13	镗刀	若干
2	数控铣床	若干	14	弹簧或强力铣夹头刀柄	若干
3	组合夹具	若干	15	夹簧	若干
4	平行垫铁	若干	16	游标卡尺	若干
5	压板及螺栓	若干	17	千分尺	若干
6	扳手	若干	18	中心钻	若干
7	铜棒	若干	19	外圆车刀	若干
8	中齿扁锉	若干	20	麻花钻	若干
9	三角锉	若干	21	百分表	若干
10	热处理设备	若干	22	齿轮铣刀	若干
11	机用虎钳	若干	23	插床	1台套
12	磁力表座	若干	24	插刀	若干

三、实训学时

实训时间为 8 学时,具体安排见表 5-11。

表 5-11 实训时间安排表

序号	实训内容	学时数	备注
1	工艺设计	2	两个工艺文件
2	铣削加工	2	—
3	镗孔	3	—
4	检验	1	—

四、评价标准

考核总分为 100 分,其中职业素养与操作规范占总分的 20%,作品占总分的 80%。职业素养与操作规范、作品两项均需合格,总成绩才评定为合格。职业素养与操作规范评分细则见表 5-12,作品评分细则见表 5-13。

表 5-12 职业素养与操作规范评分细则

姓名			班级与学号		
零件名称					
序号	考核项目	考核点	配分	评分细则	得分
1	纪律	服从安排,工作态度好;清扫场地	10	不服从安排,不清扫场地,扣 10 分	
2	安全意识	安全着装,操作按安全规程	10	1)不安全着装,扣 5 分 2)操作不按安全规程,扣 5 分	
3	职业行为习惯	按 6S 标准执行工作程序、工作规范、工艺文件;爱护设备及工具;保持工作环境清洁有序,文明操作	20	1)工具摆放不整齐,没保持工作环境清洁,扣 5 分 2)完成任务后不清理工位,扣 5 分 3)有不爱护设备及工具的行为,扣 10 分	
4	设备保养与维护	及时进行设备清洁、保养与维护,关机后机床停放位置合理	20	1)对设备清洁、保养与维护不规范,扣 10 分 2)关机后机床停放位置不合理,扣 10 分	
5	加工前准备	按规范清点图样、刀具、量具、毛坯	15	未规范清点图样、刀具、量具、毛坯等,每项扣 3 分	
6	工、量、刃具选用	工、量、刃具选择正确	5	工、量、刃具选择不当,扣 5 分	
7	加工过程	操作过程符合规范	20	1)夹紧工件时敲击扳手扣 3 分 2)机床变速操作步骤不正确扣 5 分 3)工件安装定位、夹紧不正确扣 2 分 4)打刀一次扣 10 分	
8	人伤械损事故	出现人伤械损事故		整个测评成绩记 0 分	
		合计	100	职业素养与操作规范得分	
		监考员签字:			

表 5-13 作品评分细则

姓名			班级与学号			
零件名称						
序号	考核项目	考核点	配分	评分标准	检测结果	得分
1	工艺文件编写(共20分,每个10分)	正确填写表头信息	1×2	表头信息填写不正确,每少填一项扣0.5分,扣完为止		
		工艺过程完善	2×2	工艺过程不完善,每少一项必须安排的工序扣0.5分,扣完为止		
		工序、工步的安排合理	2×2	1)工序安排不合理,每处扣0.5分 2)工件安装定位不合适,扣0.5分 3)夹紧方式不合适,扣0.5分 所有项目扣完为止		
		工艺内容完整,描述清楚、规范,符合标准	3×2	1)文字不规范、不标准、不简练,扣0.5分 2)没有夹具及装夹的描述,扣0.5分 3)没有校准方法、找正部位的表述,扣0.5分 4)没有加工部位的表述,扣0.5分 5)没有使用设备、刀具、量具的规定,每项扣0.5分 所有项目扣完为止		
		工序简图表达正确	2×2	1)没有工序图扣0.5分 2)工序图表达不正确,每项扣0.5分 所有项目扣完为止		
2	外观形状(10分)	外轮廓	5	轮廓尺寸与图形不符,每处扣1分		
		碰伤或划伤	5	工件碰伤或划伤一处扣1分		
3	尺寸精度(38分)	ϕ18H7 内孔	10	超差0.01mm扣2分		
		ϕ25H7 内孔	10	超差0.01mm扣2分		
		ϕ14H8 内孔	10	每处超差扣1分		
		4×ϕ7mm 内孔	8	每处超差扣1分		
4	表面粗糙度(10分)	Ra1.6μm 三处	10	每处降一级扣3分		
		Ra6.3μm 三处				
5	几何精度(16分)	平行度0.02mm 两处	16	超差0.01mm扣2分		
6	其他(6分)	未注公差	6	超差无分		
	合计		100			
	指导教师签字:				作品得分	

五、工艺设计

（一）分析图样、确定主要表面加工与装夹方法

1. 尺寸精度要求

2. 几何精度要求

3. 表面粗糙度要求

根据以上分析，填写表 5-14。

表 5-14 加工方案和加工装备

加工表面	尺寸精度要求	表面粗糙度 $Ra/\mu m$	加工方案	加工装备

（二）确定定位基准与装夹方法

1. 粗基准

2. 精基准

3. 装夹方法

（三）确定毛坯与热处理方式

1. 毛坯

2. 热处理方式

（四）拟订加工顺序

（五）编制工艺文件

1. 工艺过程卡（表 5-15）

表 5-15　工艺过程卡

序号	工序名	工步号	工步内容	机械装备			工序简图
				机床	夹具	刀具	

2. 工序卡

（1）工序尺寸计算

（2）确定切削用量

工序卡见表5-16。

表 5-16 工序卡

机械加工工序卡		产品型号			零件图号			共 页	第 页
		产品名称			零件名称			材料牌号	
			车间	工序号	工序名称	毛坯种类	毛坯外形尺寸	每毛坯可制件数	每台件数
									同时加工件数
			设备名称	设备型号	设备编号				
			夹具编号	夹具名称			切削液		
			工位器具编号	工位器具名称		工序工时(分)			
						准终		单件	
工步号	工步内容			工艺装备		主轴转速/ (r/min)	切削速度/ (m/min)	进给量/ (mm/r)	背吃刀量/ mm	进给次数	工步工时
		机床	刀具		夹具						机动	辅助
					设计日期	校对日期	审核日期	标准化	会签(日期)
标记	处数	更改文件号	签字	日期					
标记	处数	更改文件号	签字	日期					

（六）工艺分析
1. 线性尺寸检测

2. 几何精度检测

3. 工艺改进方法建议

习　题

1. 箱体零件的结构特点、主要技术要求有哪些？
2. 在箱体的平行孔系加工中如何保证孔系之间的孔距精度？
3. 在箱体的同轴孔系加工中如何保证孔系之间的同轴度？
4. 在箱体的交叉孔系加工中如何保证孔系之间的垂直度？
5. 箱体加工的粗基准选择应考虑哪些问题？生产批量不同时，工件安装方式有何不同？
6. 举例说明在选择箱体加工精基准时的定位方案。

参 考 文 献

[1] 陈明. 机械制造工艺学 [M]. 2版. 北京：机械工业出版社，2012.
[2] 王先逵. 机械制造工艺学 [M]. 4版. 北京：机械工业出版社，2021.
[3] 刘谨. 机械制造 [M]. 北京：机械工业出版社，2008.
[4] 陈旭东. 机床夹具设计 [M]. 2版. 北京：清华大学出版社，2014.
[5] 陈宏钧 方向明. 典型零件机械加工生产实例 [M]. 2版. 北京：机械工业出版社，2010.
[6] 孙学强，王新荣. 现代制造工艺学 [M]. 北京：电子工业出版社，2012.
[7] 吴世友，吴荔铭. 机械加工工艺与设备 [M]. 北京：人民邮电出版社，2015.
[8] 崔兆华. 机械制造工艺学基础 [M]. 北京：北京大学出版社，2010.
[9] 崔兆华. 机械制造工艺学 [M]. 北京：中国劳动社会保障出版社，2022.
[10] 郑修本. 机械制造工艺学 [M]. 北京：机械工业出版社，2018.
[11] 倪松寿. 机械制造工艺与装备 [M]. 3版. 北京：化学工业出版社，2016.
[12] 黄云清. 公差配合与测量技术 [M]. 4版. 北京：机械工业出版社，2019.
[13] 全国齿轮标准化委员会. GB/T 10095.1~2—2008 圆柱齿轮 精度制 [S]. 北京：中国标准出版社，2008.
[14] 宋惠珍. 机械零件加工工艺设计 [M]. 机械工业出版社，2014.
[15] 王道林. 机械制造工艺 [M]. 北京：机械工业出版社，2017.
[16] 张本升. 机械制造工艺与装备 [M]. 北京：机械工业出版社，2018.